计算智能基础

张汝波　刘冠群　吴俊伟　主编

HEUP 哈爾濱工程大學出版社

内容简介

计算智能是一门交叉学科。本书系统地介绍了计算智能的主要基本理论和技术内容，其中包括模糊系统理论、粗糙集理论、神经网络理论、支持向量机、进化计算、免疫算法、蚁群算法和粒子群算法等。本书共分九章，基本包括了计算智能所涉及到的理论和方法，每章各成体系，又相互联系。

本书可作为高等院校自动化及计算机应用等专业高年级的本科生和研究生教材参考用书，也可供相关专业的教师、研究人员参考。

图书在版编目(CIP)数据

计算智能基础/张汝波，刘冠群，吴俊伟主编. —哈尔滨：哈尔滨工程大学出版社，2013.6(2019.6 重印)
ISBN 978-7-5661-0601-8

Ⅰ.①计… Ⅱ.①张… ②刘… ③吴… Ⅲ.①人工智能-神经网络-计算-高等学校-教材 Ⅳ.①TP183

中国版本图书馆 CIP 数据核字(2013)第 141689 号

出版发行 哈尔滨工程大学出版社
社　　址 哈尔滨市南岗区南通大街 145 号
邮政编码 150001
发行电话 0451-82519328
传　　真 0451-82519699
经　　销 新华书店
印　　刷 北京中石油彩色印刷有限责任公司
开　　本 787mm×1 092mm　1/16
印　　张 14.5
字　　数 360 千字
版　　次 2013 年 7 月第 1 版
印　　次 2019 年 6 月第 3 次印刷
定　　价 30.00 元
http://www.hrbeupress.com
E-mail:heupress@hrbeu.edu.cn

前 言

自从计算机发明以来，让计算机具有智能一直是人类的梦想。实际上，在智能科学领域中，将智能水平按人工智能、生物智能和计算智能将智能划分为三个层次，本书将重点介绍计算智能系统的相关基础知识。

1994 年 6 月，美国电气工程师与电子工程师学会在美国 Orlando 召开了一次规模空前的世界计算智能大会，首次将有关神经网络、模糊技术和进化计算方面的内容放在一个会议中交流讨论，从此，计算智能成为许多学术刊物和学术会议上众所关注的热点。经过近三十年的发展，计算智能理论取得了巨大的进步，在许多应用方面获得了很大成功。

全书共分九章，具体内容如下：

第 1 章是绪论，详细介绍了有关计算智能的基本概念，对本书中后面所要讲述的理论和算法进行了简要介绍；

第 2 章介绍了模糊系统理论的基础知识，重点介绍模糊集合的概念、模糊关系、模糊逻辑及模糊推理等；

第 3 章介绍了粗糙集理论，主要介绍粗糙集的基本定义、属性约简的粗糙集理论和方法及应用实例等；

第 4 章介绍了常用的神经网络理论、感知机、自适应线性单元、前向网络、Hopfield 神经网络、自组织特征映射神经网络及 CMAC 网络等；

第 5 章介绍了支持向量机理论，主要介绍统计学习理论的基本概念、分类支持向量机、回归支持向量机、序列化最小最优化算法和支持向量机的有关应用等；

第 6 章介绍了进化算法，主要包括遗传算法和遗传规划；

第 7 章介绍了免疫算法，主要介绍免疫算法的基本结构、基于群体的免疫算法、基于网络的免疫算法、免疫模型及免疫算法与进化算法的融合等；

第 8 章介绍了蚁群算法，主要介绍蚁群算法的基本原理、基本算法和改进算法等；

第 9 章介绍了粒子群算法，主要包括粒子群算法的产生背景、特点、基本算法、关键问题及应用领域等。

本书第 1、2、8 章由张汝波负责编写，第 4、5、9 章由刘冠群负责编写，第 3、6、7 章由吴俊伟负责编写。

本书在编写过程中得到多位同事及研究生的帮助，在此，对为本书付出辛苦的诸位表示衷心的感谢。同时，作者在编写过程中，参考或引用了一些专家学者的论著，在此一并表示感谢。

由于笔者的水平有限，书中难免存在不足和遗漏之处，欢迎读者批评指正。

作 者

2013 年 5 月

目录

第1章 绪 论

1.1 智能的定义

智能是什么？智能是个体有目的的行为、合理的思维，以及有效地适应环境的综合性能力。通俗地说，智能是个体认识客观事物和运用知识解决问题的能力。人类个体的智能是一种综合性能力，具体讲，可以包括感知与认识客观世界与自我的能力；通过学习取得经验、积累知识的能力；理解知识、运用知识和运用经验分析问题和解决问题的能力；联想、推理、判断、决策的能力；运用语言进行抽象、概括的能力；发现、发明、创造、创新的能力；实时、迅速、合理地应付复杂环境的能力；预测、洞察事物发展变化的能力等。这种能力随着人类个体从婴儿成长为小学生、中学生、大学生、研究生和社会成人而不断提高。

智能(Intelligence)，也常称为智力或智慧，是指人认识客观事物并运用知识解决实际问题的能力，它集中表现在反映客观事物深刻、正确、完全的程度上，以及应用知识解决实际问题的速度和质量上，往往通过观察、记忆、判断、联想和创造等表现出来。按照新版的《牛津现代高级英语词典》，智能被定义为学习、理解和推理的能力(The power of learning, understanding and reasoning)。

长期的探索研究使人们开始懂得，智能是涉及多层次多学科的问题。大脑是生物的神经中枢。智能科学的发展有赖于神经生理学和神经解剖学所提供的人脑结构机理的启示，也与心理认知科学的发展密不可分。于是就产生了将人工智能(Artificial Intelligence)、脑模型(Brain Model)和认知科学(Cognitive Science)三者紧密连在一起的 ABC 理论。

实际上，在智能科学领域中，还存在着另一种将智能水平按 A(Artificial)、B(Biological)、C(Computational)三个层次划分的另一种 ABC 理论。

1994 年，在美国 Orlando 召开的 WCCI'94 国际会议期间，James C Bezdek 发表了一篇题为《什么是计算智能?》的文章。其目的是阐明生物神经网络(Biological Neural Networks, BNNs)、人工神经网络(Artificial Neural Networks, ANNs)和计算型神经类网络(Computational Neural—Like Networks, CNNs)三者之间，以及相应的模式识别(Pattern Recognition, PR)、智能(Intelligence, I)间的相互关系。

在图 1.1 中，A 表示非生物方式(即人工方式)，B 表示包括物理、化学或其他因素的有机方式，C 则相当于数学+计算机的计算方式。由下而上的 C+A+B 表示问题由低至高的复杂度，或者解决问题智能水平的差异，同样，系统的复杂度由左至右逐渐增加。图中 9 个节点间由不同长度的箭头联系起来，箭头的方向表示系统复杂性增加方向，箭头的长度则大致表征两者间的差距。例如，CNN(计算神经网络)和 CPR(计算模式识别)间的距离，要比 BNN(生物神经网络)和 BPR(生物模式识别)间的差距小；CI(计算智能)与 AI(人工智能)之间的差距没有 AI 与 BI(生物智能)间差距大。这里箭头两端节点具有子集从属关系，例如，CNNs ⊂ ANNs ⊂ BNN 等。显然，CNN 与 BI 分别处于系统复杂性(或智能水平)的最低点和最高点。

这里 CNN 包括模糊逻辑、人工神经网络和进化计算等。模式识别被当作智能活动的主要方面而在图中突出地表示出来。

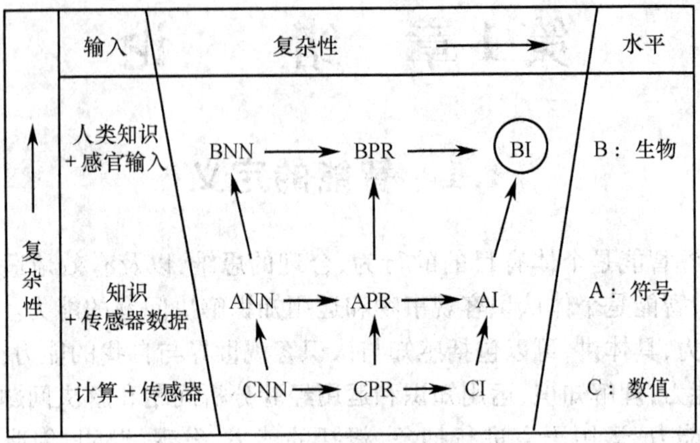

图 1.1　智能 ABC 分层模式示意图

1.2　生物智能

在谈及智能的固有含义时，首先要考虑到的是智能这个名词来自生命活动，特别是人类的活动。人的直立行走，鸟类的展翅翱翔，植物的趋光生长，都含有一定的智能控制因素；反之，地球的自转，大江的东流和重物的向地坠落等，则属于无生命的大自然的现象和规律，就不能说成是智能活动了。

生物智能（Biological Intelligence，BI）亦称自然智能（Natural Intelligence，NI），由于生物智能是人类从自身的角度来阐述的，所以它表征人类智能活动的一些特征。

生物为了更好地适应环境，求得生存或繁衍后代，通过各种智能活动来达到一定的目的，如模式识别、声音语言表达、肢体运动等。对于属于高级动物的人类，为了改进生活的质量，扩展精神文明的空间，也在音乐、绘画、棋牌之类的活动中表现出自己的聪明才智。

生物为了察知并适应周围环境的变化，通过视觉、听觉、嗅觉、味觉和触觉等来接受外来的信息。在神经系统中进行处理后，用肢体动作、声音语言或其他的物理化学变化来作出反应。

在人类的活动中，输入信息有 80% 左右来自视觉，来自听觉的占第二位。相当多的智能信息活动是图像信息处理和语音处理综合进行的，例如课堂听课、观看节目等。有经验的猎人狩猎时，视觉、听觉、嗅觉都同时得到应用。通常说一个人聪明，即是耳聪且目明之意。

大家知道，有一种衡量青少年智能高低的标准叫智商（Intelligence Quotient，IQ），它是用公式

$$\mathrm{IQ}=\frac{\text{智能年龄}}{\text{生理年龄}}\times 100\%$$

来确定，其中智力年龄是根据人生长的不同年龄阶段而设计的测试结果。IQ 越大于 100，则说明其智商越高，IQ 越小于 100，则其智商越低。

除了 IQ 以外，还有一个称作情绪智商（Emotional Intelligence Quotient，EQ）的参数十分

重要，它包括了人在性格、情感、待人接物和自我克制等方面的素质。研究结果表明，一个人的成功因素中，IQ 只占 20% 左右，其他占 80% 的因素里，主要包括有 EQ。

通过学习而不断地扩展智能，是生物智能行为的重要特征。这种扩展既表现在生物个体成长过程中通过学习和经验积累增加智能，也表现在生物一代比一代更适应周围环境的特点和变迁。

毫无疑问，从整体上来看，人类的智慧是远远超出其他生物的智能的。但是，这并不表明，在所有感官接受和处理信息的能力方面，人都是最强的。狗的嗅觉分辨能力和鹰的视觉有效距离都比人类强。人类靠着聪明的大脑，发明像望远镜、雷达、电话之类的工具，大大地扩展了接收各类信息的范围和处理信息的能力。

1.3 机器智能

1.3.1 机器智能的定义

(1)Turing 试验

一个房间放一台机器，另一房间有一人，当人们提出问题，房间里的人和机器分别作答。如果提问的人分辨不了哪个是人的回答，哪个是机器的回答，则认为机器有了智能。

(2)Feignbaum 定义

只告诉机器做什么，而不告诉怎样做，机器就能完成工作，便可说机器有了智能。

1.3.2 人的智能行为

人的智能行为主要体现在进行学习和解决问题。学习过程包括三个方面：(1)知识的学习；(2)技能的学习；(3)个性的形成。

知识学习主要是对各学科领域的知识学习，如数学、物理、计算机等知识的学习。技能的学习主要是对解决问题方法的学习。个性的形成主要是把前人的知识和技能变成自己的知识和技能，根据个人学习的效果以及应用的情况形成个人的特性。学习的目的在于解决问题。

解决问题又分两类：(1)用已知的知识和技能解决问题；(2)创造性(建立新知识和技能)解决问题。

由计算机来表示和执行人类的智能活动(如判断、识别、理解、学习、规划和问题求解等)就是人工智能。人工智能的研究在逐步扩大机器智能，使计算机逐步向人的智能靠近。

1.3.3 人工智能

人工智能(Artificial Intelligence)是计算机科学、控制论、信息论、神经生理学、心理学、语言学等多种学科互相渗透而发展起来的一门综合性新学科，其诞生可追溯到 20 世纪 50 年代中期。1956 年夏季，在美国 Dartmouth 大学，由数学助教 J. McCarthy(现斯坦福大学教授)和他的三位朋友 M. Minsky(哈佛大学数学和神经学家，现 MIT 教授)、N. Lochester(IBM 公司信息研究中心负责人)和 C. Shannon(贝尔实验室信息部数学研究员)共同发起，邀请 IBM 公司的 T. More 和 A. Samuel、MIT 的 O. Selfridge 和 R. Solomonff 以及 RAND 公司和 Carnagie工科大学的 A. Newell 和 H. A. Simon(现均为 CMU 教授)等人参加夏季学术讨论班，历时两个月。这10位学者都是在数学、神经生理学、心理学、信息论和计算机科学等领域中从事教学和研究工作的学者，在会上他们第一次正式使用了人工智能(AI)这一术语，从而开创了人工智能的研究方向。

人工智能的发展历史可分为四个阶段：

第一阶段 20世纪50年代人工智能的兴起和冷落。人工智能概念在1956首次提出后，相继出现了一批显著的成果。

(1)1956年，A. Newell等人提出逻辑理论LT(Logic Theorist)程序系统，证明了罗素(Russell)与怀特海的名著《数学原理》第二章52条定理中的38条，并于1963年完成了全部52条定理的证明。这是计算机模拟人的高级思维活动的一个重大成果，是人工智能的真正开端。

(2)1956年，A. L. Samuel研制了西洋跳棋程序Checkers。该程序能积累下棋过程中所获得的经验，具有自学习和自适应能力，这是模拟人类学习过程中的一次卓有成效的探索。该程序1959年击败Samuel本人，1962年击败了一个州冠军，此事引起了世界性的大轰动。这是人工智能的又一个重大突破。

(3)1960年，A. Newell、J. Shaw和H. Simon等人通过心理学实验，发现人在解题时的思维过程大致可以分为三个阶段：①首先想出大致的解题计划；②根据记忆中的公理、定理和解题规划，按计划实施解题过程；③在实施解题过程中，不断进行方法和目标分析，修改计划，这是一个具有普遍意义的思维活动过程，其中主要是方法和目的的分析。基于这一发现，他们研制了“通用问题求解程序GPS”，用来解决不定积分、三角函数、代数方程等11种不同类型的问题，并首次提出启发式搜索概念。

(4)1960年，麦卡锡(J. Mc. Carthy)成功地研制了著名的“LISP”表处理语言，这是人工智能程序语言的重要里程碑。

这个时期兴起的人工智能热还有很多例子，但是不久后，人工智能走向了低潮，主要表现在：

①1965年发明了消解法，曾被认为是一个重大的突破，可是很快发现消解法能力有限，证明两个连续函数之和还是连续函数，推了十万步还没有推出来；

②Samuel的下棋程序虽然赢了州冠军，但却没能赢全国冠军；

③机器翻译出了荒谬的结论，如从英语→俄语→英语的翻译中，有一句话“心有余，力不足”，结果变成了“酒是好的，肉变质了”。

人工智能研究遇到了困难，使得人工智能走向了低潮。英国20世纪70年代初，对AI的研究经费被大幅度削减，人员流失，美国IBM公司也出现了类似的现象。

这一阶段的特点是：重视问题求解的方法，忽视了知识的重要性。

第二阶段 20世纪60年代末到20世纪70年代，专家系统的出现使人工智能研究出现了新高潮。

(1)1968年，斯坦福大学E. A. Feigenbaum和遗传学家及物理学家合作研制了DENDRAL系统，该系统是一个化学质谱分析系统，能根据质谱仪的数据、核磁谐振的数据及有关知识推断有机化合物的分子结构，达到帮助化学家推断分子结构的作用。这是第一个专家系统，系统中用了大量的化学知识。

(2)1974年，由E. H. Shortle等人研制了诊断和治疗感染性疾病的MYCIN系统。它的特点：使用了经验性知识，用可信度表示，进行不精确推理；对推理结果具有解释功能，使系统是透明的;第一次使用了知识库的概念。以后的专家系统受 MYCIN 的影响很大。

(3)R. O. Duda 等人于 1976 年研制出矿藏勘探专家系统 PROSPECTOR 系统。该系统用语义网络表示地质知识。该系统在华盛顿州发现一处矿藏,获利一亿美元。

(4)Carnegie-Mellon(卡内基 - 梅隆)大学研制了语音理解系统 Hearsay-Ⅱ系统,它能完成从输入的声音信号转换成字,组成单词,合成句子,形成数据库查询语句,再到情报数据库中去查询资料。该系统是采用"黑板结构"这种新结构形式的专家系统。

1969 年,成立了国际人工智能联合会议(International Joint Conferences on Artificial Intelligence——IJCAI)。

这一阶段的特点:重视知识,开始了专家系统的研究,使人工智能走向实用化。

第三阶段 20 世纪 80 年代,随着第五代计算机的研制成功,人工智能得到很大发展。

日本 1982 年开始了"第五代计算机的研制计划",即"知识信息处理计算机系统 KIPS",它的目的是使逻辑推理达到数值运算那样快。日本的十年计划在政府的支持下大力开展,形成了一股热潮,推动了世界各国的追赶浪潮。

十年后,日本的第五代机并没有生产出来,只取得了部分成果。1984 年完成了串行推理机 PSI 和操作系统 SIMPOS,1988 年完成了并行推理机 Multi-PSI 和操作系统 PIMOS。该计划的失败,对人工智能的发展是一个挫折。

第四阶段 20 世纪 80 年代末,神经网络飞速发展。

1988 年后,神经元网络像雨后春笋一样迅速发展起来。神经元网络实际上在 20 世纪 40 年代就开始了,在 20 世纪 50 年代曾出现过高潮,这就是"感知机"的应用,后因为它不适合于非线性样本而走向低潮。1982 年美国 Hopfield 提出新模型,既可用硬件实现,又能解决运筹学的"巡回售货商 TSP"问题,由此引发了人们对神经网络的兴趣。1985 年 Rumelhart 等人提出 BP 反向传播模型,解决了非线性样本问题,从而扫除了神经网络的障碍,兴起了神经网络的热潮。1987 年美国召开了第一次神经网络国际会议,宣布新学科的诞生。日本称 1988 年为神经计算机元年,提出研制第六代计算机计划。1989 年后,各国在神经元网络方面的投资逐步增加,神经网络在逐步成为一门独立学科。

粗略地说,由非生物生命方法产生的智能都可称为人工的智能,但是人工智能的确切含义却众说纷纭。早在 1956 年夏天,在 Nartmouth 学院召开的专题讨论会上,AI 被定义为"研究在计算过程中阐释和仿真智能行为的领域";Patrick Winston 则将人工智能理解为"使计算机聪明的方法研究"。这种研究的目的:一是使计算机更加有用,二是探明构成智能的原则。

实际上,人工智能的发展与半个世纪以来 Von Neumann 型计算机的发展密不可分的。在串行工作的计算机上采用符号表达和逻辑推理的方式成为人工智能研究的主流,所以人工智能逻辑主义的代表人物 N. J. Nilson 称"应当把人工智能想象为应用逻辑"。在一些学术刊物和会议上,人工智能总是和逻辑、规则、推理联系在一起。

长期以来,人们从人脑思维的不同层次对人工智能进行研究,形成了符号主义、连接主义和行为主义。传统人工智能是符号主义,它以 Newell 和 Simon 提出的物理符号系统假设为基础。物理符号系统假设认为物理符号系统是智能行为充分和必要的条件。物理符号系统由一组符号实体组成,它们都是物理模式,可在符号结构的实体中作为组分出现。该系统可以进行建立、修改、复制、删除等操作,以生成其他符号结构。

连接主义研究非程序的、适应性的、大脑风格的信息处理的本质和能力,人们也称它为神经计算。由于它近年来的迅速发展，大量的神经网络的机理、模型、算法不断涌现出来。神经网络主体是一种开放式的神经网络环境，提供典型的、具有实用价值的神经网络模型。

系统采用开放方式，使得新的网络模型可以比较方便地进入系统中，利用系统提供的良好用户界面和各种工具对网络算法进行调试修改。另外，对已有的网络模型的改善也较为简单，可为新的算法实现提供良好的环境。

神经计算从脑的神经系统结构出发来研究脑的功能，研究大量简单的神经元的集团信息处理能力及其动态行为，其研究重点侧重于模拟和实现人的认识过程中的感知过程、形象思维、分布式记忆和自学习自组织过程。特别是对并行搜索、联想记忆、时空数据统计描述的自组织以及一些相互关联的活动中自动获取知识，更显示出了其独特的能力，并普遍认为神经网络适合于低层次的模式处理。

Brooks 提出了无需知识表示的智能，无需推理的智能。他认为智能只能在与环境的交互作用中表现出来，在许多方面是行为心理学观点在现代人工智能中的反映，人们称为基于行为的人工智能，简言之，称为行为主义。

这三种研究从不同侧面研究了人的自然智能，与人脑思维模型有其对应关系。粗略地划分，可以认为符号主义研究抽象思维，连接主义研究形象思维，而行为主义研究感知思维。表 1.1 给出了符号主义、连接主义和行为主义特点的比较。

表 1.1　符号主义、连接主义和行为主义特点的比较

	符号主义	连接主义	行为主义
认识层次	离散	连续	连续
表示层次	符号	连接	行动
求解层次	自顶向下	由底向上	由底向上
处理层次	串行	并行	并行
操作层次	推理	映射	交互
体系层次	局部	分布	分布
基础层次	逻辑	模拟	直觉判断

有人把人工智能分成两大类：一类是符号智能，一类是计算智能。符号智能是以知识为基础，通过推理进行问题求解，即所谓的传统人工智能；计算智能是以数据为基础，通过训练建立联系，进行问题求解。模糊系统、人工神经网络、进化计算、人工生命等都可以包括在计算智能中。

1.3.4　计算智能

1994 年 6 月，国际电气工程师与电子工程师学会在美国 Orlando 召开了一次规模空前的世界计算智能大会（IEEE World Congress，On Computational Intelligence）。这个论文总数多达 1600 余篇的国际学术盛会，首次将有关神经网络、模糊技术和进化计算方面的内容放在一个会议中交流讨论。近年来，计算智能（Computational Intelligence，CI）在许多学术刊物和学术会议上成为众所关注的热点。

从字面上来看,用计算手段来实现智能的方法,都属于计算智能。因此,传统的用符号运算和逻辑推理的 AI 也是计算智能。反之,计算手段实现智能的新方法和新理论,如神经网络(Neural Networks,NN)、模糊逻辑(Fuzzy Logic,FL)、遗传算法(Genetic Algorithm,GA)、混沌(Chaos)和分形(Fractal)科学等,都是人工实现智能的手段,因此也应当属于人工智能的范围。按照 Bezdek 的严格定义,计算智能是指那些依赖于数值数据的智能,而人工智能则是与知识相关的。也有人把 Von Neumann 机实现的计算以外的其他计算方法叫做软计算(Soft Computing)。

1.4 计算智能的相关技术

1.4.1 模糊逻辑

随着现代科学,特别是计算机科学的发展,社会科学与自然科学之间正在互相渗透,形成许多新的边缘交叉科学,其中信息科学就是最有生命力的学科。1965 年,美国控制论专家 L. A. Zadeh 提出模糊集合理论,其后,又提出了信息分析的新框架——可能性理论,把信息科学推进到人工智能的新方向,为进一步发展信息科学奠定了数学基础。

模糊集合是模糊概念的一种描述。模糊概念大量存在于人的观念之中。我们知道,一些概念在特定的场合有明确的外延,例如国家、货币、法定年龄、地球是行星等。对于这些明确的概念,在现代数学里常常用经典集合来表示。但是还有相当一部分概念在一些场合不具有明确的外延,例如成年人、青年人、高个子、冷与热等,这样的概念,相对于明确的概念,我们称之为不分明的概念或模糊概念。这种没有明确外延或边界的模糊概念在科学领域中随处可见。传统的集合论在模糊概念面前就显得软弱无力了,而模糊集合论正是处理模糊概念的有力工具。

模糊性总是伴随复杂性而出现的,复杂性意味着因素的多样性,联系的多样性。例如选购衣服,若分别就花色、式样、耐用程度、价格等单因素评定,容易作出清晰确定的结论,若把诸因素联系起来评定,就显得相当复杂而难于确定了。这就是说单因素易于一刀切,作出精确描述;多因素纵横交错地同时作用,便难于作出精确描述,事物的普遍联系造成了事物的复杂性和模糊性。

模糊性也起源于事物的发展变化性,变化性就是不确定性。处于过渡阶段的事物的基本特征就是性态的不确定性,类属的不清晰性,也就是模糊性,它是从属于到不属于的变化过程的渐进性。

客观世界中的模糊性、不确定性、含糊性等有多种表现形式:在模糊集合论中主要处理没有精确定义的这一类模糊性,其主要有两种表现形式:一是许多概念没有一个清晰的外延,例如,关于青年人,你能在年龄轴上划两道线,在两道线内就是青年人,在其外就不是青年人吗?人的生命是一个连续的过程,一个人从少年走向青年是一日一日积累的一个渐变的过程。从差异的一方(如少年)到差异的另一方(如青年),这中间经历了一个由量变到质变的连续过渡过程,这种客观差异的过渡性造成了划分上的不确定性。另一个是概念本身的开放性(Open Texture),例如,关于什么是聪明,我们永远不可能列举出它应满足的全部条件。因此,总是有不确定性存在,由于对象本身没有精确的定义,普通的集合论无法被应用。经典集合论中,一个元素要么属于某个集合,此时其特征函数值为 1,要么不属于某个集合,此时其特征函数值为0,而模糊概念中无这种非此即彼的现象。L. A. Zadeh在模糊集合论中提出,将特征函数的取值由二值逻辑{0,1}扩大到闭区间[0,l],用一个隶属函数表示模糊集合。

模糊系统由模糊集合和模糊推理组成,模糊集合是一种用来表示非统计的不确定性。模糊推理包含在模糊逻辑中用于推理的一些操作。传统的亚里士多德逻辑是在数据和操作上的二值逻辑,因此,在二值逻辑中命题不是对的就是错的,它隐含着这一命题或没有。如果命题是正确的,传统逻辑程序就做一件事情,否则,便做另外的一种事情。这种规则,技术上称为生产规则,通常指如"if - then"规则,因为他们使用"if A then B"的形式表达。

1.4.2 粗糙集

著名数学家Z. Pawlak在1982年提出了粗糙集这门经典理论,该理论刚被提出的时候,并没有引起国际计算机学界和数学界的广泛重视,由于受到语言的限制,当时进行研究的也只有波兰等几个东欧国家。到了20世纪90年代,数据仓库技术和数据挖掘技术引起了广大学者和专家们的重视,在这种前提下,粗糙集理论及其方法才被人们认识并迅速发展起来。20世纪90年代初,Z. Pawlak发表的《Rough Set:Theoretical Aspects of Reasonin about Data》是粗糙集理论发展进程中的一个里程碑,它代表了对粗糙集理论的研究已经进入新的阶段。越来越多的学者和专家开始从事粗糙集的理论研究和具体应用的工作,开发的研究成果也受到了人们的广泛关注。1992年和1993年分别在波兰和加拿大召开了两届国际粗糙集理论交流会,因为粗糙集理论研究当时正是热门研究方向,许多国际著名学者和专家参加了会议,重点讨论了粗糙集理论的研究与应用工作,他们提出了许多有实用价值的数据挖掘方法与应用系统。从那时候开始,粗糙集理论与方法就广泛地应用到数据挖掘领域中。20世纪90年代末,亚洲地区,尤其是我国对粗糙集理论及其应用的研究也有了较快的进展。

近些年来,粗糙集理论已经广泛地应用于医疗诊断、粗糙控制、软件工程、图像处理、数据分析、模式识别、化学材料等领域。国际上已经研究开发了一些基于粗糙集理论的数据挖掘系统,这些系统已经应用到各个领域,并且取得了较好的效果。例如,Regina大学利用粗糙集理论研制的KDD系统,该系统已经被广泛应用于城市规划、卫生等行业,该系统成功地提供了辅助决策方法。

就目前国际研究状况而言,理论研究主要有粗糙集与概率论和模糊集结合、粗糙集理论同遗传算法等其他人工智能技术的结合、粗糙控制等方面,另外,粗糙集理论模型的扩展也是一个研究的热门课题。在实际运用方面,学者和专家们非常关注将粗糙集理论应用于信息与通信、医疗卫生、模式识别等领域。国内关于粗糙集理论与方法的研究落后于欧美一些国家,直到20世纪90年代后期,一些高校和科研所才开始进行研究,例如,南京大学、清华大学、中科院等高校或者研究所都进行了全面的研究,并取得了一定的研究成果。

1.4.3 神经网络

1. 生物神经元

人脑大约由10^{12}个神经元组成,而其中的每个神经元又与约$10^{12} \sim 10^{14}$个其他神经元相连接,如此构成一个庞大而复杂的神经元网络。神经元是大脑处理信息的基本单元,它的结构如图1.2所示。它是以细胞体为主体,由许多向周围延伸的不规则树枝状纤维构成的神经细胞,其形状很像一棵枯树的枝干,主要由细胞体、树突、轴突和突触(Synapse,又称神经键)组成。

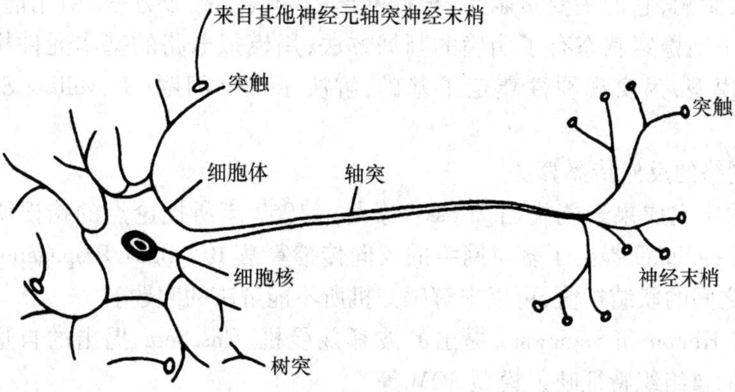

图 1.2 生物神经元示意图

细胞体由细胞核、细胞质和细胞膜组成。细胞体是神经元新陈代谢的中心,还是接受与处理信息的部件。树突是细胞体向外延伸树枝状的纤维体,它是神经元的输入通道,接受来自其他神经元的信息。轴突是细胞体向外延伸的最长、最粗的一条树枝纤维体,即神经纤维,其长度从几个微米到1 m左右,它是神经元的输出通道。轴突末端也有许多向外延伸的树枝状纤维体,称为神经末梢,它是神经元信息的输出端,用于输出神经元的动作脉冲。轴突有两种结构形式,即髓鞘纤维和无髓鞘纤维,两者传递信息的速度不同,前者约为后者的10倍。一个神经元的神经末梢与另一神经元树突或细胞体的接触处称为突触,它是神经元之间传递信息的输入输出接口。每个神经元约有 10^{13} ~ 10^{14} 个突触。

目前神经元网络的研究,人们借鉴了大脑结构的特征,采用大量的比较简单的元件作为系统的基本单元,依靠单元之间复杂的连接构成具有良好功能的网络,这些连接可以按照一定的方式改变,使其具有一定的学习能力。

2. 人工神经网络的发展简史

(1)Mccuuoch 和 Pitts

1943 年心理学家 W. Mccuuoch 和数理逻辑学家 W. Pitts 在分析、总结神经元基本特征的基础上,首先提出神经元的数学模型——MP 模型。

(2)感知机

20 世纪 50 年代末,F. Rosenblatt 设计制作了感知机,感知机是一种多层神经网络,用于模式识别,但许多人放弃了研究,原因如下:

①计算机发展处于全盛时期,许多人误认为计算机可解决 AI、模式识别、专家系统等一切问题,感知机不受重视。

②电子工艺水平比较落后,制作神经网络成本高。

③Minsky 和 Papert 在 1969 年出版专著《感知机》,书中论述了简单的线性感知机的功能有限,不能解决“XOR”这样简单问题。

(3)Widrow

20 世纪 60 年代初期,Widrow 提出自适应线性元件网络。Adaline 是一种连续取值的线性加权求和阈值网络,主要用于雷达无线控制等,后来又发展了非线性多层自适应网络。

(4) Hopfield

美国物理学家 Hopfield 于 1982 年和 1984 年在美科学院刊上发表了两篇神经网络论文,引起了巨大影响,它的主要贡献是:根据网络的非线性微分方程,引用能量函数概念,使神经网络的平衡稳定状态有了明确的判据方法;用模拟电路的基本元件构成了神经网络的硬件原理模型,为实现硬件奠定了基础,解决了 TSP 问题(Travelling Salesman Problem)。

(5)多层网络的反向传播算法

Hopfield 的研究成果未能指出 Minsky 等人在 1969 年所提论点的错误所在。1986 年 Rumelhart 和 Mcclellanel 提出了多层网络的反向传播算法 BP(Back Propagation)算法,从后向前修正各层之间的联结权值,可以求解感知机所不能解决的问题。

另外,还有 Hinton 和 Sejnowski 提出的波耳兹曼机、Gnssberg 提出的自适应谐振理论 ART、Kohonen 的自组织特征映射模型 SOM 等。

1987 年 6 月在美国加州召开了第一届神经网络国际会议,1988 年《Neural Network》创刊,1990 年《IEEE Trans. on Neural Network》创刊。

国内的神经网络研究起于 1988 年前后,1989 年召开了全国第一届神经网络 - 信号处理会议,1990 年 12 月、1991 年 12 月分别召开了第一、二届全国神经网络大会,1992 年,国际神经网络学会和 IEEE 神经网络委员会联合学术会议在北京召开。

1.4.4 支持向量机

统计学习理论中的支持向量机方法(Support Vector Machine,SVM)是 Vapnik 等人提出的一种全新的机器学习方法,在解决小样本数据分类问题方面具有全局最优、结构简单、推广能力强等优点。根据有限的样本信息,以统计学习理论为基础,在学习精度和学习能力之间寻找最佳折中,以获得分类性能的较好推广。支持向量机具有简洁的数学形式、直观的几何解释和良好的泛化能力等优点,避免了神经网络中的局部最优解问题,并有效地克服了“维数灾难”问题。和传统的分类算法相比,支持向量机在防止训练过学习、运算速度和结果精度等方面都表现出明显的优越性,是目前国内外机器学习和模式识别领域的研究热点之一,已被成功地应用于文本分类、信息检索、网络故障检测、遥感图像分析、纹理识别、图像检索、人脸识别、语音识别、医疗诊断、基因和蛋白质结构分析、信号处理、光谱分析、入侵检测、参数优化等众多模式识别领域。

支持向量机集成是近几年机器学习领域研究的热点问题,一些研究人员在这个领域作了广泛研究,取得了一定的研究成果。以下从三个方面进行讨论。

1. 个体生成方法

如何产生有差异的个体是集成学习的关键问题,现有的支持向量机集成中的个体生成方法主要通过扰动训练样本集、扰动特征空间、扰动模型参数以及多重扰动机制的结合来实现。

Kim 等人首先将 Bagging 学习算法引入到支持向量机集成分类中,发现支持向量机集成的性能大大高于单个支持向量机。Lima 等人将 Bagging 集成技术引入到支持向量机回归分析中,取得比单个支持向量机更好的泛化性能。

Robert 等提出“特征 Bagging”(Attribute Bagging,AB)集成技术,指出基于特征选择的集成学习算法能进一步提升支持向量机的泛化性能。

基于参数扰动机制的支持向量机集成学习算法首先由 Valeniini 提出,他给出了一种低偏差 Bagging(LoBag)支持向量机集成学习算法,通过分析期望误差的偏差和方差分解方法和各种核函数下参数对支持向量机性能的影响,在低偏差区域内随机选择支持向量机的核函数参数值、惩罚参数值,构造一种基于参数扰动的支持向量机集成的学习算法。

2. 结论合成方法

结论合成方法主要研究如何对集成中个体分类器所给出的结论进行合成。在对支持向量机的结论进行合成时,目前主要采用的方法有以下几种:

(1)多数投票法,是最简单的结论合成方法,也是采用最普遍的一种结论合成方法。每个个体支持向量机分类器对待测样本有一个类别的判断,并给所判断的待测样本的归属类别投一票。

(2)加权投票法,是给每一个个体支持向量机分类器赋予一个权值,权值的获取通常是通过在训练样本集上的分类器的精度获得,精度越高,权值越大,精度越低,权值越小。

3. 支持向量机集成的应用

上述对支持向量机集成算法的研究主要是根据支持向量机本身特性展开,具有泛化性特征;另一方面的研究主要针对不同领域的应用特点,为解决实际应用中存在的问题展开研究。

Valentini 针对肿瘤识别的多变性及特征数据的维数灾难问题,提出了一种基于 Bagged 的支持向量机集成的方法以解决肿瘤识别问题。实验结果表明,该方法相对于单个支持向量机其结果更准确、更可靠。同时该方法中还引入了特征选择方法,以进一步提高性能,随后使用基于 Bagging 的 SVM 集成来分析具有高维和小样本特征的基因表达数据。试验结果显示基于 Bagging 的支持向量机集成分类比单个支持向量机更稳定,而且具有比单个支持向量机相等或更好的分类精度,加上特征选择技术能进一步提高精度。

Bellili 在研究邮政编码数字识别时,提出一种神经网络和支持向量机相结合的 MLP-SVM混合集成方法,实验结果表明,该方法的识别率好于单个 MLP 或 SVM。Loris Nanni等在研究氨基酸的物理化学特性分类时,引入了支持向量机集成分类方法,个体支持向量机分类器在每一个氨基酸的物理化学特性上训练生成,采用多数投票法进行结论合成,实验取得了较好的效果。Yanshi Dong 等人在文本分类中引入支持向量机集成学习算法,通过利用样本划分和参数扰动方法生成个体支持向量机,在 Ruters - 21578 数据上的实验结果表明基于支持向量机集成的文本分类方法收到了较好的效果。

蔡俊伟在研究混沌时间预测序列时给出一种基于自组织映射(SOM)和 K 均值聚类算法相结合的选择性支持向量机集成算法,先用 SOM 把待聚类的数据对象进行训练,以 SOM 聚类结果得到的权值为初始聚类中心,对 K 均值聚类算法进行初始化,执行 K 均值算法进行聚类。实验结果表明,该方法选择每簇中精度最高的子 SVM 进行集成,可以保证子 SVM 有较高的精度及子 SVM 之间有较大的差异度,从而提高 SVM 集成的预测精度。叶萝芸等人在研究景物图像中文字目标识别问题时,提出了多级分类器混合集成的字符识别方案,利用 Bayes 公式给出一种抽象层分类器集成方法,应用上取得了令人满意的结果。

李烨等在汽轮机转子不平衡故障诊断的研究中引入支持向量机集成,提出了一种基于遗传算法的支持向量机集成学习方法,个体 SVM 生成方法分别选择特征扰动、样本与特征扰动相结合的方法,并定义了相应的遗传操作算子。与 Bagging、Boosting 相比较的实验结果表明,该算法有效提高了故障诊断的准确性。

唐静远等人在研究模拟电路故障诊断时,给出一种基于特征扰动的支持向量机集成算法,将采集来的信号进行 Haar 小波变换,提取 1 ~ 5 层小波变换的每层第 1 个低频系数构成特征子集,然后将这些特征子集输入集成支持向量机中。实验结果表明,该方法比单一支持向量机、竞相基神经网络、BP 神经网络和集成人异 NN 分类器有更好的分类和泛化性能。

王磊等人针对网络故障诊断的不确定性、复杂性及对故障诊断特征描述的不完备性,给出一种利用样本与特征二重扰动支持向量机集成进行故障诊断的方法,并对特征选择进行了改进,采取无放回特征抽样法。实验结果表明,该方法显著提高了传统支持向量机的故障诊断精度。

韩冰等将选择性支持向量机集成应用于新闻音频自动分类,根据音频的静音、音乐、语音和带有背景英语的四种语音分类分别训练生成个体支持向量机。考虑到运算复杂度的因素,提出选择性集成支持向量机的方法。在 5 段长度约为 142 min 的新闻音频上的实验结果表明,该方法在分类准确性和时间损耗上都取得了良好的性能。

1.4.5 进化计算

1. 生物的进化

地球上的生物,都是经过长期进化而形成的。解释生物进化的学说,主要是达尔文的自然选择学说。该学说的主要内容如下。

(1)不断繁殖。地球上的生物具有很强的繁殖能力,能产生许多后代。

(2)生存竞争。生物的不断繁殖使后代的数目大量增加,而在自然界中生物赖以生存的资源是有限的,因此生物为了生存就需要竞争。

(3)适者生存。生物在生存竞争中,根据对环境的适应能力,适者生存,不适者消亡,这是自然选择的结果。

(4)遗传和变异。生物在繁殖过程中,通过遗传,使物种保持相似。与此同时,由于变异,物种会产生差别,甚至形成新物种。

遗传算法和遗传规划,就是借用生物进化的规律,通过繁殖、遗传、变异、竞争,实现优胜劣汰,一步一步地逼近问题的最优解。因此,它们又被称为进化计算(Evolutionary Computation)。

2. 细胞、染色体与 DNA

(1)细胞

细胞是生物结构和功能的基本单位。细胞通常由细胞膜、细胞质与细胞核三部分组成。细胞膜是细胞最外面的一层薄膜,它把细胞内的物质与外界分隔,起到保护细胞的作用,细胞质是介于细胞膜和细胞核之间的原生质,是透明的胶状物;细胞核是细胞的最内层,是遗传物质储存和复制的场所。细胞核由核膜、染色质、核液组成。

(2)染色体

细胞核中的染色质是一些容易被碱性染料染成深色的物质。通常,染色质为细长的丝,交织成网状。在细胞分裂期,细胞核内长丝状的染色质高度螺旋化,缩短变粗,形成光学显微镜可以看见的染色体。因此,染色体是染色质在细胞分裂时的一种特殊表现。

(3)DNA

染色体主要由蛋白质和 DNA 组成。DNA 又称为脱氧核糖核酸,是一种高分子化合物。组成它的基本单位是脱氧核苷酸,后者又由磷酸、脱氧核糖和含氮碱基三者组成。DNA 含四种含氮碱基,即:腺嘌呤(A)、鸟嘌呤(G)、胞嘧啶(C)和胸腺嘧啶(T)。

DNA 的结构是有规则的双螺旋结构,由两条平行的脱氧核苷酸长链盘旋而成,两条链上的碱基通过氢链联结起来,形成碱基对。碱基对只有两种配对方式:A 与 T 配对,C 与 G 配对。

3. 生物的遗传与变异

(1)遗传物质

生物上下代之间传递遗传信息的物质,称作遗传物质。绝大多数生物的遗传物质是 DNA。由于细胞里的 DNA 大部分在染色体上,因此,遗传物质的主要载体是染色体。

(2)基因

基因是控制生物遗传的物质单元,它是有遗传效应的 DNA 片段。每个基因含有成百上千个脱氧核苷酸,它们在染色体上呈线性排列,这种排列顺序就代表着遗传信息。

(3)遗传的基本规律

遗传的基本规律包括分离规律和自由组合规律。

①分离规律是关于一对性状的遗传规律。该规律说明,具有一对相对性状的两个亲本个体,它们杂交后的第一代配子 F1,只表现出其中一个亲本个体的性状,这种性状称为显性性状。反之,没有表现出来的亲本个体的性状称为隐性性状,随后,F1 自交的后代 F2,除了有显性性状的个体外,又出现隐性性状的个体,两者的比例呈 3∶1。F2 中出现隐性性状的个体的现象,称作分离现象。构成分离现象的原因是 F1 的一对等位基因,分别进入两个配子中,独立地随着配子遗传给后代。

②自由组合规律是关于两对或两对以上性状的遗传规律,其实质是控制相对性状的基因在配子形成时随所在的染色体彼此独立分配,组合到不同配子中,以后配子随机结合时基因自由组合。

(4)生物的变异

生物在遗传过程中会发生变异。变异有三种来源:基因重组、基因突变和染色体变异。基因重组是控制不同性状的基因的重新组合,遵循基因的自由组合规律。基因突变是指基因分子结构的改变,包括 DNA 碱基对的增添、缺失或改变。染色体变异是指染色体在结构上或数目上的变化,其中数目的变化对新物种的产生起着很大的作用。

其实,看看我们人类文明的进步过程,也不是由单独的个体即某一个人来完成的,而是一代人比一代人更加智慧,一个时代比一个时代更加先进。的确,我们从生物的进化过程得到很多有益的启示:

(1)进化是自然界“物竞天择,适者生存,不适者淘汰”的优胜劣汰,是一个巧妙的适应环境的优化过程;

(2)这种优化不是由单个个体来实现,而是由一代又一代的种群同时进行,因此它实质上是一个大规模并行优化求解过程,在搜索高维求解空间中的合适解点时大大降低了时间的复杂性;

(3)生物在进化过程中,通过基因的重组和变异,能在更大范围内生成品质更好、更能适应环境变化的后代,也就是搜索的可能解空间大大扩大了;

(4)生物进化并不是在一个因子众多、结构复杂的时变动态系统中追求某一个全局最优解,而只是在环境的约束条件下寻找一个更为满意一点的解的子空间。Dortmund 大学的 Hans Paul Schwefel 在他发表的论文《进化计算方法的演化》一文中提出,在进化过程用“改进”(Melioration)来代替“优化”(Optimization)也许更恰当一些。在改进意义下的子空间找到一个满意解,显然要比追求问题全局最优解容易得多。

由于以上原因,仿照生物群体进化过程的进化计算(Evolutionary Computation,EC),从20 世纪六七十年代以来开始得到发展和应用。根据研究者各自的研究方向和命题名称的不同,进化计算有下列三个方面的内容:

①遗传算法(Genetic Algorithms,GA),是 1975 年由美国 Michigan 大学 John H 和Holland 提出,由 Kenneth DeJong 将其首次应用于解决优化问题;

②遗传规划(Genetic Programming,GP),由 Lawrence J Fogel 等首先提出,由 David B Fogel设计成当前实用的形式;

③进化策略(Evolution Strategies ESs),首先由 Ingo Rechnenberg 提出,然后由 Hans-Paul Schwefel 进一步加以发展。

GAs、GP 和 ES 都是由有关学者独立发展起来的,虽然他们的思路都是仿效生物进化过程来实现进化计算,但是在具体的算法步骤、进化方式的侧重点等方面还是有所不同。

1.4.6 蚁群算法

蚁群优化算法是一种模拟蚂蚁觅食行为的模拟优化算法,它是由意大利学者 Dorigo M 等人于 1991 年首先提出,之后又系统研究了蚁群算法的基本原理和数学模型,并结合 TSP 优化问题与遗传算法、禁忌搜索算法、模拟退火算法、爬山算法等进行了仿真实验比较,为蚁群算法的发展奠定了基础,并引起了全世界学者的关注与研究。蚁群算法在解决 TSP 问题、指派问题以及车间调度问题等离散领域优化问题有着自身的优势,并取得了很大的进展与收获。针对连续域问题优化,国内外也有不少学者进行研究,主要包括实数编码的蚁群算法和二进制编码的蚁群算法。

1. 蚁群算法的生物学基础

在昆虫世界中,蚂蚁的组成是一种群居的世袭大家庭,我们称之为蚁群。在这个大家庭关系中,蚁群中除了亲缘上的互相关系外,还根据分工不同分为世袭制的蚁王和工蚁两个等级。蚁群的大小从几个到几千万不等,它具有高度的社会性,蚂蚁之间的沟通不仅可以借助触觉和视觉,在大规模的协调行动中还可以借助信息素(Pheromone)之类的生物信息介质。虽然单个蚂蚁的行为极其简单,但由单个个体组成的群体却表现出极其复杂神奇的行为。特别是在蚂蚁觅食时,没有发现食物的时候,蚂蚁在巢穴附近作无规则行走,一旦发现食物,如果能独自搬移则往回搬,否则立刻回巢搬兵,在路上会留下信息素,信息素的强度通常与食物的品质和数量成正比,其他蚂蚁遇到信息素会循序前进,从而进行群体搜索食物及搬移食物。

昆虫学家 Deneubourg 等通过“双桥实验”对蚂蚁的觅食行为进行了研究。如图 1.3 (a) 所示,对称双桥(两座桥的长度相同)A、B 将蚁巢与食物源隔开,蚂蚁从蚁巢自由地向食物源移动。图 1.3(b)是经过 A、B 两桥的蚂蚁百分比随时间的变化情况。实验结果显示,在初始阶段出现一段时间的震荡(由于某些随机因素,使通过某座桥上的蚂蚁数急剧增多或减少)后,蚂蚁趋向于同一条路径。在实验中,绝大部分蚂蚁选择了 A 桥。

另外,Goss 等人还用非对称双桥(两座桥长度不相等)进行了实验,如图 1.4 所示,图 1.4(a)为蚂蚁经过非对称双桥开始觅食;图 1.4(b)显示绝大多数蚂蚁选择较短的桥;图 1.4(c)显示最终有 80% ~100% 的蚂蚁选择较短的桥。在非对称双桥实验中,随机抖动对

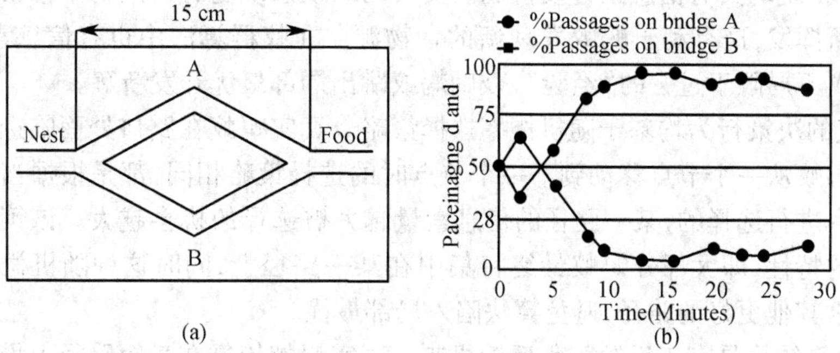

图 1.3 对称的双桥实验图

“胜出桥”(有较多蚂蚁选择的桥)的影响减小,而占主导作用的是信息素的引导行为。在前阶段,蚂蚁以相同随机概率选择 A 和 B 桥,由于路径短的桥蚂蚁需要时间较少,导致较多蚂蚁通过较短的桥,从而会导致信息素的正反馈增加,信息素又引导更多的蚂蚁选择短桥,最终会导致越来越多的蚂蚁选择短桥。

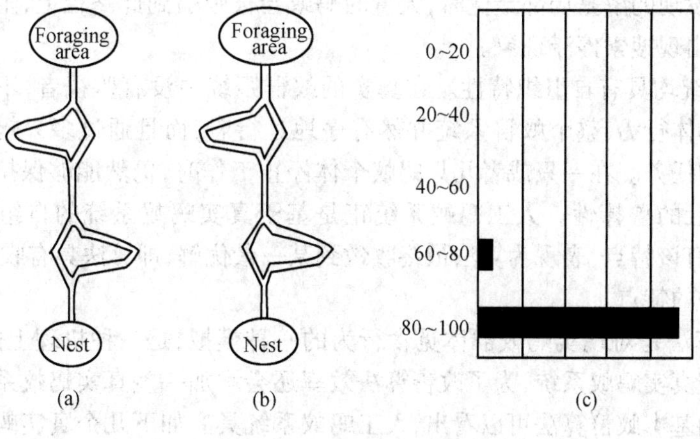

图 1.4 非对称的双桥实验图

2. 人工蚂蚁与真实蚂蚁

将人工蚂蚁系统和真实蚂蚁系统的特点进行比较,有助于了解蚁群算法的机理,对蚁群算法的改进也有一定的借鉴意义。蚁群算法是源于现实世界中蚂蚁群体能够找到巢穴到食物源之间最短路径的生物学现象而提出的,真实的蚂蚁系统还能实现很多其他复杂的功能。蚁群算法只是对蚂蚁群体觅食行为的抽象与改进,因此两者既有联系又有区别。本文将蚁群算法中蚂蚁所处的环境系统称为人工蚂蚁系统,其中的蚂蚁称为人工蚂蚁。

人工蚂蚁系统与真实蚂蚁系统之间有如下的相同点:

(1)蚂蚁之间都是利用信息素进行交流、协作。真实蚂蚁在它所经过的路径上留下信息素,通过影响周围环境对后面蚂蚁的寻径行为产生影响;人工蚂蚁也在它所经过的路径上留下了信息,即信息素量,来影响本次迭代或者下一次迭代蚂蚁选择该路径的概率。两个系统都是通过蚂蚁释放信息素来影响系统环境,从而达到蚂蚁之间相互交流、相互协作的目的。

(2)两个系统均具有信息素挥发机制。真实的蚂蚁系统随着时间的推移留在路径上的信息素会不断挥发，这有利于蚂蚁发现新的食物源。在蚁群算法中也有信息素挥发机制，该机制使蚂蚁不局限于过去的“经验”，鼓励蚂蚁跳出局部最优开发新解。

(3)蚂蚁的决策行为均基于随机概率选择策略。真实蚂蚁在路口处面临选择时的决策规则和人工蚂蚁从一个节点移动到下一个节点时的选择策略相同，都是根据当前信息素量的大小依概率进行选择的，某一路径的信息素量越大被选择的机会越大。该策略使算法具有一种收敛的特性，即大部分蚂蚁最终将集中在某一路径上，同时这种随机概率选择方式也有利于搜索其他更好的路径，避免算法陷入局部最优。

(4)两个系统均具有正反馈和负反馈机制。真实蚂蚁依靠在最短路径上堆积越来越多的信息素来吸引更多的蚂蚁沿此路径前进，而更多蚂蚁沿最短路径行进的同时又释放更多的信息素，进一步加强了该路径的吸引力，形成了所谓的正反馈机制。蚁群算法中同样借鉴了这一机制，在蚂蚁构造解以后会通过质量函数进行评估，好的解得到较多的加强，使下一次迭代中具有更强的吸引力，不好的解被加强的程度较弱或者不被加强，由于信息素挥发而逐渐失去吸引力，即所谓的正反馈机制。正反馈机制类似于“雪球效应”，越来越多的蚂蚁被吸引到某一路径上，这对算法的收敛起到了至关重要的作用。但单纯的正反馈也有副作用，当蚂蚁发现的解是局部最优时，大量的蚂蚁会被吸引到此路径上，阻碍了更优解的发现，导致算法出现搜索停滞现象。

(5)两个系统均具有自组织特性。在真实的蚁群系统中没有监视者，不需要去组织协调每只蚂蚁的具体行为，整个蚁群系统井然有序地运行着，而且通过多只蚂蚁之间的协作能够完成复杂的任务。在一只或者几只蚂蚁个体停止工作时，仍然能够保持整个系统的正常功能，具有强壮的鲁棒性。人工蚂蚁系统正是基于真实蚂蚁系统的自组织特性而提出的，因此必然具有该特点，表现为算法最终收敛到某一最优解，即算法具有收敛性。

3. 蚁群算法的特点

由于蚁群算法是对现实蚂蚁群体觅食行为的一种模拟，是一种机理上的应用，因此没有必要完全再现真实蚂蚁系统，为了改善算法效率还会增加一些真实蚂蚁系统所不具备的能力。从上面的基本蚁群算法可以看出，人工蚂蚁系统具有如下几个真实蚂蚁群不具有的特点。

(1)人工蚁群系统是一个基于二维构造图的离散系统，人工蚂蚁的移动实质上是由一个离散状态到另一个离散状态的跃迁，而真实蚂蚁是在现实的三维世界中的连续爬行行为。

(2)人工蚂蚁具有记忆蚂蚁过去行为的功能，这为解决带约束的组合优化问题提供了方便，而真实蚂蚁并没有表现出这方面的能力。

(3)人工蚂蚁释放的信息素量是它所构造解的优劣程度的函数，而且根据更新策略的不同信息素释放的时机有多种选择，可以边移动边释放，也可以完成解的构造以后释放；而真实蚂蚁释放的信息素量是一个定值，而且是一个边移动边释放的连续过程。

(4)为了提高系统的总体性能，蚁群算法中可以增加一些额外的特性，如增加与问题相关的启发式因子，采用局部优化策略、回退技术等；显然，真实蚂蚁系统不可能具备该特性。

(5)真实蚂蚁之间是采取一种协作的方式进行工作的；而人工蚂蚁之间既有协作又有竞争的关系。

1.4.7 微粒群算法

微粒群优化算法(Partiele swarm optimization,PSO)由 Kennedy 和 Eberhart 于 1995 年提出,是一种基于群智能(Swarm Inielligence)方法的演化计算(Evolutionary Computation)技术,可通过微粒之间的相互作用发现复杂搜索空间中的最优区域。与遗传算法比较,PSO 算法具有概念简单、调整参数少、容易实现等特点,同时又有深刻的智能背景,既适合科学研究,又特别适合工程应用。因此,PSO 算法一提出,立刻引起了演化计算等领域学者的广泛关注。自 1998 年以来,IEEE 进化计算等多个国际学术会议都举行了微粒群算法的专题讨论,2003 年在美国印第安纳波利斯举行的首届 IEEE 群智能研讨会和 2005 年在美国加利福尼亚举行的第二届 IEEE 群智能研讨会,则将 PSO 算法的研究推向了一个新的高潮。目前,微粒群算法已在许多领域获得成功应用,并成为一种广受关注的新兴智能优化算法。近两年来,将微粒群算法应用于图像处理领域的研究已得到较大关注,出现了较多的研究成果,但是微粒群算法在图像处理领域的应用仍存在很多值得进一步深入研究探讨的问题。

1. 微粒群算法的研究进展

微粒群算法的研究进展可归纳为算法本身的改进、算法参数的改进、算法拓扑结构的改进、算法的融合和微粒群算法的应用等五个方面。

(1)算法本身的改进

对基本 PSO 算法的改进首先表现在其速度和位置更新公式的改进,典型的改进是在 PSO 速度更新公式引入惯性因子,使基本 PSO 算法的收敛性得到改善;Ketmedy 提出在 PSO 速度更新公式中引入收缩因子来控制 PSO 的收敛趋势,并给出了算法的理论分析。Ratnaweera和 Halgamuge 通过引入时变加速因子和时变惯性权因子,有效增加了算法的局部搜索能力,同时引入自组织递解概念,微粒只通过认知和社会部分来更新,有效提高了算法的收敛速度。Monson 和 Seppi 改进了 PSO 的位置更新公式,利用 Kalman 滤波更新微粒位置,有效减少算法迭代次数的同时不影响 PSO 的快速收敛性能。Lvbjerg 和 Rasmussen 将子种群的概念引入 PSO 算法以保持种群的多样性。VandenBergh 和 Engelbreeht 提出协同 PSO,通过使用多个种群分别优化决策矢量的不同片段来提高多维函数优化的效率。RodrigueZ 和 Reggia 提出一种自组织 PSO,通过赋予微粒在不同运动行为之间自动切换的基本智能来实现目标的寻优。Ciuprina、Ioan 和 Munteanu 赋予微粒群经验,利用禁忌表避免不良记忆以及基于虚拟领域的 Landscape 等。

(2)算法参数的改进

Kermedy 和 Eberhart 等提出微粒群算法后,首先对其参数进行改进的是 Eberhart,在基本微粒群算法的速度更新公式中加入了惯性系数,以改善全局寻优和局部寻优之间的平衡控制。Clerc 和 Kennedy 引入一个约束因子 K 以改善微粒群算法的收敛性能。为改善基本 PSO 的收敛性能,Shi 和 Ebethart 首先在 PSO 迭代过程中引入随着迭代次数线性下降的惯性因子。在之后的进一步研究中,他们设计了一种控制惯性因子随迭代次数非线性下降的模糊系统。Van Den Bergh 提出一种确保 PSO 收敛到局部最优的改进 PSO 算法(GcPso),其策略是对全局最好微粒用一个新的更新方程进行更新,使其在全局最好位置附近产生一个随机搜索,而其他微粒仍然用原方程更新。Ratnaweera 等将一个时变加速因子添加到时变的惯性系数中,他们的算法中还有一个比较特殊的改进就是引入了随进化代数线性递减的最大速度来保证算法的收敛性。

(3)算法拓扑结构的改进

根据微粒群算法的“认知”和“社会”功能,可以通过定义全局最优微粒或局部最优微粒构造两种不同社会行为的PSO算法——全局寻优PSO(g-best PSO)和局部寻优的PSO版本(l-best PSO)。l-best PSO算法中,每一个微粒在搜索空间速度的调整与该微粒迄今为止经历过的最好位置及其邻域内的微粒迄今为止经历过的最好位置有关。全局最优版本PSO算法可以看作是每一个微粒的邻域均为整个微粒群的一种局部版本PSO。Kelinedy等认为,g-best PSO收敛速度快,但是有收敛到局部最优的潜在可能;而l-best PSO则有更多的机会得到更好的解,但收敛速度较慢。Kelinedy等进一步研究了微粒拓扑邻域结构,结果表明,微粒拓扑邻域的结构对算法的性能影响非常大,且最佳的拓扑形式因问题而定。同年,Suganthan提出了基于微粒空间位置划分的方案——空间邻域法(Spatial Neighborhood),该算法在采用时变惯性系数时,在绝大多数测试函数中都取得了比g-bestPSO更优良的性能。Kennedy提出的社会趋同法(Social Stereotyping)是混合了空间邻域和环形拓扑方法的另外一种l-best PSO版本,该方法中,不是用每一个微粒的经验而是用它所属空间局部的共同经验来更新自己。Kennedy和Mendes在2002年用菱形、星形、冯·诺曼结构和随机产生的邻域结构对全局寻优版本PSO和局部寻优版本PSO进行了测试,结果表明,具有冯·诺曼邻域结构的PSO收敛特性最好。

(4)算法的融合

PSO算法与其他优化算法的结合是对算法进行改进研究的另一个热点。如Angeline将选择算子引入PSO中,选择每次迭代后较好的微粒复制到下一代,以保证每次迭代的微粒群都具有较好的性能。Higashi、吕振肃等分别提出了自己的变异PSO算法,其基本思路都是通过引入变异算子跳出局部极值点的吸引,从而提高算法的全局搜索能力。高鹰等则将免疫机制的概念引入PSO算法,以提高PSO算法子群的多样性和自我调节能力,增强微粒的全局搜索能力。Katar等提出了一种基于PSO和Levenberg-Marquardt的混合优化算法,该方法将PSO的开发能力和Levenberg-Marquardt的局部探索能力结合起来,以提高PSO算法的搜索精度。除以上的混合PSO算法外,还出现了模拟退火PSO、耗散PSO、自适应PSO、梯度PSO等。

(5)PSO算法的应用

由于PSO算法概念简单、调整参数少、容易实现等特点,现已成功地应用于诸多领域。目前主要的应用领域包括以下几方面。

①优化问题的求解。PSO算法可用于约束优化问题、多目标优化问题、离散空间组合优化问题以及动态跟踪优化问题的求解。

②模式识别和图像处理。PSO算法已在图像分割、图像配准、图像融合、图像识别、图像压缩和图像合成等方面得到成功应用。

③神经网络训练。PSO算法可完成人工神经网络中的各种任务,包括连接权值的训练、结构设计、学习规则调整、输入特征选取、连接权值的初始化和规则提取等。

④电力系统设计。日本的Fuji电力公司的研究人员将电力企业某著名的RPVC(Reactive Power and Voltage Control)题简化为函数的最小值问题,并使用改进的PSO算法进行优化求解。与传统方法如专家系统、敏感性分析相比,实验产生的结果证明了PSO算法在解决该问题时的优势。

⑤半导体器件综合。半导体器件综合是在给定的搜索空间内根据期望得到的器件特

性来得到相应的设计参数，一般情况下使用器件模拟器通常得到的特性空间是高度非线性的，因此很难用传统方法来计算，利用 PSO 算法能比遗传算法更快更好地找到较高质量的设计参数。

⑥其他应用。除了以上领域外，PSO 在自动目标检测、生物信号识别、决策调度、系统辨识以及游戏训练等方面也取得了一定的研究成果。

2. 微粒群算法存在的主要问题

经过近十年的不断发展，微粒群算法在算法理论研究、算法的性能改进以及算法的应用等诸多方面都得到了长足的发展。但由于其发展时间较短，与进化计算等其他比较成熟的智能优化算法相比较，微粒群算法及其应用研究仍然存在许多不足之处，主要表现在以下几个方面。

(1)算法的数学基础和分析比较薄弱。由于微粒群算法来源于对鱼鸟等动物群体社会性的描述，其相关数学基础和数学分析都还比较薄弱，特别是在算法收敛性、收敛速度、算法复杂性、解的有效性等方面的分析研究还有不足之处。

(2)标准微粒群算法存在早收敛、多峰函数寻优能力不足的问题。由于基本微粒群算法的寻优以正反馈机制为主导，保持群体多样性的能力不足，当求解问题空间存在较多的局部极值时，往往缺乏强有力的突破能力，造成算法的早收敛或者多峰函数寻优能力不足。

(3)算法比较性研究不足。由于微粒群算法的发展时间不长，与其他比较成熟的智能优化算法之间的基本特性以及性能方面的对比研究还不十分充分，而且也缺乏用于性能评估的标准函数集。

(4)与其他智能控制方法的结合研究不足。遗传算法、模拟退火算法等成熟的智能优化算法与神经网络、模糊控制等智能控制方法相结合，取得了非常好的效果。微粒群算法与其他智能控制算法的研究结合还不充分，特别是应用于模糊规则提取、数据聚类等方面的研究还不够深入。

(5)多目标优化 PSO(MOPSO)的研究还比较薄弱。由于 PSO 算法的进化机理与遗传算法等智能优化算法不同，使得将 PSO 算法推广到多目标优化时，遇到了如何在非劣解集中选取个体最优位置和全局最优位置少的难题。尽管在 2002 年以后陆续出现了多种 MOPSO 算法，但设计简单有效的 MOPSO，仍然是目前研究的一个热点。另外，多目标 PSO 算法的收敛性也是一个研究难点，目前尚无统一的收敛性研究框架形成。

(6)算法的工程应用研究不足。改进 PSO 算法的研究主要是针对测试函数的研究，在实际工程应用中往往会遇到复杂约束条件等困难，或根本难以实现。目前在算法理论研究的基础上，结合工程实际进行 PSO 算法的改进和应用研究还比较缺乏。

第2章　模糊系统理论及实现方法

2.1　模糊集合和模糊逻辑

2.1.1　普通集合

19世纪末,康托创立了集合论,集合论已成为现代数学的基础。我们可以从常见的事物中,抽象出集合这一概念:具有某种特定属性的对象的全体称为集合,例如地球上的全部沙砾、太阳系的行星、某个班级的学生、某本书里的所有文字、某张桌子上的所有物品等都是集合。每个集合里通常都包含有若干个体。集合里所含有的个体,称为集合中的元素(简称为元)。例如,地球是"太阳系行星"集合中的一个元素,墨水、茶杯、词典、台灯等都是"桌子上的物品"这一集合中的元素。同一集合中的元素都具有某种共同的性质,人们就是根据这种性质,来判定某一讨论范围内的事物是否属于该集合。讨论的范围,也就是被讨论的全体对象,称为论域,又称全域或全集合。论域通常用大写字母表示,如 U,V,X,Y 等。论域中的每个对象称为元素,元素用小写字母表示,如 a,b,c,d 等。论域中某一部分元素的全体称为 U 的一个集合。通常用大写字母表示集合,如 A,B,X,Y 等;而集合中的普通集合总是由一些元素构成,而且全域中某个元素是否属于某个集合,都能清楚地加以区分,或属于或不属于,二者必居其一,且仅属其一。在数学上采用符号 $\in$ 表示属于;若在这一符号上加一斜竖,便代表不属于。例如元素 a 属于集合 A、不属于集合 B 可表示为

$$a \in A \qquad a \notin B$$

集合的表示法有三种。把一个集合的元素全部列出,并用花括号括起来的方法,叫做列举法。例如:

四害 = {苍蝇,蚊子,老鼠,臭虫}

中国的直辖市 = {北京,天津,上海,重庆}

如果一个集合中有许多元素,或者有无限多个元素,用列举法就不可行了,这时可用定义法来代替。所谓定义法,就是用构成集合的定义来表示集合,也就是用集合中元素的共性来描述集合。例如,对于集合 $A=\{1,3,5,7,9\}$,我们可定义 A 为小于10的奇数。于是,A 便可表示为

$$A=\{u \mid u\ 为奇数, u<10\}$$

花括号中的 u 代表构成集合的各元素,一竖的右边表示构成这一集合的定义,即 u 所具备的特性。这一竖有时也可用冒号代替,如

$$A=\{u : u\ 为奇数, u<10\}$$

除了列举法与定义法之外,一个集合还可以用特征函数 χ 来表示。特征函数 χ 可表示元素 u 是否属于集合 A:若 $u \in A$,则 $\chi_A(u)=1$;若 $u \notin A$,则 $\chi_A(u)=0$,即

$$\chi_A(u)=\begin{cases}1 & u \in A \\ 0 & u \notin A\end{cases} \tag{2.1}$$

如图2.1所示，通过各元素的特征函数与集合$\{0,1\}$中的元素一一对应，就能清楚地勾画出一个集合。例如，一个学习小组共有六人，记作u_1,u_2,u_3,u_4,u_5,u_6，在这一论域中，“男生”与“女生”集合可分别表示为

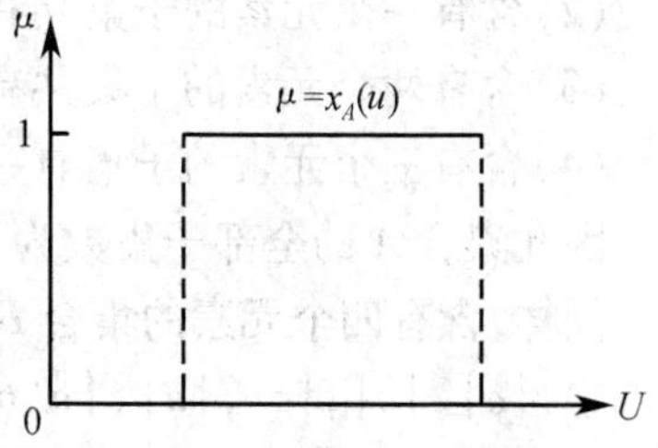

图2.1 特征函数图

$$男生=\frac{0}{u_1}+\frac{1}{u_2}+\frac{0}{u_3}+\frac{1}{u_4}+\frac{1}{u_5}+\frac{1}{u_6}$$

$$女生=\frac{1}{u_1}+\frac{0}{u_2}+\frac{1}{u_3}+\frac{0}{u_4}+\frac{0}{u_5}+\frac{0}{u_6}$$

值得注意的是，式中的加号并非表示相加，仅借用来表示列举；每项分式也并不表示相除，分母表示元素的名称，分子为该元素对应的特征函数值。

一个集合的元素个数，叫做该集合的基数。集合A的基数，记作$n(A)$。如四害集合的基数是4，即$n(四害)=4$。基数为有限数的集合叫做有限集；元素的数目无限时，就称为无限集，例如

$$\{u|u为奇数\}$$

$$\{u|u为偶数\}$$

都是无限集。对于无限集，我们就不能用一个数字写出它们的基数。但另有描述其基数的方法，这里不加讨论。试考察集合：

某铁道学院＝{土木系，机械系，电信系，电机系，计算机系，管理系}

机械系＝{内燃机车专业，电力机车专业，车辆专业，装卸机械专业}

内燃机车专业＝{内燃一年级，内燃二年级，内燃三年级，内燃四年级}

内燃一年级＝{内一甲班，内一乙班，内一丙班，内一丁班}

显然，某学院集合包含了机械系集合，也包含了内燃机车专业集合和内燃一年级集合等，因为后者的元素全部都能在“某铁道学院”集合中找到。如果集合B的元素全部都能在集合中找到，集合B便称为集合A的子集合（简称子集），可用符号记为$B\subset A$。

集合B作为集合A的子集的充分必要条件是：如果在B中任取一元素x，此元素必定同时属于集合A。如以符号“$\forall u$”，表示“任意一个u”，则上述条件可以表示为

$$若\forall u\in B都有u\in A，则B\subset A$$

$B\subset A$也可写作$A\supset B$，读作A包含B，或B被A包含。一个集合不是另一个集合的子集时，可用符号$\not\subseteq$表示。例如：$C\not\subseteq D,E\not\subseteq D$。

有两个特别的子集：空集与全集。当认为$n(A)=0$时，即集合A中不包含任何元素，这样的集合就叫做空集，以符号$\varnothing$表示。以下集合就是空集：

$$\{u|u为一生下来就能走路的人\}$$

$$\{u|u是整数,5<u<4\}$$

由集合的全体元素组成的集合，由于它也符合子集的定义：

$$若\forall u\in A，必有u\in B$$

所以$A\subset A$，即任一个集合均可作为本身的子集。

一个集合一共可以包含多少个子集呢？作为例子，试看一个含有三个元素的集合$A=\{a,b,c\}$：

(1)不含元素的子集，即空集$\varnothing$；

(2)含有一个元素的子集共有三个:$\{a\}$,$\{b\}$,$\{c\}$;

(3)含有两个元素的子集共有三个:$\{a,b\}$,$\{b,c\}$,$\{a,c\}$;

(4)含有三个元素的子集有一个:$\{a,b,c\}$。

因此集合 A 的全部子集数为 $1+3+3+1=8$(个)。

同样,含有四个元素的集合 $B=\{a,b,c,d\}$,它的所有子集为

$\varnothing$,$\{a\}$,$\{b\}$,$\{c\}$,$\{d\}$,$\{a,b\}$,$\{a,c\}$,$\{a,d\}$,$\{b,c\}$,$\{b,d\}$,$\{c,d\}$,$\{a,b,c\}$,$\{a,b,d\}$,$\{a,c,d\}$,$\{b,c,d\}$,$\{a,b,c,d\}$,共十六个。

含有 0 个元素的集合$\varnothing$,它有一个子集,就是空集自身,此时也就是全集合。

含有一个元素的集合$\{a\}$,共有两个子集,即$\varnothing$与$\{a\}$,后者为全集合。

含有两个元素的集合$\{a,b\}$,共有四个子集,即$\varnothing$,$\{a\}$,$\{b\}$,$\{a,b\}$,最后一个为全集合。

由此可知,一个含有 n 个元素的集合,必有 2^n 个不同的子集。这里,我们把空集$\varnothing$和全集都作为子集(两个特殊的子集)。

除去全集合之外的子集叫做真子集。把一个集合的全部子集作为元素,这样构成的集合叫做幂集。例如集合 $B=\{0,1\}$ 的幂集为

$$\{\varnothing,\{0\},\{1\},\{0,1\}\}$$

记作 $P(B)$。

如 $A=\{$左,中,右$\}$,则 $P(A)=\{\varnothing,\{$左$\},\{$中$\},\{$右$\},\{$左,中$\},\{$左,右$\},\{$中,右$\},\{$左,中,右$\}\}$。

设 A、B 论域 U 上的两个集合,即 $A,B\in P$,则

$$A\cup B=\{u|u\in A \text{ 或 } u\in B\} \tag{2.2}$$

$$A\cap B=\{u|u\in A \text{ 且 } u\in B\} \tag{2.3}$$

$$A^c=\{u|u\not\subset A\} \tag{2.4}$$

分别叫做 A 与 B 的并集、交集和余集。采用特征函数表示时,有

$$\chi_{A\cup B}(u)=\max(\chi_A(u),\chi_B(u)) \tag{2.5}$$

$$\chi_{A\cap B}(u)=\min(\chi_A(u),\chi_B(u)) \tag{2.6}$$

$$\chi_{A^c}(u)=1-\chi_A(u) \tag{2.7}$$

2.1.2 模糊集合隶属函数

以上介绍了康托所建立的集合概念。如果我们对周围的一切细加考察的话,就不难发现,上述集合的概念还不能概括所有事物,因为在康托的集合论中,一事物要么属于某集合,要么就不属于,这里没有模棱两可的情况。然而在现实生活中,却充满了模糊事物、模糊概念。

我们知道,在思维中每一个概念都有一定的外延与内涵。所谓外延就是指适合于那个概念的一切对象,如氦、氖、氩、氪、氙、氡这六种气体,就是"惰性气体"这一概念的外延,而概念的内涵则是指外延包括的一切对象具有的本质属性。例如,在"惰性气体"这一概念的内涵中,包含了一切惰性气体所共有的本质属性:很难与其他元素化合。内涵和外延,是刻画概念的两个方面。概念的形成实际上总是要联系到集合论:内涵就是集合的定义,外延则是组成该集合的所有元素。

在人们的思维中,有着许多模糊的概念。语言是思维的外壳,在语言中有许多表现模

糊概念的词，例如年轻、暖和、胖、响、粉红、明亮、现在、傍晚等。对于这些模糊的概念，由于它没有明确的内涵和外延，所以无法用普通集合论来加以描述，也就是说，在这样的集合中，一元素是否属于某集合，不能简单地用“是”或“否”来回答，这里有一个渐变的过程。

例如，“男子”集合与“女子”集合都具有清晰的内涵和外延，我们可以在人群中很容易地进行划分，然而，“高个子”集合和“老年人”集合的边界就不那么明确了。为了对这两类不同的集合加以区分，我们将前者叫做普通集合（或经典集合），后者叫做模糊集合，可用大写字母下添加波浪线表示，如 $\underset{\sim}{A}$ 就表示模糊集合。

那么，该怎样来描述一个模糊集合呢？我们曾经介绍过几种表示普通集合的方法，其中有一种方法利用了特征函数$\chi_A(u)$。如$\chi_A(u)=1$，说明元素 u 属于集合 A；如果$\chi_B(u)=0$，表明 u 不属于集合 B。在普通集合论中，特征函数值只取0和1两个值就已足够，也就是说，特征函数与集合$\{0,1\}$相对应。

在描述一个模糊集合时，我们可以在普通集合的基础上，把特征函数的取值范围从集合$\{0,1\}$扩大到在$[0,1]$区间连续取值，这样一来，我们就能借助经典数学这一工具，来定量地描述模糊集合。

为了将普通集合与模糊集合加以区别，我们把模糊集合的特征函数称为隶属函数，记作$\mu_A(u)$，表示元素 u 属于模糊集合 A 的程度或“资格”。由于μ可在$[0,1]$区间连续取值，所以很适合表现元素属于某一模糊集合的种种暧昧状态。Zadeh 给出了有关的定义：

定义2.1　所谓给定了论域 U 上的一个模糊子集 A，是指对任意 $u\in U$，都指定了一个数 $\mu_A(u)\in[0,1]$，叫做 u 对 $\underset{\sim}{A}$ 的隶属程度。映射 μ_A

$$\mu_A: U\rightarrow[0,1] \text{ 或 } \mu\rightarrow\mu_A \tag{2.8}$$

叫做 $\underset{\sim}{A}$ 的隶属函数。

模糊子集完全由其隶属函数所刻画。当 μ_A 的值域为$\{0,1\}$时，$\mu_{\underset{\sim}{A}}$ 变成普通集合的特征函数，蜕变成 $\underset{\sim}{A}$ 一个普通子集。

记 U 上全体模糊子集所构成的类为 $\mathscr{F}(U)$，有 $\mathscr{F}(U)\supseteq\mathscr{P}(U)$。

当 $\underset{\sim}{A}\in\mathscr{F}(U)-\mathscr{P}(U)$时，$\underset{\sim}{A}$ 叫真模糊子集，此时至少存在一元素 u_0，使$\mu_{\underset{\sim}{A}}(u_0)\notin\{0,1\}$。

例2.1　设 $U=\{1,2,3,4,5,6,7,8,9,10\}$，$\underset{\sim}{A}$ 表示“接近5的整数”的模糊子集，则

$$\underset{\sim}{A}=\frac{0.2}{2}+\frac{0.5}{3}+\frac{0.8}{4}+\frac{1}{5}+\frac{0.8}{6}+\frac{0.5}{7}+\frac{0.2}{8}$$

2.1.3　模糊集合的表示方法

（1）离散的有限集，如 $\underset{\sim}{A}=\frac{\mu_{\underset{\sim}{A}}(a)}{a}+\frac{\mu_A(b)}{b}+\frac{\mu_A(c)}{c}+\frac{\mu_{\underset{\sim}{A}}(d)}{d}+\frac{\mu_A(e)}{\underset{\sim}{e}}$。

（2）序偶表示法，如 $\underset{\sim}{A}=\{(u_1,\mu_{A}\sim(u_1)),(u_2,\mu_{A}\sim(u_2)),\cdots\}$。

（3）连续情况函数表示法。

例2.2　以年龄作为论域，取 $U=[0,200]$，Zadeh 给出年轻 $\underset{\sim}{A}$ 和年老 $\underset{\sim}{Q}$ 两个模糊集的隶属函数

$$\mu_{\underset{\sim}{O}}(u)=\begin{cases}0 & \text{当 } 0\leqslant u\leqslant 50\\ \left[1+\left(\dfrac{u-50}{5}\right)^{-2}\right]^{-1} & \text{当 } 50<u\leqslant 200\end{cases}$$

$$\mu_{\underset{\sim}{Y}}(u)=\begin{cases}1 & \text{当 } 0\leqslant u\leqslant 25\\ \left[1+\left(\dfrac{u-25}{5}\right)^{2}\right]^{-1} & \text{当 } 25<u\leqslant 200\end{cases}$$

2.1.4 模糊集合的运算

对于普通集合的基本运算,如并、交、补、包含关系等,已如上述。对于模糊集合的基本运算,我们仍需另作定义,因为模糊集合是普通集合的拓展。

首先,由于模糊集合的特征是它的隶属函数,所以很自然地利用隶属函数来定义两个模糊集合的一些运算。

定义 2.2(模糊集合的并、交、补)设 $\underset{\sim}{A}$、$\underset{\sim}{B}\in\mathscr{F}(U)$,定义 $\underset{\sim}{A}\cup\underset{\sim}{B}$、$\underset{\sim}{A}\cap\underset{\sim}{B}$、$\underset{\sim}{A}^c$ 分别具有隶属函数

$$\mu_{\underset{\sim}{A}\cup\underset{\sim}{B}}\triangleq\max(\mu_{\underset{\sim}{A}}(u),\mu_{\underset{\sim}{B}}(u)) \tag{2.9}$$

$$\mu_{\underset{\sim}{A}\cap\underset{\sim}{B}}\triangleq\min(\mu_{\underset{\sim}{A}}(u),\mu_{\underset{\sim}{B}}(u)) \tag{2.10}$$

$$\mu_{\underset{\sim}{A}^c}(u)\triangleq 1-\mu_{\underset{\sim}{A}}(u) \tag{2.11}$$

分别称为 $\underset{\sim}{A}$ 与 $\underset{\sim}{B}$ 的并集、交集和 $\underset{\sim}{A}$ 的余集。

定义 2.3(模糊集合相等)设 $\underset{\sim}{A}$、$\underset{\sim}{B}\in\mathscr{F}(U)$,若对所有元素 $u\in U$,均有

$$\mu_{\underset{\sim}{A}}(u)=\mu_{\underset{\sim}{B}}(u) \tag{2.12}$$

则 $\underset{\sim}{A}=\underset{\sim}{B}$。

集合的补余律:

$$\begin{cases}A\cup A^c=U\\ A\cap A^c=\varnothing\end{cases}$$

在模糊集合中未必成立。

例 2.3 已知 $\mu_{\underset{\sim}{A}}(u)=0.4$,$\mu_{\underset{\sim}{A}^c}(u)=0.6$,则

$$\mu_{\underset{\sim}{A}\cup\underset{\sim}{A}^c}(u)=\mu_{\underset{\sim}{A}}(u)\vee\mu_{\underset{\sim}{A}^c}(u)=0.6\neq 1$$

$$\mu_{\underset{\sim}{A}\cap\underset{\sim}{A}^c}(u)=\mu_{\underset{\sim}{A}}(u)\wedge\mu_{\underset{\sim}{A}^c}(\mu)=0.4\neq 0$$

模糊集合满足摩根律,即

$$\overline{\underset{\sim}{A}\cup\underset{\sim}{B}}=\underset{\sim}{A}^c\cap\underset{\sim}{B}^c \tag{2.13}$$

$$\overline{\underset{\sim}{A}\cap\underset{\sim}{B}}=\underset{\sim}{A}^c\cup\underset{\sim}{B}^c \tag{2.14}$$

证明:

$$\begin{aligned}\mu_{(\underset{\sim}{A}\cup\underset{\sim}{B})^c}(u)&=1-\mu_{\underset{\sim}{A}\cup\underset{\sim}{B}}(u)\\&=1-[\mu_{\underset{\sim}{A}}(u)\vee\mu_{\underset{\sim}{B}}(u)]\\&=[1-\mu_{\underset{\sim}{A}}(u)]\wedge[1-\mu_{\underset{\sim}{B}}(u)]\end{aligned}$$

$$=\mu_{\underset{\sim}{A}^c}(u)\wedge\mu_{\underset{\sim}{B}^c}(u)$$

因为当 $\mu_{\underset{\sim}{A}}(u)>\mu_{\underset{\sim}{B}}(u)$ 时，$1-[\mu_{\underset{\sim}{A}}(u)\vee\mu_{\underset{\sim}{B}}(u)]=1-\mu_{\underset{\sim}{B}}(u)$，此时

$$1-\mu_{\underset{\sim}{B}}(u)\geqslant 1-\mu_{\underset{\sim}{A}}(u)$$

故

$$[1-\mu_{\underset{\sim}{A}}(u)]\wedge[1-\mu_{\underset{\sim}{A}}(u)]=1-\mu_{\underset{\sim}{A}}(u)$$

若 $\mu_{\underset{\sim}{A}}(u)<\mu_{\underset{\sim}{B}}(u)$，同样成立。

2.2 模糊关系

2.2.1 普通关系

客观世界的各事物之间普遍存在着联系，描述事物之间联系的数学模型之一就是关系，关系常用符号 R 表示。

设有两集合甲和乙，其中

$$甲=\{u\mid u\ 为甲班乒乓球队队员\}$$

和

$$乙=\{v\mid v\ 为乙班乒乓球队队员\}$$

如 R 表示甲和乙之间的对打关系，若甲队的 1 和乙队的 a 建立起对打关系，就记为 $1Ra$，甲队的 2 和乙队的 b 建立起对打关系，记为 $2Rb$，同样可有 $3Rc$ 等。甲和乙之间的元素若没有某种关系，可用 $\not R$ 表示，如 $1\not Rb$ 和 $2\not Rc$ 等。

若 R 为由集 U 到集 V 的普通关系，则对于任意 $u\in U, v\in V$ 都只能有下列两种情况之一：

(1) u 与 v 有某种关系 R，即 uRv；

(2) u 与 v 无某种关系 R，即 $u\not Rv$。

由 U 到 V 的关系 R，也可用序对 (u,v) 来表示，其中 $u\in U, v\in V$。所有有关系 R 的序对可以构成一个 R 集。

设 U,V 是两个论域，在普通集合中，记

$$U\times V=\{(u,v)\mid u\in U, v\in V\}$$

叫做 U 与 V 的笛卡儿乘积。可能状态集是由 U 与 V 中任意搭配所构成，笛卡儿乘积集是两集合元素之间的约束搭配。若给搭配以约束便体现了一种特殊关系，是笛卡儿集中的一个子集。记

$$U\xrightarrow{R}V\qquad R\in P(U\times V)$$

显然，R 集是 U 和 V 的直积集的一个子集，即

$$R\in U\times V$$

如上述例子中，若甲 $=\{1,2,3\}$，乙 $=\{a,b,c\}$，则

$$甲\times乙=\{(1,a),(1,b),(1,c),(2,a),(2,b),(2,c),(3,a),(3,b),(3,c)\}$$

而

$$R=\{(1,a),(2,b),(3,c)\}$$

显然 $R\subset$ 甲 $\times$ 乙。

一般说来,由 A 到 B 的关系有别于由 B 到 A 的关系。若 R 为 U 到 V 的关系,而 U 又与 V 相等,则 R 就可以说是集合 U 中的关系。如有集合 $A=\{1,2,3,4\}$,若 R 表示 A 集合中的“a 比 b 小”关系,则

$$R=\{(1,2),(2,3),(3,4),(2,3),(2,4),(3,4)\}$$

R 中每个序对中第一个元素与第二个元素具有“小于”关系。

数轴 X 中的点集 $X=\{x\}$ 和数轴 Y 中的点集 $Y=\{y\}$ 的直积 $X\times Y$ 就是坐标平面中所有点 (x,y) 的集合。“横坐标大于纵坐标”这个关系是第Ⅰ象限与第Ⅲ象限分角线下方的点的集合,如图 2.2 所示。

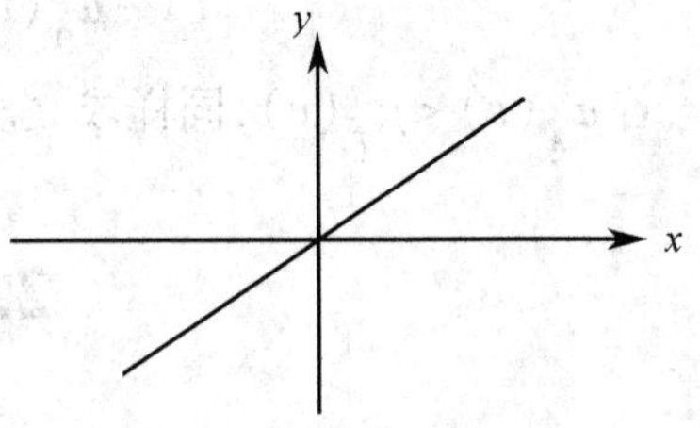

图 2.2　关系“$X>Y$”

也可用特征函数来描述普通关系,若 uRv,则特征函数值为 1,否则为 0,即

$$\chi_{R(u,v)}=\begin{cases}1 & (u,v)\in R\\0 & (u,v)\notin R\end{cases}$$

2.2.2　模糊关系的定义与性质

作为关系的自然拓展,两组事物之间的关系不宜用“有”或“无”作肯定或否定的回答时,可以考虑用模糊关系来加以描述。

论域 U 到论域 V 中的一个模糊关系,是直积空间 $U\times V$ 中的一个模糊子集合;U 到 U 的模糊关系,称为论域 U 上的模糊关系。

例如我们考察集合 $X=\{1,5,7,9,20\}$ 的“大得多”关系。直积空间 $X\times X$ 中有 20 个序对,序对 $(20,1)$ 中第一个元素比第二个元素确实大得多,可以认为它从属于大得多的程度为 1;而序对 $(9,5)$ 中第一个元素 9 比第二个元素 5 大,但说大得多却比较勉强,可以认为序对 $(9,5)$ 隶属于大得多的程度为 0.3。应该说明,这样确定隶属函数的值带有相当的主观性,然而它又是对 X 上模糊关系的一个客观反映。通过类似的讨论,我们可以确定

$$\underset{\sim}{R}=\left\{\frac{0.5}{(5,1)}+\frac{0.7}{(7,1)}+\frac{0.1}{(7,5)}+\frac{0.8}{(9,1)}+\frac{0.3}{(9,5)}+\frac{0.1}{(9,7)}+\frac{1}{(20,1)}+\frac{0.95}{(20,5)}+\frac{0.90}{(20,7)}+\frac{0.85}{(20,9)}\right\}$$

一般说来,只要给出直积空间 $U\times V$ 中的模糊集 $\underset{\sim}{R}$ 的隶属函数 $\mu(u,v)$,论域 U 到论域 V 的模糊关系 $\underset{\sim}{R}$ 也就确定了。

定义 2.4　(模糊关系)称 $U\times V$ 的模糊子集 $\underset{\sim}{R}$ 为从 U 到 V 的一个模糊关系,记作

$$U\xrightarrow{R}V$$

称 U 到 V 的模糊关系为 U 中的(二元)模糊关系。模糊关系 $\underset{\sim}{R}$ 由其隶属函数

$$\mu_{\underset{\sim}{R}}:U\times V\to[0,1]$$

所刻画。$\mu_{\underset{\sim}{R}(u,v)}$ 叫做 (u,v) 具有关系 $\underset{\sim}{R}$ 的模糊程度。

例 2.4　设身高的论域为 $U=\{140,150,160,170,180\}$,单位为厘米,设体重的论域为 $V=\{40,50,60,70,80\}$,单位为千克。$\underset{\sim}{R}$ 表示身高与体重之间的相互关系,标准体重关系为

体重(kg) = 身高(cm) − 100(cm)。上述 U 与 V 的关系可用表 2.1 来表示。

表 2.1　图表函数矩阵

U_i \ U_j	40	50	60	70	80
140	1.0	0.8	0.2	0.1	0.0
150	0.8	1.0	0.8	0.2	0.1
160	0.2	0.8	1.0	0.8	0.2
170	0.1	0.2	0.8	1.0	0.8
180	0.0	0.1	0.2	0.8	1.0

例 2.5　用矩阵表示模糊关系，U，V 为有限论域，$\underset{\sim}{R}$ 用矩阵 $\boldsymbol{R}$ 来表示：$\boldsymbol{R} = (r_{ij})$，$r_{ij} = \mu_R(u_i, v_j)$，$\boldsymbol{R}$ 称为模糊矩阵：

$$\boldsymbol{R} = \begin{bmatrix} 1 & 0.8 & 0.2 & 0.1 & 0 \\ 0.8 & 1 & 0.8 & 0.2 & 0.1 \\ 0.2 & 0.8 & 1 & 0.8 & 0.2 \\ 0.1 & 0.2 & 0.8 & 1 & 0.8 \\ 0 & 0.1 & 0.2 & 0.8 & 1 \end{bmatrix}$$

例 2.6　用函数表示关系

$$\mu_{\underset{\sim}{R}}(x,y) \triangleq \begin{cases} 0 & x \leqslant y \\ \left[1 + \dfrac{100}{(x-y)^2}\right]^{-1} & x > y \end{cases}$$

$\underset{\sim}{R}$ 表示实数域上“远大于的关系”，如：

$$\mu_{\underset{\sim}{R}}(0,1) = 0.001$$

$$\mu_{\underset{\sim}{R}}(100,0) = 0.99$$

例 2.7　二人博弈具有相同的策略集。$U = V = \{$石头，剪刀，布$\}$，胜为 1，平为 0.5，负为 0。

$$\boldsymbol{R} = \begin{pmatrix} 0.5 & 1 & 0 \\ 0 & 0.5 & 1 \\ 1 & 0 & 0.5 \end{pmatrix}$$

用图表示关系，如图 2.3 所示。

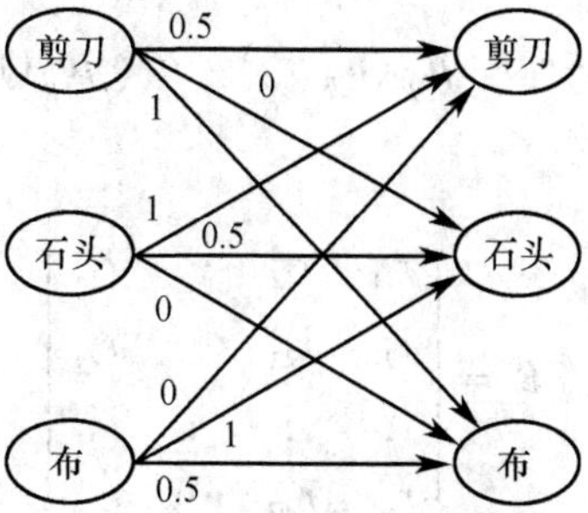

图 2.3　关系图

2.2.3 模糊矩阵

在本节中,我们要介绍如何用模糊矩阵来表现模糊关系,并利用模糊矩阵来讨论模糊关系的性质。

矩阵可以用来表现关系,如集合 $A=\{1,2,3,4\}$ 中的"小于"关系,可用矩阵

$$\begin{array}{c} \\ 1 \\ 2 \\ 3 \\ 4 \end{array}\begin{array}{c} \begin{array}{cccc} 1 & 2 & 3 & 4 \end{array} \\ \begin{bmatrix} 0 & 1 & 1 & 1 \\ 0 & 0 & 1 & 1 \\ 0 & 0 & 0 & 1 \\ 0 & 0 & 0 & 0 \end{bmatrix} \end{array}$$

来表示。其中第一行第一列的 0 表示序对(1,1)不属于关系 R,第一行第二列的 1 表示序对(1,2)属于关系 R,其余类推。这样,我们就可以用一个元素为 0 或 1 的矩阵来表现一个关系。如果集合 U 有 m 个元素,集合 V 有 n 个元素,我们可以用矩阵 $\boldsymbol{A}$ 来表示由集合 U 到集合 V 中的关系,即

$$\boldsymbol{A}=\begin{bmatrix} a_{11} & a_{12} & \cdots & a_{1n} \\ a_{21} & a_{22} & \cdots & a_{2n} \\ \vdots & \vdots & \vdots & \vdots \\ a_{m1} & a_{m2} & \cdots & a_{mn} \end{bmatrix}$$

其中,$a_{ij}=0$ 或 $1,1\leqslant i\leqslant m,1\leqslant j\leqslant n$。

如果 $a_{ij}=1$ 就表示集合 U 中第 i 个元素和集合 V 中第 j 个元素具有关系 R,如果 $a_{ij}=0$ 就表示集合 U 中第 i 个元素和集合 V 中第 j 个元素不具有关系 R。

当我们用矩阵来表现模糊关系时,其中的 a_{ij} 应当能表示集合 U 中第 i 个元素和集合 V 中第 j 个元素从属于模糊关系 R 的程度,即应为 $\mu_{\underset{\sim}{R}}(u,v)$,这也反映了 u 与 v 之间的关系程度。因为 $\mu_{\underset{\sim}{R}}(u,v)$ 仅在闭区间[0,1]中取值,我们把元素在闭区间[0,1]中取值的矩阵称为模糊矩阵。

若一般地进行讨论,则有 $U=\{u_1,u_2,\cdots,u_m\}$ 和 $V=\{v_1,v_2,\cdots,v_n\}$ 为有限集,$U\times V$ 中的模糊关系可表示为如下的 $m\times n$ 阶矩阵。

$$\begin{bmatrix} \mu_{\underset{\sim}{R}}(u_1,v_1) & \mu_{\underset{\sim}{R}}(u_1,v_2) & \cdots & \mu_{\underset{\sim}{R}}(u_1,v_n) \\ \mu_{\underset{\sim}{R}}(u_2,v_1) & \mu_{\underset{\sim}{R}}(u_2,v_2) & \cdots & \mu_{\underset{\sim}{R}}(u_2,v_n) \\ \vdots & \vdots & \vdots & \vdots \\ \mu_{\underset{\sim}{R}}(u_m,v_1) & \mu_{\underset{\sim}{R}}(u_m,v_2) & \cdots & \mu_{\underset{\sim}{R}}(u_m,v_n) \end{bmatrix}$$

模糊矩阵的一般形式是

$$\boldsymbol{R}=\begin{bmatrix} r_{11} & r_{12} & \cdots & r_{1n} \\ r_{21} & r_{22} & \cdots & r_{2n} \\ \vdots & \vdots & \vdots & \vdots \\ r_{m1} & r_{m2} & \cdots & r_{mn} \end{bmatrix}$$

其中,$r_{ij}=0$ 或 $1,1\leqslant i\leqslant m,1\leqslant j\leqslant n$。

设$\boldsymbol{\mu}_{m\times n}$表示全体 n 行 m 列的模糊矩阵。对任意 $\boldsymbol{R},\boldsymbol{S}\in\boldsymbol{\mu}_{m\times n}:\boldsymbol{R}=(r_{ij})_{m\times n},\boldsymbol{S}=(s_{ij})_{m\times n}$，定义

$$\boldsymbol{R}\cup\boldsymbol{S}\triangleq(r_{ij}\vee s_{ij})$$
$$\boldsymbol{R}\cap\boldsymbol{S}\triangleq(r_{ij}\wedge s_{ij})$$
$$\boldsymbol{R}^c\triangleq(1-r_{ij})$$

分别叫做 $\boldsymbol{R}$ 与 $\boldsymbol{S}$ 的并、交和 $\boldsymbol{R}$ 的余矩阵。

例 2.8 已知：

$$\boldsymbol{R}=\begin{pmatrix}0.5 & 0.3\\0.4 & 0.8\end{pmatrix}\qquad \boldsymbol{S}=\begin{pmatrix}0.8 & 0.5\\0.3 & 0.7\end{pmatrix}$$

则

$$\boldsymbol{R}\cup\boldsymbol{S}=\begin{pmatrix}0.8 & 0.5\\0.4 & 0.8\end{pmatrix}\qquad \boldsymbol{R}\cap\boldsymbol{S}=\begin{pmatrix}0.5 & 0.3\\0.3 & 0.4\end{pmatrix}\qquad \boldsymbol{R}^c=\begin{pmatrix}0.5 & 0.3\\0.6 & 0.8\end{pmatrix}$$

若 $r_{ij}=s_{ij}$对所有 i,j 成立，则称 $\boldsymbol{R}=\boldsymbol{S}$。

模糊矩阵满足下列性质：

性质 1 交换律

$$\boldsymbol{R}\cup\boldsymbol{S}=\boldsymbol{S}\cup\boldsymbol{R}\quad \boldsymbol{R}\cap\boldsymbol{S}=\boldsymbol{S}\cap\boldsymbol{R}$$

性质 2 结合律

$$(\boldsymbol{R}\cup\boldsymbol{S})\cup\boldsymbol{T}=\boldsymbol{R}\cup(\boldsymbol{S}\cup\boldsymbol{T})$$
$$(\boldsymbol{R}\cap\boldsymbol{S})\cup\boldsymbol{T}=\boldsymbol{R}\cup(\boldsymbol{S}\cup\boldsymbol{T})$$

性质 3 分配律

$$(\boldsymbol{R}\cup\boldsymbol{S})\cap\boldsymbol{T}=(\boldsymbol{R}\cap\boldsymbol{T})\cup(\boldsymbol{S}\cap\boldsymbol{T})$$
$$(\boldsymbol{R}\cap\boldsymbol{S})\cup\boldsymbol{T}=(\boldsymbol{R}\cup\boldsymbol{T})\cap(\boldsymbol{S}\cup\boldsymbol{T})$$

性质 4 幂等律

$$\boldsymbol{R}\cap\boldsymbol{R}=\boldsymbol{R}\quad \boldsymbol{R}\cup\boldsymbol{R}=\boldsymbol{R}$$

性质 5 吸收律

$$(\boldsymbol{R}\cup\boldsymbol{S})\cap\boldsymbol{S}=\boldsymbol{S}\quad (\boldsymbol{R}\cap\boldsymbol{S})\cup\boldsymbol{S}=\boldsymbol{S}$$

性质 6 复原律

$$(\boldsymbol{R}^c)^c=\boldsymbol{R}$$

记

$$\boldsymbol{O}=\begin{bmatrix}0 & 0 & \cdots & 0\\0 & 0 & \cdots & 0\\\vdots & \vdots & \vdots & \vdots\\0 & 0 & \cdots & 0\end{bmatrix}\qquad \boldsymbol{I}=\begin{bmatrix}1 & 0 & \cdots & 0\\0 & 1 & \cdots & 0\\\vdots & \vdots & \vdots & \vdots\\0 & 0 & \cdots & 1\end{bmatrix}\qquad \boldsymbol{E}=\begin{bmatrix}1 & 1 & \cdots & 1\\1 & 1 & \cdots & 1\\\vdots & \vdots & \vdots & \vdots\\1 & 1 & \cdots & 1\end{bmatrix}$$

分别叫做零矩阵、幺矩阵和全矩阵。

性质 7

$$\boldsymbol{O}\cup\boldsymbol{R}=\boldsymbol{R}\qquad \boldsymbol{O}\cap\boldsymbol{R}=\boldsymbol{O}$$
$$\boldsymbol{E}\cup\boldsymbol{R}=\boldsymbol{E}\qquad \boldsymbol{E}\cap\boldsymbol{R}=\boldsymbol{R}\qquad \boldsymbol{A}^c\cup\boldsymbol{A}\neq\boldsymbol{E}$$

如果对任意(i,j)都有 $r_{ij}\leqslant s_{ij}$，称 $\boldsymbol{S}$ 包含 $\boldsymbol{R}$，记 $\boldsymbol{R}\subseteq\boldsymbol{S}$。

性质 8

$$\boldsymbol{R}\subseteq\boldsymbol{S}\Leftrightarrow\boldsymbol{R}\cup\boldsymbol{S}=\boldsymbol{S}\Leftrightarrow\boldsymbol{R}\cap\boldsymbol{S}=\boldsymbol{R}$$

性质 9

$$O\subseteq R\subseteq E$$

性质 10 若 $R_1\subseteq S_1, R_2\subseteq S_2$，则

$$(R_1\cup R_2)\subseteq(S_1\cup S_2)$$
$$(R_1\cap R_2)\subseteq(S_1\cap S_2)$$

性质 11

$$R\subseteq S\Leftrightarrow R^c\supseteq S^c$$

证明 记：$r_{ij}^c=1-r_{ij}, S_{ij}^c=1-S_{ij}$，若 $S_{ij}\geqslant r_{ij}$ 必有 $1-r_{ij}\geqslant 1-S_{ij}$，即 $r_{ij}^c\geqslant S_{ij}^c$，所以 $R^c\supseteq S^c$ 对任意 $\lambda\in[0,1]$，记

$$R_\lambda=({}_\lambda r_{ij})$$

其中

$${}_\lambda r_{ij}=\begin{cases}1 & \text{当 } r_{ij}\geqslant\lambda\\ 0 & \text{当 } r_{ij}<\lambda\end{cases}$$

称 R_λ 为 R 的 λ 截矩阵，其所对应的关系称为 $\underset{\sim}{R}$ 的截关系。

例 2.9

$$R=\begin{pmatrix}0.3 & 0.7 & 0.5\\ 0.8 & 1 & 0\\ 0 & 0.6 & 0.4\end{pmatrix} \quad 则 \quad R_{0.6}=\begin{pmatrix}0 & 1 & 0\\ 1 & 1 & 0\\ 0 & 1 & 0\end{pmatrix}$$

性质 12

$$R\subseteq S\Leftrightarrow R_\lambda\subseteq S_\lambda \qquad \forall\lambda\in[0,1]$$

证明 因为 $R\subseteq S\Leftrightarrow r_{ij}\leqslant S_{ij}\Rightarrow {}_\lambda r_{ij}=1\Leftrightarrow r_{ij}\lambda\Rightarrow S_{ij}\geqslant\lambda\Rightarrow {}_\lambda S_{ij}=1$

$\therefore\ \forall\lambda\in[0,1]\ {}_\lambda r_{ij}\leqslant {}_\lambda S_{ij}$

取 $\lambda=r_{ij}\Rightarrow {}_\lambda r_{ij}=1\Rightarrow {}_\lambda S_{ij}=1\Leftrightarrow S_{ij}\geqslant\lambda=r_{ij}$

性质 13 $(R\cup S)_\lambda=R_\lambda\cup S_\lambda \qquad (R\cap S)_\lambda=R_\lambda\cap S_\lambda$

证明 $r_{ij}\vee S_{ij}\Leftrightarrow r_{ij}\geqslant\lambda$ 或 $S_{ij}\geqslant\lambda\Leftrightarrow R_\lambda\cup S_\lambda$

$r_{ij}\wedge S_{ij}\Leftrightarrow r_{ij}\geqslant\lambda$ 且 $S_{ij}\geqslant\lambda\Leftrightarrow R_\lambda\cap S_\lambda$

2.2.4 模糊关系的合成

先介绍普通合成运算。考虑问题：两对父子平分九只苹果，要求每人都得到整数个，问如何分法？

按平常分法显然不可能。要分得合乎题目要求，必须弄清一对父子关系 R，与另一对父子关系 S 之间还可能存在什么特殊关系。显然，必须存在一成员既属于 R，又属于 S，这两对父子关系合成后便是祖孙关系 Q。祖、父、孙三人平分九只苹果，显然是整数。值得注意的是，不是任何两对父子关系都能合成为祖孙关系，必须存在一个成员既属于 R 又属于 S，只有这样才能合成，否则不能合成。

再举一个例子。设 U 是某一人群，弟兄(Q)与父子(R)是 U 中的两个关系，叔侄(S)也是 U 中的一个普通关系。在这三个关系中有这样的联系：

x 是 z 的叔叔 $(x,z)\in S\Leftrightarrow$ 至少有一个 y，使 y 是 x 的哥哥 $(x,y)\in Q$，而且 y 是 z 的父亲 $(y,z)\in R$，我们称叔侄关系是弟兄关系对父子关系的合成。记

叔侄 = 弟兄 $U=\{1,2,3,4,5\}$ 父子

一般地,设 $Q \in \mathscr{P}(U \times V)$,$R \in \mathscr{P}(V \times W)$,$S \in \mathscr{P}(U \times W)$,若

$$(u,w) \Leftrightarrow (\exists v)(u,v) \in Q(v,w) \in R$$

则称关系 S 是关系 Q 对 R 的合成,记做

$$S = Q \circ R$$

有

$$Q \circ R = \{(u,w) \Leftrightarrow (\exists v)(u,v) \in Q(v,w) \in R)\}$$

用特征函数来表示,有

$$\chi_{Q \circ R}(u,w) = \bigvee_{v \in V}(\chi_Q(u,v) \wedge \chi_R(v,w))$$

由此,可以给出模糊关系合成的定义。

定义 2.5(模糊关系合成) 设 $\underset{\sim}{Q} \in \mathscr{F}(U \times V)$, $\underset{\sim}{R} \in \mathscr{F}(V \times W)$,所谓 $\underset{\sim}{Q}$ 对 $\underset{\sim}{R}$ 的合成,是指从 U 到 W 的一个模糊关系,记做 $\underset{\sim}{Q} \circ \underset{\sim}{R}$,它具有隶属函数

$$\mu_{\underset{\sim}{Q} \circ \underset{\sim}{R}}(u,w) = \bigvee_{v \in V}[\mu_{\underset{\sim}{Q}}(u,v) \wedge \mu_{\underset{\sim}{R}}(v,w)]$$

当 $\underset{\sim}{R} \in \mathscr{F}(U \times U)$,记

$$\underset{\sim}{R}^2 \triangleq \underset{\sim}{R} \circ \underset{\sim}{R}$$

$$\underset{\sim}{R}^n \triangleq \underset{\sim}{R}^{n-1} \circ \underset{\sim}{R}$$

对于有限论域:

$$U = \{u_1, \cdots, u_n\}, V = \{v_1, \cdots, v_m\}, W = \{w_1, \cdots, w_l\}$$

定义模糊矩阵的乘积。

定义 2.6(模糊矩阵乘积) 设 $\boldsymbol{Q} = (q_{ij})_{n \times m}$,$\boldsymbol{R} = (r_{jk})_{m \times l}$,则定义 $\boldsymbol{S} = \boldsymbol{Q} \circ \boldsymbol{R} \in \mu_{n \times l}$,有

$$s_{ik} = \bigvee_{j=1}^{m}(q_{ij} \wedge r_{jk})$$

$\boldsymbol{S}$ 叫做矩阵 $\boldsymbol{Q}$ 对 $\boldsymbol{R}$ 的合成,也称 $\boldsymbol{Q}$ 对 $\boldsymbol{R}$ 的模糊乘积。

例 2.10

$$\boldsymbol{Q} = \begin{pmatrix} 0.3 & 0.7 & 0.2 \\ 1 & 0 & 0.4 \\ 0 & 0.5 & 1 \\ 0.6 & 0.7 & 0.8 \end{pmatrix}_{4 \times 3} \quad \boldsymbol{R} = \begin{pmatrix} 0.1 & 0.9 \\ 0.9 & 0.1 \\ 0.6 & 0.4 \end{pmatrix}_{4 \times 2}$$

则

$$\boldsymbol{Q} \circ \boldsymbol{R} = \begin{pmatrix} 0.7 & 0.3 \\ 0.4 & 0.9 \\ 0.6 & 0.4 \\ 0.7 & 0.6 \end{pmatrix}_{4 \times 2}$$

其中

$$\begin{aligned} s_{11} &= (q_{11} \wedge r_{11}) \vee (q_{12} \wedge r_{21}) \vee (q_{31} \wedge r_{31}) \\ &= (0.3 \wedge 0.1) \vee (0.7 \wedge 0.9) \vee (0.2 \wedge 0.6) = 0.7 \end{aligned}$$

例 2.11 设 R 是“x 远大于 y”的模糊关系,其隶属函数为

$$\mu_R(x,y) = \begin{cases} 0, x \leqslant y \\ \left[1 + \dfrac{100}{(x-y)^2}\right]^{-1}, x > y \end{cases}$$

则合成关系 $R\cdot R$ 应为"x 远远大于 y"，求 $\mu_{R\cdot R}(x,y)$。

解 按定义，$\exists z$ 使 $R(x,z)$ 和 $R(z,y)$ 的和存在，且

$$\mu_{R\circ R}(x,y)=\overset{z}{\vee}[\mu_B(x,z)\wedge\mu_B(z,y)]=\mu_R(x,z_0)$$

令 $\mu_R(x,z)=\mu_R(z,y)$ 解得 $z_0=\dfrac{x+y}{2}$，代入上式得

$$\mu_{R\circ R}(x,y)=\begin{cases}0,x\leqslant y\\ \left[1+\dfrac{100}{\left(\dfrac{x-y}{2}\right)^2}\right]^{-1},x>y\end{cases}$$

性质 14 对模糊矩阵有

$$(\boldsymbol{Q}\circ\boldsymbol{R})_\lambda=\boldsymbol{Q}_\lambda\circ\boldsymbol{R}_\lambda$$

证明 设 $\boldsymbol{Q}\circ\boldsymbol{R}=\boldsymbol{S}$，则

$$\begin{aligned}
&{}_\lambda S_{ij}\Leftrightarrow S_{ij}\geqslant\lambda\\
&\Leftrightarrow\overset{m}{\underset{j=1}{\vee}}(q_{ij}\wedge r_{ij})\geqslant\lambda\\
&\Leftrightarrow(\exists j)(q_{ij}\wedge r_{ij})\geqslant\lambda\\
&\Leftrightarrow(\exists j)(r_{jk}\geqslant\lambda\text{ 且 }r_{jk}\geqslant\lambda)\\
&\Leftrightarrow(\exists j)({}_\lambda q_{ij}=1\text{ 且}{}_\lambda r_{jk})=1\\
&\Leftrightarrow\overset{j=1}{\vee}({}_\lambda q_{ij}\wedge{}_\lambda r_{jk})=1\\
&{}_\lambda S_{ij}=0\Leftrightarrow{}_\lambda S_{ij}\neq1\\
&\Leftrightarrow\overset{j=1}{\vee}({}_\lambda q_{ij}\wedge{}_\lambda r_{ij})\neq1\\
&\Leftrightarrow\overset{j=1}{\vee}({}_\lambda q_{ij}\wedge{}_\lambda r_{jk})=0
\end{aligned}$$

故${}_\lambda S_{ik}=\overset{j=1}{\vee}({}_\lambda q_{ij}\wedge{}_\lambda r_{jk})$。

性质 15 模糊乘法满足结合律

$$(\boldsymbol{Q}\circ\boldsymbol{R})\circ\boldsymbol{S}=\boldsymbol{Q}\circ(\boldsymbol{R}\circ\boldsymbol{S})\Rightarrow$$
$$R^2\circ R=R\circ R^2$$
$$R^m\circ R^n=R^{m+n}$$

性质 16

$$(\boldsymbol{Q}\cup\boldsymbol{R})\circ\boldsymbol{S}=(\boldsymbol{Q}\circ\boldsymbol{S})\cup(\boldsymbol{R}\circ\boldsymbol{S})$$
$$\boldsymbol{S}\circ(\boldsymbol{Q}\cup\boldsymbol{R})=(\boldsymbol{S}\circ\boldsymbol{Q})\cup(\boldsymbol{S}\circ\boldsymbol{R})$$

证明 设 $\boldsymbol{Q}\cup\boldsymbol{R}=\boldsymbol{T},\boldsymbol{Q}\circ\boldsymbol{S}=\boldsymbol{M},\boldsymbol{R}\circ\boldsymbol{S}=\boldsymbol{N},\boldsymbol{T}\circ\boldsymbol{S}=\boldsymbol{L}$，有

$$\begin{aligned}
l_{ik}&=\overset{m}{\underset{j=1}{\vee}}({}_\lambda t_{ij}\wedge{}_\lambda s_{jk})\\
&=\overset{j=1}{\vee}[(q_{ij}\wedge s_{jk})\vee(r_{ij}\wedge s_{jk})]\\
&=[\overset{j=1}{\vee}(q_{ij}\wedge s_{jk})]\vee[\overset{j=1}{\vee}(r_{ij}\wedge s_{jk})]\\
&=m_{ik}\vee n_{ik}
\end{aligned}$$

性质 17

$$(\boldsymbol{Q}\cup\boldsymbol{R})\circ\boldsymbol{S}=(\boldsymbol{Q}\circ\boldsymbol{S})\cup(\boldsymbol{R}\circ\boldsymbol{S})$$
$$\boldsymbol{S}\circ(\boldsymbol{Q}\cup\boldsymbol{R})=(\boldsymbol{S}\circ\boldsymbol{Q})\cup(\boldsymbol{S}\circ\boldsymbol{R})$$

例 2.12

$$R=\begin{pmatrix}0.3 & 0.4\\0.5 & 0.6\end{pmatrix}\quad S=\begin{pmatrix}0.5 & 0.3\\0.6 & 0.4\end{pmatrix}\quad Q=\begin{pmatrix}0.2 & 0.5\\0.4 & 0.7\end{pmatrix}$$

$$(R\cap S)\circ Q=\begin{pmatrix}0.3 & 0.3\\0.4 & 0.5\end{pmatrix}\quad (R\circ Q)\cap(S\circ Q)=\begin{pmatrix}0.3 & 0.4\\0.4 & 0.5\end{pmatrix}$$

性质 18

$$O\circ R=R\circ O=O\quad I\circ R=R\circ I=R$$

性质 19

$$Q\subseteq R\Rightarrow Q\circ S\subseteq R\circ S$$
$$Q\subseteq R\Rightarrow S\circ Q\subseteq S\circ R$$
$$Q\subseteq R\Rightarrow Q^n\subseteq R^n$$

定义 2.7

(1)如果$\mu_R(u,u)=1$，$\underset{\sim}{R}\in\mathscr{F}(U\times V)$称为自反关系；

(2)如果$R\supseteq I$，$R\in\mathscr{U}_{n\times n}$称为自反矩阵；

(3)包含R而又被任何包含R的自反矩阵所包含的自反矩阵，叫做R的自反闭包，记$r(R)$。由自反闭包的定义可知：

①$r(R)\supseteq I$；

②$r(R)\supseteq R$；

③任意包含R的自反矩阵Q都满足$Q\supseteq r(R)$。

性质 20　$r(R)=R\cup I$

2.2.5　倒置关系与转置矩阵

定义 2.8　设$\underset{\sim}{R}\in\mathscr{F}(U\times V)$，所谓$\underset{\sim}{R}$的倒置$\underset{\sim}{R}^{\mathrm{T}}\in\mathscr{F}(V\times U)$是指：

$$\mu_{\underset{\sim}{R}^{\mathrm{T}}}(v,u)\triangleq\mu_{\underset{\sim}{R}}(u,v)$$

“兄弟”关系是“弟兄”关系的倒置关系，“信任”是“被信任”的倒置关系。

定义 2.9　称$\underset{\sim}{R}\in\mathscr{F}(U\times U)$，是$U$中的对称关系，如果

$$\mu_{\underset{\sim}{R}^{\mathrm{T}}}(u,v)\triangleq\mu_{\underset{\sim}{R}}(u,v)\quad u,v\in U$$

$\underset{\sim}{R}$是对称关系，当且仅当

$$\mu_{\underset{\sim}{R}}(v,u)\triangleq\mu_{\underset{\sim}{R}}(u,v)\quad u,v\in U$$

“朋友”是对称关系，“差异”是对称关系，“父子”就不是对称关系。

定义 2.10　设$R\in\mu_{n\times m}$，称$R^{\mathrm{T}}=(r_{ij}^{\mathrm{T}})\in\mu_{n\times m}$是$R$的转置矩阵，如果

$$r_{ij}^{\mathrm{T}}=r_{ji}\quad(1\leqslant i\leqslant m,1\leqslant j\leqslant n)$$

称R为对称矩阵，如果$R\in\mu_{n\times m}$且有$R^{\mathrm{T}}=R$。

性质 21　$(R^{\mathrm{T}})^{\mathrm{T}}=R$

性质 22　$(R\cup S)^{\mathrm{T}}=R^{\mathrm{T}}\cup S^{\mathrm{T}}\quad(R\cap S)^{\mathrm{T}}=R^{\mathrm{T}}\cap S^{\mathrm{T}}$

性质 23　$R\subseteq Q\Leftrightarrow R^{\mathrm{T}}\subseteq Q^{\mathrm{T}}$

性质 24　$(R^{\mathrm{T}})_\lambda=(R_\lambda)^{\mathrm{T}}$

性质 25　$(Q\circ R)^{\mathrm{T}}=R^{\mathrm{T}}\circ Q^{\mathrm{T}}\quad(R^n)^{\mathrm{T}}=(R^{\mathrm{T}})^n$

证明 设 $\boldsymbol{Q}\circ\boldsymbol{I}=\boldsymbol{S}$

$$S_{ik}^{\mathrm{T}}=S_{ki}=\overset{j}{\vee}(q_{kj}\wedge S_{ji})=\overset{j}{\vee}(q_{jk}^{\mathrm{T}}\wedge r_{ij}^{\mathrm{T}})$$
$$=\overset{j}{\vee}(\wedge r_{ij}^{\mathrm{T}}\wedge q_{jk}^{\mathrm{T}})$$

故 $\boldsymbol{S}^{\mathrm{T}}\circ\boldsymbol{R}^{\mathrm{T}}=\boldsymbol{Q}^{\mathrm{T}}$，又

$$(\boldsymbol{R}^2)^{\mathrm{T}}=(\boldsymbol{R}\circ\boldsymbol{R})^{\mathrm{T}}=\boldsymbol{R}^{\mathrm{T}}\circ\boldsymbol{R}^{\mathrm{T}}=(\boldsymbol{R}^{\mathrm{T}})^2$$
$$(\boldsymbol{R}^n)^{\mathrm{T}}=(\boldsymbol{R}^{n-1}\circ\boldsymbol{R})^{\mathrm{T}}=\boldsymbol{R}^{\mathrm{T}}\circ(\boldsymbol{R}^{n-1})^{\mathrm{T}}$$
$$=\boldsymbol{R}^{\mathrm{T}}\circ\boldsymbol{R}^{\mathrm{T}}\circ(\boldsymbol{R}^{n-2})^{\mathrm{T}}=\cdots$$
$$=(\boldsymbol{R}^{\mathrm{T}})^n$$

性质 26 对任意 $\boldsymbol{R}\in\mu_{m\times n}$，$\boldsymbol{R}\cup\boldsymbol{R}^{\mathrm{T}}$ 必为对称，且被所有包含 $\boldsymbol{R}$ 的对称矩阵所包含。

证明 $(\boldsymbol{R}\cup\boldsymbol{R}^{\mathrm{T}})^{\mathrm{T}}=(\boldsymbol{R}^{\mathrm{T}})^{\mathrm{T}}\cup\boldsymbol{R}^{\mathrm{T}}=\boldsymbol{R}\cup\boldsymbol{R}^{\mathrm{T}}$

故 $\boldsymbol{R}\cup\boldsymbol{R}^{\mathrm{T}}$ 是对称矩阵。

又设 $\boldsymbol{Q}$ 是任意一个包含 $\boldsymbol{R}$ 的对称矩阵，$\boldsymbol{R}\subseteq\boldsymbol{Q}$，故有 $\boldsymbol{R}^{\mathrm{T}}\subseteq\boldsymbol{Q}^{\mathrm{T}}$

∵ $\boldsymbol{Q}$ 对称，$\boldsymbol{Q}^{\mathrm{T}}=\boldsymbol{Q}$ 故 $\boldsymbol{R}^{\mathrm{T}}\subseteq\boldsymbol{Q}$

故 $\boldsymbol{R}\cup\boldsymbol{R}^{\mathrm{T}}\subseteq\boldsymbol{Q}$（因为 $\boldsymbol{Q}\cup\boldsymbol{Q}=\boldsymbol{Q}$）

包含 $\boldsymbol{R}$ 而又被任何包含 $\boldsymbol{R}$ 的对称矩阵所包含的对称矩阵叫做 $\boldsymbol{R}$ 的对称闭包，记 $s(\boldsymbol{R})$。其结果为：

$$s(\boldsymbol{R})=\boldsymbol{R}\cup\boldsymbol{R}^{\mathrm{T}}$$

由对称闭包的定义可知：

(1) $[s(\boldsymbol{R})]^{\mathrm{T}}=s(\boldsymbol{R})$；

(2) $s(\boldsymbol{R})\supseteq\boldsymbol{R}$；

(3) 任意包含 $\boldsymbol{R}$ 的对称矩阵 $\boldsymbol{Q}$ 都满足 $\boldsymbol{Q}\supseteq s(\boldsymbol{R})$。

例 2.13

$$\boldsymbol{R}=\begin{pmatrix}0.1&0.7&0.6\\0.6&0.2&0.3\\0.4&0.8&0.3\\0.3&0.5&0.7\end{pmatrix}\qquad\boldsymbol{Q}=\begin{pmatrix}0.9&0.1\\0.3&0.6\\0.5&0.4\end{pmatrix}$$

$$\boldsymbol{R}\circ\boldsymbol{Q}=\begin{pmatrix}0.1&0.7&0.6\\0.6&0.2&0.3\\0.4&0.8&0.1\\0.3&0.5&0.7\end{pmatrix}\circ\begin{pmatrix}0.9&0.1\\0.3&0.6\\0.5&0.4\end{pmatrix}=\begin{pmatrix}0.5&0.6\\0.6&0.3\\0.4&0.6\\0.5&0.5\end{pmatrix}$$

$$(R\circ Q)^{\mathrm{T}}=\begin{pmatrix}0.5&0.6&0.4&0.5\\0.6&0.3&0.6&0.5\end{pmatrix}$$

$$\boldsymbol{R}^{\mathrm{T}}=\begin{pmatrix}0.1&0.6&0.4&0.3\\0.7&0.2&0.8&0.5\\0.6&0.3&0.1&0.7\end{pmatrix}\qquad\boldsymbol{Q}^{\mathrm{T}}=\begin{pmatrix}0.9&0.3&0.5\\0.1&0.6&0.4\end{pmatrix}$$

$$\boldsymbol{Q}^{\mathrm{T}}\circ\boldsymbol{R}^{\mathrm{T}}=\begin{pmatrix}0.9&0.3&0.5\\0.1&0.6&0.4\end{pmatrix}\circ\begin{pmatrix}0.1&0.6&0.4&0.3\\0.7&0.2&0.8&0.5\\0.6&0.3&0.1&0.7\end{pmatrix}=\begin{pmatrix}0.5&0.6&0.4&0.5\\0.6&0.3&0.6&0.5\end{pmatrix}$$

2.2.6 模糊关系的传递性

普通关系中：$R\in\mathscr{P}(U\times U)$称为是具有传递性的，若

$$(u,v)\in R,\quad (v,w)\in R\Rightarrow(u,w)\in R$$

定义 2.11 （模糊关系的传递性）设 $\underset{\sim}{R}\in\mathscr{F}(U\times U)$，若对任意的$\lambda\in[0,1]$均有

$$\mu_{\underset{\sim}{R}}(u,v)\geqslant\lambda,\quad \mu_{\underset{\sim}{R}}(v,w)\geqslant\lambda\Rightarrow\mu_{\underset{\sim}{R}}(u,w)\geqslant\lambda$$

称 $\underset{\sim}{R}$ 是具有传递性的。

由定义可知，$\underset{\sim}{R}$ 是传递的模糊关系，当且仅当它的每一个截关系 R_λ 是传递的普通关系。传递性的充分必要条件是：

$$\mu_{\underset{\sim}{R}}(u,w)\geqslant\bigvee_{v\in V}[\mu_{\underset{\sim}{R}}(u,v)\wedge\mu_{\underset{\sim}{R}}(v,w)]$$

证明 任给 $v_0\in V$，取

$$\lambda=\mu_{\underset{\sim}{R}}(u,v_0)\wedge\mu_{\underset{\sim}{R}}(v_0,w)$$

显然有 $\mu_{\underset{\sim}{R}}(u,v_0)\geqslant\lambda$ 且 $\mu_{\underset{\sim}{R}}(v_0,w)\geqslant\lambda$

由定义 2.11 知$\mu_{\underset{\sim}{R}}(v,w)\geqslant\lambda$，从而$\mu_{\underset{\sim}{R}}(u,w)\geqslant\mu_{\underset{\sim}{R}}(u,v_0)\wedge\mu_{\underset{\sim}{R}}(v_0,w)$，由于$v_0$的任意性，定义成立。

上式定理的右端乃是$\mu_{\underset{\sim}{R}\circ\underset{\sim}{R}}(u,w)$，故可得$\mu_{\underset{\sim}{R}}(u,w)\geqslant\mu_{\underset{\sim}{R}}{}^2(u,w)$或 $\underset{\sim}{R}\supseteq\underset{\sim}{R}\circ\underset{\sim}{R}$，传递关系是指：它包含着它与它自己的合成。

定义 2.12 设$\boldsymbol{R}\in\mu_{m\times n}$，如果满足$\boldsymbol{R}^2\subseteq\boldsymbol{R}$，称$\boldsymbol{R}$是传递矩阵。

性质 1 若 $\underset{\sim}{R}_1$ 和 $\underset{\sim}{R}_2$ 是传递的，则 $\underset{\sim}{R}_1\cap\underset{\sim}{R}_2$ 也是传递的。

证明

因为 $\underset{\sim}{R}$ 和 $\underset{\sim}{R}$ 传递的

所以 $\underset{\sim}{R}_1^2\subseteq\underset{\sim}{R}_1,\underset{\sim}{R}_2^2\subseteq\underset{\sim}{R}_2$

因为 $(\underset{\sim}{Q}\cap\underset{\sim}{R})\circ\underset{\sim}{S}\subseteq(\underset{\sim}{Q}\circ\underset{\sim}{S})\cap(\underset{\sim}{R}\circ\underset{\sim}{S})$

$\underset{\sim}{S}\circ(\underset{\sim}{Q}\cap\underset{\sim}{R})\subseteq(\underset{\sim}{S}\circ\underset{\sim}{Q})\cap(\underset{\sim}{S}\circ\underset{\sim}{R})$

$(\underset{\sim}{R}_1\cap\underset{\sim}{R}_2)\circ(\underset{\sim}{R}_1\cap\underset{\sim}{R}_2)\subseteq(\underset{\sim}{R}_1\circ\underset{\sim}{R}_1)\cap(\underset{\sim}{R}_1\circ\underset{\sim}{R}_2)\cap(\underset{\sim}{R}_2\circ\underset{\sim}{R}_1)\cap(\underset{\sim}{R}_2\circ\underset{\sim}{R}_2)$

$\underset{\sim}{R}_1^2\cap\underset{\sim}{R}_2^2\cap(\underset{\sim}{R}_1\circ\underset{\sim}{R}_2)\cap(\underset{\sim}{R}_2\circ\underset{\sim}{R}_1)\subseteq\underset{\sim}{R}_1\circ\underset{\sim}{R}_2$

所以 $\underset{\sim}{R}_1\cap\underset{\sim}{R}_2$ 是传递的。

性质 2 若 $\underset{\sim}{R}$ 是传递的，$\underset{\sim}{R}^n$ 也是传递的。

证明

因为 $\underset{\sim}{R}$ 是传递的

所以 $\underset{\sim}{R}^2\subseteq\underset{\sim}{R}\ \underset{\sim}{R}^2\circ\underset{\sim}{R}^2\circ\cdots\circ\underset{\sim}{R}^2\subseteq\underset{\sim}{R}\circ\underset{\sim}{R}\circ\cdots\circ\underset{\sim}{R}$

所以 $(\underset{\sim}{R}^2)^n\subseteq\underset{\sim}{R}^n$

所以 $(\underset{\sim}{R}^n)^2\subseteq\underset{\sim}{R}^n$

所以 $\underset{\sim}{R}^n$ 也是传递的

定义 2.13 （传递闭包）包含$\boldsymbol{R}$而又被任意包含$\boldsymbol{R}$的传递矩阵所包含的传递矩阵，叫

做 $\boldsymbol{R}$ 的传递闭包,记 $t(\boldsymbol{R})$。

由传递闭包的定义可知:

(1)$t(\boldsymbol{R})\supseteq\boldsymbol{R}$;

(2)$t(\boldsymbol{R})\circ t(\boldsymbol{R})\subseteq t(\boldsymbol{R})$;

(3)任意包含 $\boldsymbol{R}$ 的对称矩阵 $\boldsymbol{Q}$ 都满足 $\boldsymbol{Q}\supseteq t(\boldsymbol{R})$。

性质 3 对任意的 $\boldsymbol{R}\in\mu_{m\times n}$,总有

$$t(\boldsymbol{R})=\boldsymbol{R}\cup\boldsymbol{R}^2\cup\cdots\cup\boldsymbol{R}^m\cup\cdots=\bigcup_{k=1}^{\infty}\boldsymbol{R}^k$$

证明

(1)$t(\boldsymbol{R})$具有传递性$\Rightarrow\boldsymbol{R}\circ\boldsymbol{R}\subseteq\boldsymbol{R}$。

(2)$t(\boldsymbol{R})$基于 $\boldsymbol{R}$ 产生。

$$\begin{aligned}(\bigcup_{k=1}^{\infty}R^k)\circ\bigcup_{j=1}^{\infty}R^j &=\bigcup_{k=1}^{\infty}(R^k\bigcup_{j=1}^{\infty}R^kR^j)\\&=\bigcup_{k=1}^{\infty}R^k\bigcup_{k=1}^{\infty}R^k(R^k\circ R^j)\\&=\bigcup_{k=1}^{\infty}\bigcup_{k=1}^{\infty}R^{k+j}\\&=R^2\cup R^3\cup R^4\cup\cdots\cup R^3\cup R^4\cup R^5\cup\cdots\\&=R^2\cup R^3\cup R^4\cup\cdots\subseteq R\cup R^2\cup\cdots\\&=\bigcup_{k=1}^{\infty}R^k\to\text{传递矩阵包含 }R\end{aligned}$$

(3)设 $\boldsymbol{Q}$ 是任意包含 $\boldsymbol{R}$ 的传递矩阵,则

$$\boldsymbol{Q}\supseteq\boldsymbol{R}\to\boldsymbol{Q}^k\supseteq\boldsymbol{R}^k$$

又因为 $\boldsymbol{Q}$ 是传递矩阵

$$\text{所以 }\boldsymbol{Q}\supseteq\boldsymbol{Q}^2\supseteq\boldsymbol{Q}^3\Rightarrow\boldsymbol{Q}\supseteq\boldsymbol{Q}^k\supseteq\boldsymbol{R}^k$$

由 k 的任意性知

$$\boldsymbol{Q}\supseteq\bigcup_{k=1}^{\infty}\boldsymbol{R}^k$$

引理 2.1 设 $R\in\mu_{m\times n}$则

$$t(\boldsymbol{R})=\bigcup_{k=1}^{\infty}\boldsymbol{R}^k$$

例 2.14 已知

$$\boldsymbol{R}=\begin{pmatrix}0.1&0.5&0.7\\0.4&0.9&0.2\\0.2&0.1&0.6\end{pmatrix}$$

求传递闭包 $t(\boldsymbol{R})$。

解

$$\boldsymbol{R}^2=\boldsymbol{R}\circ\boldsymbol{R}=\begin{pmatrix}0.1&0.5&0.7\\0.4&0.9&0.2\\0.2&0.1&0.6\end{pmatrix}\circ\begin{pmatrix}0.1&0.5&0.7\\0.4&0.9&0.2\\0.2&0.1&0.6\end{pmatrix}=\begin{pmatrix}0.4&0.5&0.6\\0.4&0.9&0.4\\0.2&0.2&0.6\end{pmatrix}$$

$$\boldsymbol{R}^3=\boldsymbol{R}^2\circ\boldsymbol{R}=\begin{pmatrix}0.4&0.5&0.6\\0.4&0.9&0.4\\0.2&0.2&0.6\end{pmatrix}\circ\begin{pmatrix}0.1&0.5&0.7\\0.4&0.9&0.2\\0.2&0.1&0.6\end{pmatrix}=\begin{pmatrix}0.4&0.5&0.6\\0.4&0.9&0.4\\0.2&0.2&0.6\end{pmatrix}=\boldsymbol{R}^2$$

$$t(\boldsymbol{R}) = \cup \boldsymbol{R}^2 \cup \boldsymbol{R}^3 = \begin{pmatrix} 0.1 & 0.5 & 0.7 \\ 0.4 & 0.9 & 0.2 \\ 0.2 & 0.1 & 0.6 \end{pmatrix} \cup \begin{pmatrix} 0.4 & 0.5 & 0.6 \\ 0.4 & 0.9 & 0.4 \\ 0.2 & 0.2 & 0.6 \end{pmatrix} = \begin{pmatrix} 0.4 & 0.5 & 0.7 \\ 0.4 & 0.9 & 0.4 \\ 0.2 & 0.2 & 0.6 \end{pmatrix}$$

2.2.7 相似矩阵与相似关系

定义 2.13 相似矩阵：自反、对称的矩阵叫做相似矩阵。

引理 2.2 设 $\boldsymbol{R} \in \mu_{m \times n}$ 为相似矩阵，则对于任意 $k \geqslant n$ 均有 $t(\boldsymbol{R}) = \boldsymbol{R}^k$。

证明 $\boldsymbol{R}$ 是自反的，$r_{ij} = 1, \leqslant 1 (i \leqslant n)$ 则

$$(\boldsymbol{R}^2)_{ij} = \bigvee_1^n (r_{it} \wedge r_{ij}) \geqslant r_{it} \wedge r_{tj} = r_{ij}$$

故有

$$\boldsymbol{R}^2 \supseteq \boldsymbol{R}$$

从而当 $k \geqslant n$ 时有

$$\boldsymbol{R}^{k+2} = \boldsymbol{R}^k \circ \boldsymbol{R}^2 \supseteq \boldsymbol{R}^k \circ \boldsymbol{R} = \boldsymbol{R}^{k+1} (k \geqslant 1)$$

$$t(\boldsymbol{R}) = \bigcup_{t=1}^{n} \boldsymbol{R}^t \subseteq \boldsymbol{R}^k$$

由定义

$$t(\boldsymbol{R}) = \bigcup_{t=1}^{\infty} \boldsymbol{R}^t \subseteq \boldsymbol{R}^k$$

故

$$t(\boldsymbol{R}) \supseteq \boldsymbol{R}^k \text{ 且 } t(R) \supseteq \boldsymbol{R}^k$$
$$t(\boldsymbol{R}) = \boldsymbol{R}^k$$

相似矩阵求传递闭包的方法：

$$\boldsymbol{R} \to \boldsymbol{R}^2 \to \boldsymbol{R}^4 \to \cdots \to \boldsymbol{R}^{2k}$$
$$2^{k-1} < n \leqslant 2^k$$
$$k - 1 < \log_2 n \leqslant k$$

下面只需 $[\log_2 n] + 1$ 便可得到传递闭包，当 $n = 30$ 时，需要 5 次便可得到。

例 2.15 求相似矩阵的传递闭包

$$\boldsymbol{R} = \begin{pmatrix} 1.0 & 0.2 & 0.5 & 0.8 \\ 0.2 & 1.0 & 0.7 & 0.4 \\ 0.5 & 0.7 & 1.0 & 0.6 \\ 0.8 & 0.4 & 0.6 & 1.0 \end{pmatrix}$$

$$\boldsymbol{R}^2 = \begin{pmatrix} 1.0 & 0.2 & 0.5 & 0.8 \\ 0.2 & 1.0 & 0.7 & 0.4 \\ 0.5 & 0.7 & 1.0 & 0.6 \\ 0.8 & 0.4 & 0.6 & 1.0 \end{pmatrix} \circ \begin{pmatrix} 1.0 & 0.2 & 0.5 & 0.8 \\ 0.2 & 1.0 & 0.7 & 0.4 \\ 0.5 & 0.7 & 1.0 & 0.6 \\ 0.8 & 0.4 & 0.6 & 1.0 \end{pmatrix} = \begin{pmatrix} 1.0 & 0.5 & 0.6 & 0.8 \\ 0.5 & 1.0 & 0.7 & 0.6 \\ 0.6 & 0.7 & 1.0 & 0.6 \\ 0.8 & 0.6 & 0.6 & 1.0 \end{pmatrix}$$

$$\boldsymbol{R}^4 = \boldsymbol{R}^2 \circ \boldsymbol{R}^2 = \begin{pmatrix} 1.0 & 0.5 & 0.6 & 0.8 \\ 0.5 & 1.0 & 0.7 & 0.6 \\ 0.6 & 0.7 & 1.0 & 0.6 \\ 0.8 & 0.6 & 0.6 & 1.0 \end{pmatrix} \circ \begin{pmatrix} 1.0 & 0.5 & 0.6 & 0.8 \\ 0.5 & 1.0 & 0.7 & 0.6 \\ 0.6 & 0.7 & 1.0 & 0.6 \\ 0.8 & 0.6 & 0.6 & 1.0 \end{pmatrix} = \begin{pmatrix} 1.0 & 0.6 & 0.6 & 0.8 \\ 0.6 & 1.0 & 0.7 & 0.6 \\ 0.6 & 0.7 & 1.0 & 0.6 \\ 0.8 & 0.6 & 0.6 & 1.0 \end{pmatrix}$$

$$R^8 = R^4 \circ R^4 = \begin{pmatrix} 1.0 & 0.6 & 0.6 & 0.8 \\ 0.6 & 1.0 & 0.7 & 0.6 \\ 0.6 & 0.7 & 1.0 & 0.6 \\ 0.8 & 0.6 & 0.6 & 1.0 \end{pmatrix} \circ \begin{pmatrix} 1.0 & 0.6 & 0.6 & 0.8 \\ 0.6 & 1.0 & 0.7 & 0.6 \\ 0.6 & 0.7 & 1.0 & 0.6 \\ 0.8 & 0.6 & 0.6 & 1.0 \end{pmatrix} = \begin{pmatrix} 1.0 & 0.6 & 0.6 & 0.8 \\ 0.6 & 1.0 & 0.7 & 0.6 \\ 0.6 & 0.7 & 1.0 & 0.6 \\ 0.8 & 0.6 & 0.6 & 1.0 \end{pmatrix}$$

所以　$t(\boldsymbol{R}) = \boldsymbol{R}^4$

2.3　模糊逻辑与模糊语言

逻辑是研究人们思维形式和思维规律的科学。它告诉我们正确的思维所应该具有的形式和必须遵循的规律。在日常生活中,我们经常议论某篇文章或某人的讲话不合逻辑,这就是指这篇文章或某种说法违反了思维规律。

逻辑早在我国古代就已经萌芽,它是作为一种进行论战和互相谈话所必须遵循的特殊方式而出现的。在古希腊罗马哲学中,亚里士多德是形式逻辑的创造者。从莱布尼兹开始,不少科学家和哲学家,特别是布尔和罗素,把数学方法用于逻辑的研究,于是出现了一门逻辑与数学相互渗透的新学科——数理逻辑。到20世纪三四十年代,数理逻辑开始用于电路开关设计,在20世纪50年代,它已成为电子计算机科学的基础理论之一。这是由于当代电子计算机具有二值的特点,而逻辑上只取真假二值,是与电路的开关、神经反应的“全”或“无”的规律是一一对应的。因此,建立在取真假{0,1}二值基础上的数理逻辑、布尔代数就适应了当代电子计算机的需要,显示出强大的生命力。

然而,在研究复杂的大系统,例如航天系统、生态系统、人脑系统、社会经济系统等时,二值逻辑就显得无能为力了,因为复杂系统不仅结构和功能复杂,涉及大量的参数和变量,而且具有模糊性的特点。作为二值逻辑的直接推广,模糊逻辑适应了研究复杂系统的需要,必将成为新一代的电子计算机——多值计算机的理论基础。

语言是思维的物质外壳,思维和语言都具有模糊性。语言的模糊性,已引起语言学家们的普遍兴趣。

大家知道,英语有26个字母,日语有50个音图,然而在电子计算机“王国”里只有0和1。人们为了跟电子计算机对话,必须通过翻译,这就是所谓“高级语言”,如FQRTRAN语言、C语言等,这是一种形式语言,有许多死板的规则必须遵守。人们为了实现用自然语言跟电子计算机进行直接对话,就应该对模糊语言加以深入研究,探索其定量描述的途径。

本节将介绍模糊逻辑和模糊语言的基本知识。

2.3.1　二值逻辑

一个有意义的句子,在能够肯定其真假时就叫做命题。这就是说,一个命题只能是真或假,即非真即假、非假即真,两者必居其一,试看以下例子:

(1)台湾是中国的一个省。

(2)我明天可能去北京。

(3)人固有一死。

(4)我的两个儿子。

(5)他有白发三千丈。

(6)不得了啦!

(7)人一生下来就会走路。

(8)先发制人或后发制人。

(9)十大于九。

(10)一加二。

以上十句话,有些可以确定真假,有些不能确定其真假。例如这里的(1)(3)是真的;(5)(7)(9)是假的,所以(1)(3)(5)(7)(9)都是命题;(2)不是命题,因为它并没有肯定什么,只说"可能"怎样,所以不算命题;(4)和(10)是不完全的句子,没有说明"两个儿子"和"一加二"是什么,因而不是命题;(6)是感叹句,不是命题;(8)同样没有肯定一件事情,故也不是命题。

一个命题的真或假,叫做它的真值。由于它只取真、假二值,所以属二值逻辑的研究范围,通常可以用 1 代表真,0 代表假。

上面列举的命题都是单命题。如果把两个或两个以上的命题联合起来,就能构成一个复命题。把单命题连接起来的方式,常用的有两种:合取和析取。如果用符号外 p、q 分别代表两个命题,析取可用来表示"或"的关系。例如:

p:他爱好数学

q:他爱好文学

$p \vee q$:他爱好数学,或者爱好文学。

合取记作 $\wedge$,它用来表示"及""且"等同时并取的关系。例如:

p:他爱好数学

q:他爱好文学

$p \wedge q$:他爱好数学和文学(他不但爱好数学,而且爱好文学)

现在来考察 p、q 两命题结合后的真值问题。由于每一命题本身的真值可有真假情况,所以它们的结合可能有四种情况:真真、真假、假真、假假。

在析取的结合中,只要其中的一个命题为真,析取就为真。只有在全部命题都为假时,它们的析取才为假。因此,p、q 的真值表如表 2.2 所示。

表 2.2　析取真值表

命题	p	q	$p \vee q$
真值	真	真	真
	真	假	真
	假	真	真
	假	假	假

例如,某研究室对考生的外语要求是懂英语或者懂日语,这样的条件是析取,它的四种真值分别为:

(1)他懂英语,也懂日语。

(2)他懂英语,但不懂日语。

(3)他不懂英语,但懂日语。

(4)他不懂英语,也不懂日语。

显然,前三种人都有资格投考。

在合取的结合中,只有在每个单命题皆为真时,合取才为真,合取的真值表如表2.3所示。

表2.3 合取真值表

命题	p	q	$p \wedge q$
真值	真	真	真
	真	假	假
	假	真	假
	假	假	假

例如,某研究室对考生的外语要求是懂得英语和日语(即不但要懂英语,而且要懂日语),这样的条件是合取。显然,按照这样的要求,只有第一种人才有资格投考。

逻辑联结词除析取和合取之外,还有否定、蕴含和等价。

否定词用来表示某一命题的否定命题,p 的否定命题记作 $\bar{p}$。例如:

p:他懂英语。

$\bar{p}$:他不懂英语。

决定了一个命题 p 的真值,则 p 的否定的真值也就确定了。因此,否定的真值表如表2.4所示。

表2.4 否定真值表

命题	p	$\bar{p}$
真值	真	假
	假	真

例如,他懂英语若为真,则他不懂英语为假;反之,若他懂英语为假,则他不懂英语必为真。

蕴含用来表示"如果……,则……"。若以 p 代表第一个单命题,q 代表第二个单命题,那么蕴含就是这样的一个复合命题:由于第一个命题 p 的成立,便可推得第二个命题 q 的成立。p、q 构成一蕴含,记作 $p \rightarrow q$。例如:

p:甲住在上海。

q:甲住在中国。

$p \rightarrow q$:若甲住在上海,则甲住在中国。

这个复合命题永远是真的,因为上海是中国的一个城市,甲如果住在上海的话必然会有甲住在中国的结论。在相反的情况下,甲如不住在上海,这就表示 p 是假的(这时 p 的否命题 $\bar{p}$ 是真的),在这一情况下甲是否住在中国(即命题 p 是真或假)均不能否定复合命题

$p \to q$。即在此情况，复合命题 $p \to q$ 也是真的，因而复合命题 $p \to q$ 也可以写成 $\bar{p} \vee q$，这一点在后面可用真值表来证明。

蕴含的真值表如表 2. 5 所示。

表 2.5　蕴含真值表

命题	p	q	$p \to q$
真值	真	真	真
	真	假	假
	假	真	真
	假	假	假

等价用来表示两个命题的真假相同，表示成 $p \leftrightarrow q$。等价的真值表如表 2. 6 所示：

表 2.6　等价真值表

命题	p	q	$p \to q$
真值	真	真	真
	真	假	假
	假	真	假
	假	假	真

为了便于书写和观察，也便于今后把二值逻辑推广到模糊逻辑，我们可以用 1 和 0 表示真和假：1 代表真，0 代表假。

考察下面两个复合命题的真值表：

(1) $\overline{p \vee q}$ 真值表如表 2. 7 所示。

表 2.7　$\overline{p \vee q}$ 真值表

p	q	$p \vee q$	$\overline{p \vee q}$
1	1	1	0
1	0	1	0
0	1	1	0
0	0	0	1

(2) $\bar{p} \wedge \bar{q}$ 真值表如表 2. 8 所示。

表 2.8　$\bar{p} \wedge \bar{q}$ 真值表

p	q	$\bar{p}$	$\bar{q}$	$\bar{p} \wedge \bar{q}$
1	1	0	0	0
1	0	0	1	0
0	1	1	0	0
0	0	1	1	1

由表 2.8 可知，$\overline{p\wedge q}$与$\bar{p}\wedge\bar{q}$、p、q 有相同的真值时，它们的真值（即最后的结果）也相同。

通常复命题用大写字母表示，如 P、Q 等。两复命题 P、Q 当构成它们的单命题取相同的真值时，它们始终具有相同的真值，则 P、Q 称为逻辑等价，记作 $P\leftrightarrow Q$。

上面我们用列举法证明了$\overline{p\wedge q}\leftrightarrow\bar{p}\wedge\bar{q}$，同样可以证明 $\bar{p}\wedge\bar{q}\leftrightarrow\bar{p}\wedge\bar{q}$。

上面两个逻辑等价关系称为德·摩根律。

根据同样原理，可以证明蕴含因为 $p\rightarrow q$ 与 $\bar{p}\wedge q$ 等价，如表 2.9 所示。

表 2.9 真值表

p	q	$\bar{p}$	$\bar{p}\vee q$	$p\rightarrow q$
1	1	0	1	1
1	0	0	0	0
0	1	1	1	1
0	0	1	1	1

这也是一个重要的等价关系，因它给出了蕴含的另一种逻辑表达式。

推理是思维的一种形式，它是从已有的命题（前提）中得出新命题（结论）的过程。任何推理都是由一个或几个前提以及由这些前提作出的结论所组成。推理可分为直接推理和间接推理两种。直接推理是由一个前提得出的，例如，一切金属都是导电的，因此，某些导电体是金属；而任何间接推理至少需要两个前提，例如，一切单细胞生物都通过简单分裂而繁殖。变形虫是单细胞生物，因此变形虫通过简单分裂而繁殖，这就是所谓三段论法的典型例子。自亚里士多德以来，所谓定言三段论法就是指这样的推理方式。在这种推理方式下，两个前提中必有一个全称判断（作主语的名词前冠以“一切”“所有”等字样），还有一个共有的名词（概念），这个虽为两个前提所共有但不包括在结论中的名词，叫做中名词，在上面所举的例子中，单细胞生物就是中名词。

三段论法是一种演绎推理，其特点是从一般到个别；另一种常见的推理方式是从个别到一般，称为归纳推理。

2.3.2 模糊逻辑函数

在二值逻辑中，一个可以分辨真假的句子称为命题。如命题为真，则称该命题真值为 1；如命题为假，则称该命题真值为 0。然而，在现实生活中，人们经常会遇到另一种类型的命题，这些命题无法只用“真”或“假”来判断。例如：

他是个高个子。

今天天气好。

如果某人身高 1.75 米，那么第一个命题究竟算真还是算假就很难说了。因为 1.75 米的人一般说成是“偏高一些”或“个子比较高”，而说成是标准的高个子则不太合适。再看第二个命题，如果今天上午出太阳下午多云，傍晚下了一点小雨，那么说它天气好不太恰当，说它天气不好也不合适，这时也很难判断该命题是真还是假。再看在上节中曾经引用过的命题：他懂英语。仔细一想，一个人完全懂得英语，或一点也不懂英语的情况是不多见的，往往是不同程度懂得一点英语，这时用真假两个值来刻画命题的真值，就显得过于简单化了。

我们把上述命题称为模糊命题。模糊命题的真值仍有客观标准，只是不能简单地只用0和1来刻画其真假。

既然模糊集合是普通集合的直接推广，从属函数的值域从$\{0,1\}$扩展到了$[0,1]$，与此类似，模糊命题的真值也能拓广到在$[0,1]$区间上连续取值。模糊命题 $\underset{\sim}{P}$ 的真值记作

$$V(\underset{\sim}{p}) = x \qquad 0 \leqslant x \leqslant 1$$

$x=1$ 时表示 $\underset{\sim}{p}$ 完全真，$x=0$ 时完全假，由此可见模糊逻辑是二值逻辑的直接推广，二值逻辑仅是模糊逻辑的特例而已。

由于真值在区间$[0,1]$中连续取值，x 越接近1，说明真的程度越大。因此，模糊逻辑实质上是无限多值逻辑，也就是连续值逻辑。

在模糊逻辑中，以 x 和 y 等表示单命题(p,q)的真值，经过逻辑运算后，可以算出复命题的真值。这里 x、y 叫做模糊变量，而对模糊变量实行某种逻辑运算所得的结果，称为逻辑函数，记为$f(x,y)$。

模糊变量之间的基本运算，根据模糊集合间运算的定义作为二值逻辑运算的扩展，可定义如下：

定义 2.14 设模糊变量 $x, y \in [0,1]$，称

(1) 逻辑并（析取） $x \vee y = \max(x,y)$

(2) 逻辑交（合取） $x \wedge y = \min(x,y)$

(3) 逻辑补（否定） $\bar{x} = 1 - x$

(4) 逻辑蕴含 $x \rightarrow y = 1 \wedge (1 - x + y)$

(5) 逻辑恒等 $x \leftrightarrow y = (1 - x + y)(1 + x - y)$

模糊逻辑的性质：

(1) 幂等律：$x \vee x = x, x \wedge x = x$

(2) 交换律：$x \vee y = y \vee x \qquad x \wedge y = y \wedge x$

(3) 结合律：$x \vee (y \vee z) = (x \vee y) \vee z \qquad x \wedge (y \wedge z) = (x \wedge y) \wedge z$

(4) 吸收律：$x \vee (x \wedge y) = x \quad x \wedge (x \vee y) = x$

证明 (Ⅰ) $x > y$

$$x \vee (x \wedge y) = x \vee y = x$$

$$x \wedge (x \vee y) = x \wedge y = x$$

(Ⅱ) $x < y$

$$x \vee (x \wedge y) = x \vee x = x$$

$$x \wedge (x \vee y) = x \wedge y = x$$

(Ⅲ) $x = y$

$$x \vee (x \wedge y) = x \vee x = x$$

$$x \wedge (x \vee y) = x \wedge y = x$$

(5) 分配律：$x \vee (y \wedge z) = (x \vee y) \wedge (x \vee z)$

$$x \wedge (y \vee z) = (x \wedge y) \vee (x \wedge z)$$

(6) 德·摩根律：$\overline{x \vee y} = x \wedge y \qquad \overline{x \wedge y} = \bar{x} \vee \bar{y}$

(7) 常数运算法则：$1 \vee x = 1 \quad 0 \vee x = \otimes \qquad 0 \wedge x = 0 \quad 1 \wedge x = \otimes$

(8) 二次否定法则：$\bar{\bar{x}} = x$

(9)互补律不成立：$x \vee \bar{x} = \max(x, 1-x) \neq 1$

$$x \wedge \bar{x} = \min(x, 1-x) \neq 0$$

利用上述性质可以化简模糊逻辑函数。

例 2.16

$$\begin{aligned} f(x,y,z) &= (x\wedge\bar{y}\wedge z)\vee(\bar{x}\wedge y\wedge\bar{z})\vee(x\wedge\bar{y})\vee[x\wedge(y\vee z)\wedge(y\vee\bar{x})] \\ &= (x\wedge\bar{y})\vee(x\wedge\bar{y}\wedge z)\vee(\bar{x}\wedge y\wedge\bar{z})\vee\{[(x\wedge y)\vee(x\wedge z)]\wedge(y\vee\bar{x})\} \\ &= (x\wedge\bar{y})\vee(\bar{x}\wedge y\wedge\bar{z})\vee\{[(x\wedge y)\vee(x\wedge z)]\wedge y\}\vee\{[(x\wedge y)\vee(x\wedge z)]\wedge\bar{x}\} \\ &= (x\wedge\bar{y})\vee(\bar{x}\wedge y\wedge\bar{z})\vee(x\wedge y\wedge y)\vee(x\wedge z\wedge y)\vee(x\wedge y\wedge\bar{x})\vee(x\wedge z\wedge\bar{x}) \\ &= (x\wedge\bar{y})\vee(\bar{x}\wedge y\wedge\bar{z})\vee(x\wedge y)\vee(x\wedge z\wedge y)\vee(x\wedge y\wedge\bar{x})\vee(x\wedge z\wedge\bar{x}) \\ &= (x\wedge\bar{y})\vee(\bar{x}\wedge y\wedge\bar{z})\vee(x\wedge y)\vee(x\wedge y\wedge\bar{x})\vee(x\wedge z\wedge\bar{x}) \\ &= (x\wedge\bar{y})\vee(\bar{x}\wedge y\wedge\bar{z})\vee(x\wedge y)\vee(x\wedge z\wedge\bar{x}) \end{aligned}$$

2.3.3 模糊逻辑函数的范式

对于任意合适的模糊逻辑函数式，一般可以通过等价变换使它成为先由析（合）取联结词联结后再由合（析）取联结词联结起来的表达式，这样的表达式叫做合（析）取范式。析取范式又叫逻辑并标准形，合取范式又称为逻辑交标准形。

例 2.17 试求模糊逻辑函数的析取范式和合取范式

$$f(x_1,x_2,x_3) = [(x_1\vee x_2)\wedge x_3]\vee[(x_1\vee x_3)\wedge x_2]$$

①先求出 x_1, x_2, x_3 分别等于 0,1 时的函数值，如表 2.10 所示。

表 2.10 真值表

x_1	x_2	x_3	$f(x_1,x_2,x_3)$
0	0	0	0
0	0	1	0
0	1	0	0
0	1	1	1
1	0	0	0
1	0	1	1
1	1	0	1
1	1	1	1

②写出析取式——每一项由函数值为 1 所对应的取 1 的变量求交后再取并

$$\begin{aligned} f(x_1,x_2,x_3) &= [(x_1\vee x_2)\wedge x_3]\vee[(x_1\vee x_3)\wedge x_2] \\ &= (x_2\wedge x_3)\vee(x_1\wedge x_3)\vee(x_1\wedge x_2)\vee(x_1\wedge x_2\wedge x_3) \\ &= (x_2\wedge x_3)\vee(x_1\wedge x_3)\vee(x_1\wedge x_2) \end{aligned}$$

③合取范式——每一项由函数值为 0 所对应的取 0 的变量求并后求交

$$\begin{aligned} f(x_1,x_2,x_3) &= [(x_1\vee x_2)\wedge x_3]\vee[(x_1\vee x_3)\wedge x_2] \\ &= (x_1\vee x_2\vee x_3)\wedge(x_1\vee x_2)\wedge(x_1\vee x_3)\wedge(x_2\vee x_3) \\ &= (x_1\vee x_2)\wedge(x_1\vee x_3)\wedge(x_2\vee x_3) \end{aligned}$$

2.3.4　模糊语言

自然语言的模糊性质使它区别于人工语言和数学语言，美国洛杉矶的加州大学计算机科学系教授哥根指出：人对自然语言的理解在本质上也是模糊的。这就是不合语法的句子也能充当交际手段的一个重要原因。他认为当前建立起来的人机对话系统由于仅仅依据对句子的严格分解，因而做了大量不必要的多余工作。他认为如果考虑到自然语言的模糊性质，就能使人机对话、机器识别等工作更易实现，哥根预言未来的计算机程序语言将带有模糊的性质。

通常人们尽管使用不精确的句子表达自己的思想，也常用难于下定义的词汇构成句子，这些都并不影响人与人之间的信息交流，恰恰相反，正是词和句的模糊性使自然语言更富有表现力，有利于用最少的言词表达最大的信息量。

我们先来看模糊词。在人们通常使用的自然语言里，包含了大量模糊词。对于这些模糊词，我们不应人为地去追求精确，因为稍微说得具体一些都可能出毛病，模糊词比比皆是。

在“蔬菜”与“粮食”之间，“蔬菜”与“水果”之间无法“一刀切”。动物和植物之间似乎存在着鸿沟，此外细菌是否属于动物类，也是模糊的。

在“早晨”“上午”“中午”“下午”“傍晚”“晚上”之间，“白天”和“晚上”之间，“过去”“现在”“将来”之间，“春”“夏”“秋”“冬”之间，都是无法进行精确划分的。

这些名词的模糊性是显而易见的。原来是精确的名词，在社会生活中也会演变成模糊的名词，如“叔叔”“伯伯”“阿姨”等就是。

不仅有模糊的名词，还有模糊的副词、形容词和动词。深浅、高矮、宽窄、大小、长短、快慢、浓淡、胖瘦、明暗、强弱、软硬等都是模糊的副词、形容词。在它们身上，语言学家们发现了许多有趣的现象。

提问时，通常都用强度大的那个词设问，如问多深？多高？多快？实际上这里的深、高、快完全能包括浅、矮、慢，因此答话时可以说“河很浅”“弟弟很矮”“车很慢”等。为什么能这样？这就是由于这些词具有模糊性的缘故。那些精确的词，如一个、二个、三个，虽然三个大于一个、二个，但提问时不能问是否三个，只能问有几个，因为一个、二个、三个之间具有明确的边界。模糊的副词、形容词则不然，深可以包括浅，高可以包括矮，快可以包括慢，而且它们之间并没有明确的界线，所以可以问多深、多高、多快。

也正因为这个缘故，这些模糊的副词、形容词在构成名词时可以只用强度大的那个词，例如“高度”“深度”“速度”“宽度”“广度”等。事实上它完全可以包括“低度”“浅度”“慢度”“窄度”。

在这一类模糊的词中，还往往具有能表示概念的全部外延的特性，例如“高矮”“快慢”“宽窄”“深浅”等都是。一方面，这是由于汉语中常用反义词来构词，如“反正”“左右”“矛盾”等；另一方面，也是由于这些词的模糊性质，精确的词如“一十”“百千”“三四”都不能这样构词，虽然我们有“三四个”这种说法，但它只表示约数，并不表示“从三到四”的全部外延。

在对事物进行比较时，这些模糊的副词、形容词也具有明显的特色。试看这样的模糊语句：

甲比乙高。（乙不一定高）

甲比乙美。(乙不一定美)

这就是说,在用模糊词对事物作肯定的评价或比较时,对象不一定具有该特征。这也是由于它们都是模糊的概念,所以才会使人们产生不同的理解。如果用精确的数字来进行比较,就不会出现这种模棱两可的情况。

也有模糊的动词,例如"闻"和"听"之间的界线就是不明确的。我们常说"耳闻目睹",也常说"闻到香味",在江西南城和河北唐山的方言里,有"听见臭味"的说法。"见"与"听"之间的分界线也不清晰,我国唐宋时"见"的意义之一就是"听",如白居易有诗云:"见说白杨堪作柱"。

不仅词往往具有模糊性,模糊的句子也屡见不鲜。如果我们把合乎语法的标准句子的隶属函数值定作1,那么,其他文法稍有错误,但尚能表达相仿的意思的句子,就可以用一个从0到1之间的数来表征它从属于"正确句子"这个模糊集 T 的程度。例如:

①μ_T(我要吃饭)=1

②μ_T(我饭要吃)=0.3

③μ_T(我吃要饭)=0

④μ_T(饭要吃我)=0

⑤μ_T(要吃我饭)=0.2

⑥μ_T(要吃饭我)=0.4

⑦μ_T(饭我要吃)=0.9

⑧μ_T(我我我……要吃饭)=0.9

⑨μ_T(饭饭)=0.5

第8句句子出自口吃者之口,最后一句是幼儿常说的话。

由此可见,模糊的句子并非完全不能理解。人们在日常交往中所使用的语言,完全合乎语法的句子并不多。

模糊语言已引起语言学家们的浓厚兴趣。1972年,在美国纽约举行的一次词典学的国际讨论会上,美国著名语言学家拉科夫作了一个在词汇研究方面运用模糊理论的报告。拉科夫高兴地说:"我们现在有了一个'可爱的术语'——模糊集合。"他在讨论会结束时又指出,模糊性即将成为语言学的一个主要的研究领域。

2.3.5 模糊算子

为了深入研究模糊语言,探索模糊语言形式化的途径,首先要设法对模糊语言进行定量的刻画。

模糊概念(模糊词)实际上是在某一论域中的一些模糊集合。例如,在各种年龄的人所组成的论域中,描写人的年龄的很多词,如"老人""中年人""小青年"等都是模糊子集。扎德根据约定的原则,首先给出了这些模糊子集的隶属函数:

$$\mu_A(u)=N(a,u)$$

例 2.18 U 为1到100的年龄集合

T={年青、老、中年、不年青、非中年、年青或老、不年青也不老……}

N 为 T 到 U 的模糊关系

$$\mu_{年轻人}(u)=\begin{cases}1 & u<25\\ \left[1+\left(\frac{u-25}{5}\right)^2\right]^{-1} & u\geqslant 25\end{cases}$$

$$\mu_{老年人}(u)=\begin{cases}0 & u<50\\ \left[1+\left(\frac{u-50}{5}\right)^{-2}\right]^{-1} & u\geqslant 50\end{cases}$$

$$\mu_{中年人}(u)=\begin{cases}0 & u<35\\ \left[1+\left(\frac{u-45}{5}\right)^4\right]^{-1} & 35\leqslant u<45\\ \left[1+\left(\frac{u-45}{5}\right)^2\right]^{-1} & u\geqslant 45\end{cases}$$

与“年青”“老”“中年”等词相关的词义，可按下面的规则定义

$\underset{\sim}{N}$(不老,u),1 - $\underset{\sim}{N}$(老,u)

$\underset{\sim}{N}$(不老,u),1 - $\underset{\sim}{N}$(年青,u)

$\underset{\sim}{N}$(不年青,u),1 - $\underset{\sim}{N}$(年青或老年,u) ∪ $\underset{\sim}{N}$(年老,u)

设 $u=57$，则可得

$\underset{\sim}{N}$(年青,57) = 0.024

$\underset{\sim}{N}$(老,57) = 0.66

$\underset{\sim}{N}$(中年,57) = 0.15

$\underset{\sim}{N}$(不老,57) = 1 - 0.66 = 0.34

$\underset{\sim}{N}$(不年青,57)1 - 0.024 = 0.976

$\underset{\sim}{N}$(非中年,57) = 1 - 0.15 = 0.85

$\underset{\sim}{N}$(年青或老年,57) = 0.024 ∨ 0.66 = 0.66

若以“老年人”为例，把 55 岁代入公式计算，便可得知 55 岁的人属于“老”的资格为 0.5；而 60 岁的人属于“老年人”的程度为 0.8，以此类推。这样一来，我们就能对本来是模糊的语言加以定量的刻画。

在对模糊概念进行定量刻画的基础上，我们还能把“否定”、联结词“或”“与”以及程度副词“极”“很”“相当”“比较”“有点儿”“稍微有点”等定义为对隶属函数进行某种运算。这样一来，由模糊概念跟这些否定词、联结词、程度副词构成的派生词，也能用从属函数来加以定量刻画。这里，被定义了某种运算法则的否定词、联结词、程度副词就叫做“模糊算子”。

(1)语气算子

语气算子定义如下：

$$(H_\lambda A)(u)\triangleq[\mu_{\underset{\sim}{A}}(u)]^\lambda$$

当 $\lambda>1$，H_λ 称为集中化算子，能加强语气的肯定程度；当 $\lambda<1$，H_λ 称为散漫化算子，能减弱语气的肯定程度，通常 H_2 称为“很”“非常”；H_4 称为“极”；$H_{5/4}$ 称为“相当”；$H_{1/4}$ 称为“微”；$H_{1/2}$ 称为“够”；$H_{3/4}$ 称为“比较”。

例 2.19

$$[\text{很老}]_u=(H_2(\text{老}))=([\text{老}]_{(u)})^2=\begin{cases}0, & u,\leqslant 50\\ \left[1+\left(\dfrac{u-50}{5}\right)^2\right]^{-2}, & u>50\end{cases}$$

$$[\text{略老}]_n=(H_{0.5}(\text{老}))=([\text{老}]_{(u)})^{1/2}=\begin{cases}0, & u\leqslant 50\\ \left[1+\left(\dfrac{u-50}{5}\right)^2\right]^{1/2}, & u>50\end{cases}$$

(2)模糊化算子

“大概”“近乎”等修饰词加在一个词的前面，将词的意义模糊化，称为模糊化算子。

$$(F\underset{\sim}{A})(u)\triangleq(\underset{\sim}{E}\circ\underset{\sim}{A})(u)=\bigvee_{v\in U}(\underset{\sim}{E}(u,v)\wedge\underset{\sim}{A}(v))$$

其中，$\underset{\sim}{E}$ 是 U 上的一个相似关系。当 $U=(-\infty,+\infty)$ 常取

$$\underset{\sim}{E}(u,v)=\begin{cases}e^{-(u-v)^2} & |u-v|<\delta\\ 0 & |u-v|\geqslant\delta\end{cases}$$

参数 δ 取值大小反映了模糊化的程度。

例 2.20

$$A(u)=\begin{cases}1 & u=4\\ 0 & u\neq 4\end{cases}$$

则

$$(F\underset{\sim}{A})_{(u)}=\bigvee_{v\in u}(\underset{\sim}{E}(u,v)\wedge\underset{\sim}{A}(v))=\begin{cases}e^{-(u-v)^2}, & |u-4|<\delta\\ 0, & |u-4|\geqslant\delta\end{cases}$$

(3)判定化算子

“偏向”“倾向于”“多半是”等修饰词也是一种算子。它化模糊为肯定，在模糊中给出一种精粗的判断，所以叫判定化算子。它的一般形式为

$$(P_a\underset{\sim}{A})(u)=d_u[u_{\underset{\sim}{A}}]$$

d_a 是定义在[0,1]上的实函数

$$d_a(x)=\begin{cases}0, & x\leqslant a\\ \dfrac{1}{2}, & a<x\leqslant 1-a\\ 1, & x>1-a\end{cases}$$

例 2.21 年青的隶属函数为

$$u_A(u)=\begin{cases}1, & 0\leqslant u\leqslant 25\\ \left[1+\left(\dfrac{u-25}{5}\right)^2\right]^{-1}, & 25<u\leqslant 200\end{cases}$$

$e_{1/2}$称为倾向，当 $u=30$ 时，$e_A(u)=1/2$，则

$$[\text{倾向年青}](u)=e_{1/2}[\text{年青}](u)=d_{1/2}((\text{年青})(u))=\begin{cases}0, & u>35\\ 1, & u\leqslant 35\end{cases}$$

2.4　模糊推理

逻辑学是研究概念、判断和推理形式,特别是推理形式的一门科学。从17世纪德国数学家莱布尼兹开始,不少数学家和哲学家共同努力,把数学方法用于哲学的研究,出现了逻辑与数学相结合的一门新学科——数理逻辑。数理逻辑采用一套符号代替人们的自然语言进行表述,因而又称符号逻辑。数理逻辑在逻辑上只取真、假两个值,是一种二值逻辑。

逻辑学研究的重点就是推理。推理是人类的一种重要的思维方式,它从已知的判断推断出未知的判断。

推理的方式一般可以分为两种,一种是演绎推理,一种是归纳推理。以一般的普遍适用的原理为前提,推导到某个特殊情况作出结论的推理方法为演绎推理;而反过来,由特殊情形的前提,归纳出一般原理的结论的推理称为归纳推理。一个是从一般到特殊,一个是从特殊到一般。

数理逻辑主要研究演绎推理。演绎推理一般具有三段论法的形式,即从两个判断,得出第三个判断。在三段论法中,根据两个前提的不同形式,又有直言推理、假言推理和选言推理之分。

归纳推理又称归纳法,可分为完全归纳法和不完全归纳法。完全归纳法在前提中列出全部推理的特殊情形,而得出一般化结论。这是很严格的,但是当特殊情形过多乃至无限时都难以应用。不完全归纳法仅举出全部特殊情形中的一个或几个而归纳出一般结论。这种情况结论可能有两种情形:一是因举出的部分特殊情形不完全代表事物的规律,因而结论不是可靠的,只能代表一种猜想和假设;二是结论可靠,代表了普遍规律和原理,这是一种科学的不完全归纳法,不只是简单地枚举特殊情形,而是要考虑到这一类事物所特有的本质属性和它所以产生的原因,因而揭示了它们的规律性。

由归纳法派生出来的还有一种类比推理,它是从特殊到特殊的推理过程,根据两个对象的一部分属性相类似,推出两个对象的其他属相类似的一种推理方法。类比的结论也不是一定可靠的,不能称为论证,类比的结论通常需要实践的检验。

数学中一种基本的证明方法——数学归纳法,我们可以把它认为是完全归纳法的一种变形。它用一种简捷的途径,给出了全部特殊情形的判断,从而得到一般结论。

传统的逻辑推理是基于二值逻辑的,它处理的信息和推理的规则是精确的、完备的。与此对应,还有一种不精确推理,或称不确定性推理,或称近似推理,它处理不精确、不确定、不完备的信息,利用不精确、不完备的知识、规则。不精确性可由多方面引起,如随机性、模糊性等。基于模糊逻辑方法处理由模糊性引起的不精确推理称模糊逻辑推理或简称模糊推理。

以模糊集为理论基础的模糊逻辑推理的基本形式是假言推理的模糊化,前提和结论中包含的概念由明确概念变为模糊概念,反应一般规律的大前提可以由模糊关系来表示。由于推理前提可以有更为复杂的形式,模糊逻辑推理基本形式也就相应演变成较复杂的扩充形式。

应用模糊理论,可以对模糊命题进行模糊的演绎推理和归纳推理。我们主要讨论假言推理和条件语句。

2.4.1 模糊推理系统

模糊推理系统的基本结构如图 2.4 所示,它主要由四部分组成:模糊器、规则库、推理机和去模糊器。模糊推理系统具有精确的输入和输出,能完成输入空间到输出空间的非线性映射,有广泛的应用领域,包括自动控制、数据分类、决策分析、专家系统、时间序列、机器人以及模式识别。本节就模糊推理系统的主要部分进行说明和讨论。

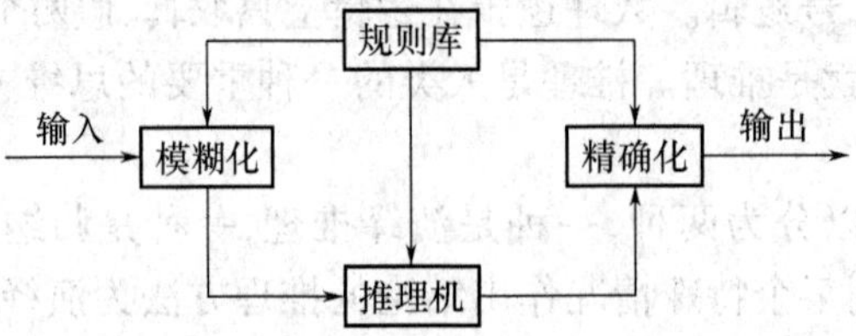

图 2.4　模糊推理系统结构框图

2.4.2 模糊化方法

由模糊推理系统框图(图 2.4)不难看出,模糊系统的输入均为精确量,模糊系统的输入和输出都要求精确量,而模糊推理机本身需要模糊量,这样就需要在模糊推理实现过程中,能够使精确量与模糊量之间进行相互转换。

将精确量(数字量)转化为模糊量的过程称为模糊化,或称为模糊量化。如图 2.4 所示,模糊系统的输入均为精确量,须经过模糊量化处理,变为模糊量,以便实现模糊控制算法。

模糊化一般采用如下两种方法:

(1)把精确量离散化,如把在[-6, +6]之间变化的连续量分为七个档次,每一档对应一个模糊集,这样处理使模糊化过程简单。否则,将每一精确量对应一个模糊子集,有无穷多个模糊子集,使模糊化过程复杂化。例如,描述输入变量和输出变量的语言值的模糊子集为

{负大,负中,负小,零,正小,正中,正大}

记为{NB,NM,NS,O,PS,PM,PB}。如表 2.11 所示,在[-6, +6]区间的离散化了的精确量与表示模糊语言的模糊量建立了关系,这样,就可以将[-6, +6]之间的任意的精确量用模糊量 y 来表示,例如在 -6 附近称为负大,用 NB 表示,在 -4 附近称为负中,用 NM 表示。如果 $y = -5$ 时,这个精确量没有在档次上,再从表 2.11 中的隶属度上选择,由于

$$\mu_{MN}(-5)=0.7 \qquad \mu_{MB}(-5)=0.8$$

所以 -5 用 NB 表示。

表 2.11　精确量与模糊量关系

	-6	-5	-4	-3	-2	-1	0	1	2	3	4	5	6
PB	0	0	0	0	0	0	0	0	0	0.1	0.4	0.8	1.0
PM	0	0	0	0	0	0	0	0	0.2	0.7	1.0	0.7	0.2
PS	0	0	0	0	0	0	0	0.9	1.0	0.7	0.2	0	0

表 2.11　(续)

	-6	-5	-4	-3	-2	-1	0	1	2	3	4	5	6
O	0	0	0	0	0	0.5	1	0.5	0	0	0	0	0
NS	0	0	0.2	0.7	1.0	0.9	0	0	0	0	0	0	0
NM	0.2	0.7	1.0	0.7	0.2	0	0	0	0	0	0	0	0
NB	1.0	0.8	0.4	0.1	0	0	0	0	0	0	0	0	0

如果精确量 x 的实际变化范围为 $[a,b]$，将 $[a,b]$ 区间精确变量转换为 $[-6,+6]$ 区间变化的变量 y，可采用如下公式

$$y=\frac{12}{b-a}\left[x-\frac{a+b}{2}\right]$$

由上式计算出的 y 值若不是整数，可以把它归入最接近于 y 的整数。

应该指出，实际上输入变量都是连续变化的量，通过模糊化处理，把连续量离散为 $[-6,+6]$ 之间有限个整数值的做法是为了使模糊推理简便。

表2.11中的隶属度可根据实际问题选定，这里只是为了说明转换方法而给出的一个例子。

(2)第二种方法更为简单，它是将在某区间的精确量 x 模糊化成这样的一个模糊子集：它在点 x 处的隶属度为1，除该点外其余各点的隶属度均取0。

尽管上述两种模糊化方法还是比较粗略，但是人脑进行这一转化过程时同样也是不精确的。有关模糊化的方法还有待于进一步探讨。

2.4.3　精确化方法

推理系统的输出是一个模糊量，还需将它转换为一个精确量，这个转换过程称为清晰化，或者称为精确化，也称其为判决，精确化方法有以下三种。

(1)选择最大隶属度法

选取模糊子集中隶属度最大的元素作为输出量，例如模糊子集为 $\underset{\sim}{C}$，所选择的隶属度最大的元素 u^* 应满足：

$$\mu_{\underset{\sim}{C}}(u^*)\geqslant\mu_{\underset{\sim}{C}}(u)\qquad u\in U$$

若 u^* 仅为一个，则选择该值作为控制量；若 u^* 有多个，且 $u_1^*\leqslant u_2^*\leqslant\cdots\leqslant u_p^*$，则取它们的平均值 $\overline{u^*}$，或取 $[u_1^*,u_p^*]$ 的中点 $\frac{u_1^*+u_p^*}{2}$ 作为输出量。

例2.22　若

$$C_1=\frac{0.3}{-1}+\frac{0.8}{-2}+\frac{1}{-3}+\frac{0.5}{-4}+\frac{0.2}{-5}$$

则 $u^*=-3$。

若

$$C_2=\frac{0.3}{0}+\frac{1}{1}+\frac{1}{2}+\frac{0.8}{3}+\frac{0.4}{4}+\frac{0.2}{5}$$

则 $u^*=\frac{2+1}{2}=1.5$。

选择最大隶属度方法简单易行，算法实时性好，缺点是只考虑隶属度最大的点的控制作用，对于隶属程度较小的点的控制作用没有考虑，利用的信息量少。

(2)取中位数法

选取求出模糊子集的隶属函数曲线和横坐标所围成区域的面积平分为两部分的数，作为非模糊化的结果，这种方法比较充分地利用了模糊子集提供的信息量，计算时要比方法1麻烦。

(3)加权平均值

以隶属度为权系数求加权平均值，即

$$u^* = \frac{\sum_i \mu_i(u_i) \cdot u_i}{\sum_i \mu(u_i)}$$

例 2.23

$$\underset{\sim}{C}_1 = \frac{0.3}{-1} + \frac{0.8}{-2} + \frac{1}{-3} + \frac{0.5}{-4} + \frac{0.2}{-5}$$

$$\mu^* = \frac{(-1)\times 0.3 + (-2)\times 0.8 + (-3)\times 1 + (-4)\times 0.5 + (-5)\times 0.2}{0.3 + 0.8 + 1 + 0.5 + 0.2} = -2.74$$

2.4.4 规则库

模糊规则库是由一系列“IF－THEN”型的模糊条件句所构成。条件句的前件为输入和状态，后件为控制变量。

1. 模糊规则的前件和后件变量的选择

模糊规则的前件和后件变量即模糊推理系统的输入和输出的语言变量。输出量即为控制量，它一般比较容易确定。输入量选什么以及选几个则需要根据要求来确定。输入和输出语言变量的选择以及它们隶属函数的确定对于模糊推理系统的性能有着十分关键的作用。它们的选择和确定主要依靠经验和工程知识。

2. 模糊规则的建立

模糊规则是模糊推理的核心，因此如何建立模糊规则也就成为一个十分关键的问题。下面将讨论4种建立模糊规则的方法，它们之间并不是互相排斥的，相反，若能结合这几种方法则可以更好地帮助建立模糊规则库。

(1)基于专家的经验

模糊规则具有模糊条件句的形式，它建立了前件中的状态变量与后件中的变量之间的联系。我们在日常生活中用于决策的大部分信息主要是基于语义的方式而非数值的方式，因此，模糊规则是对人类行为和进行决策分析过程的最自然的描述方式。这也就是它为什么采用IF－THEN形式的模糊条件句的主要原因。

基于上面的讨论，通过总结人类专家的经验，并用适当的语言来加以表述，最终可表示成模糊规则的形式。一个典型的例子是，人们对人工控制水泥窑的操作手册进行总结归纳，最终建立起了模糊控制规则库。另一种方式是通过向有经验的专家和操作人员咨询，从而获得特定应用领域模糊控制规则的原型。在此基础上，再经一定的试凑和调整，可获得具有更好性能的控制规则。

(2)基于操作人员的实际控制过程

在许多人工控制的工业系统中,很难建立控制对象的模型,因此用常规的控制方法来对其进行设计和仿真比较困难,而熟练的操作人员却能成功地控制这样的系统。事实上,操作人员有意或无意地使用了一组 IF - THEN 模糊规则来进行控制。但是他们往往并不能用语言明确地将它们表达出来,因此可以通过记录操作人员实际控制过程时的输入输出数据,并从中总结出模糊控制规则。

(3)基于过程的模糊模型

控制对象的动态特性通常可用微分方程、传递函数、状态方程等数学方法来加以描述,这样的模型称为定量模型或清晰化模型。控制对象的动态特性也可以用语言的方法来描述,这样的模型称为定性模型或模糊模型。基于模糊模型,也能建立起相应的模糊控制规律。这样设计的系统是纯粹的模糊系统,即推理系统和控制对象均是用模糊的方法来加以描述的,因而它比较适合于采用理论的方法来进行分析和控制。

(4)基于学习

许多模糊控制主要是用来模仿人的决策行为,但很少具备类似于人的学习功能,即根据经验和知识产生模糊控制规则并对它们进行修改的能力。Mamdani 于 1979 年首先提出了模糊自组织控制,它便是一种具有学习功能的模糊控制。该自组织控制具有分层递阶的结构,包含有两个规则库。第一个规则库是一般的模糊控制的规则库,第二个规则库由宏规则组成,它能够根据对系统的整体性能要求来产生并修改一般的模糊控制规则,从而显示类似人的学习能力。自 Mamdani 的工作之后,近来又有不少人在这方面作了大量的研究工作。最典型的例子是 Sugeno 的模糊小车,它是具有学习功能的模糊控制车,经过训练后它能够自动地停靠在要求的位置。

3. 模糊规则的类型

在模糊控制中,目前主要应用如下两种形式的模糊控制规则。

(1)状态评估模糊控制规则,它具有如下的形式:

R_1:如果 x 是 A_1 且 y 是 B_1,则 z 是 C_1

R_2:如果 x 是 A_2 且 y 是 B_2,则 z 是 C_2

$\vdots$

R_n:如果 x 是 A_n 且 y 是 B_n,则 z 是 C_n

在现有的模糊控制系统中,大多数情况均采用这种形式,我们前面所讨论的也都是这种情形。

对于更一般的情形,模糊控制规则的后件可以是过程状态变量的函数,即

R_i:如果 x 是 A_i 且 y 是 B_i,则 $z=f(x,\cdots,y)$

它可根据对系统状态的评估按照一定的函数关系计算出控制作用 z。

(2)目标评估模糊控制规则,其典型的形式如下所示

R_i:如果[u 是 $C_i \leftrightarrow x$ 是 A_i 且 y 是 B_i],则 u 是 C_i

其中 H 是系统的控制量,x 和 $P_d=\delta(H)/l-1$ 表示要求的状态和目标或者是对系统性能的评估,因而 x 和 y 的取值常常是“好”“差”等模糊语言。对于每个控制命令 C_i,通过预测相应的结果(x,y),可从中选用最适合的控制规则。上面的规则可进一步解释为:当控制命令选 C_i 时,如果性能指标 x 是 A_i 且 y 是 B_i 时,那么选用该条规则且将 C_i 取为推理系统的输出。例如,用在日本仙台的地铁模糊自动火车运行系统中,就采用了这种类型的模糊控制规则。其中典型的一条是:“如果控制标志不改变则火车停在预定的容许区域,那么控

制标志不改变”。

采用目标评估模糊控制规则,它对控制的结果加以预测,并根据预测的结果来确定采取的控制行动,因此它本质上是一种模糊预报控制。

4. 模糊控制规则的其他性能要求

(1)完备性

前面讨论数据库时已对其进行了讨论,即对于任意的输入应确保它至少有一个可适用的规则,而且规则的适用程度应大于一定的数,譬如0.5。

(2)模糊控制规则数

若模糊推理系统的输入有 m 个,每个输入的模糊分级数分别为 $n_1, n_2, \cdots, n_m$,则最大可能的模糊规则数为 n_m,实际的模糊控制数应读取多少取决于很多因素,目前尚无普遍适用的一般步骤。总的原则是,在满足完备性的条件下,尽量取较少的规则数,以简化模糊推理系统的设计和实现。

(3)模糊控制规则的一致性

模糊控制规则主要基于操作人员的经验,取决于对多种性能的要求,而不同的性能指标要求往往互相制约,甚至是互相矛盾的。这就要求按这些指标要求确定的模糊控制不能出现互相矛盾的情况。

2.4.5 模糊推理

应用模糊理论,可以对模糊命题进行模糊的演绎推理和归纳推理,我们主要讨论假言推理和条件语句。

首先讨论假言推理。若大前提为已知命题 A 蕴含 B,而小前提为 A,则可得结论为 B。在模糊情况下,A 和 B 均为不确切的,若小前提为 A_1,和大前提的前件不完全一样,我们是否仍能推得有一定价值的结论呢?这在传统的形式逻辑中是办不到的。扎德提出的近似推理理论却为解决这类问题开辟了光明的前景,他提出的方法可简略介绍如下:

设 $\underset{\sim}{A}$ 和 $\underset{\sim}{B}$ 分别为 X 和 Y 上的模糊集,它们的隶属函数分别为 $\mu_{\underset{\sim}{A}}(x)$ 和 $\mu_{\underset{\sim}{B}}(y)$。条件句如 $\underset{\sim}{A}$ 则 $\underset{\sim}{B}$ 可用符号表示为 $\underset{\sim}{A} \to \underset{\sim}{B}$,它的从属函数为

$$\mu_{\underset{\sim}{A} \to \underset{\sim}{B}}(x,y) = [\mu_{\underset{\sim}{A}}(x) \wedge \mu_{\underset{\sim}{B}}(y)] \vee [1 - \mu_{\underset{\sim}{A}}(x)]$$

近似推理中的假言推理规则为

大前提 $\underset{\sim}{A} \to \underset{\sim}{B}$

小前提 $\underset{\sim}{A}_1$

结　论 $B_1 = A_1(\underset{\sim}{A} \to \underset{\sim}{B})$

例 2.24 设 $U=\{1,2,3,4,5\}$,$V=\{a,b,c,d,e\}$,U,V 上的模糊子集“大”“小”“较小”分别为

$$[u_{大}] = \frac{0.5}{4} + \frac{1}{5} \qquad [v_{大}] = \frac{0.5}{d} + \frac{1}{e}$$

$$[u_{小}] = \frac{1}{1} + \frac{0.5}{2} \qquad [v_{小}] = \frac{1}{a} + \frac{0.5}{b}$$

$$[u_{较小}] = \frac{1}{1} + \frac{0.4}{2} + \frac{0.2}{3} \qquad [v_{较小}] = \frac{1}{a} + \frac{0.4}{b} + \frac{0.2}{c}$$

问:若 u 小则 v 大,已知 u 较小,问 v 如何?

解 求"u 小则 v 大"的关系矩阵 $\boldsymbol{R}$。

$$\boldsymbol{R}=\begin{bmatrix}0 & 0 & 0 & 0.5 & 1\\0.5 & 0.5 & 0.5 & 0.5 & 0.5\\1 & 1 & 1 & 1 & 1\\1 & 1 & 1 & 1 & 1\\1 & 1 & 1 & 1 & 1\end{bmatrix}\begin{matrix}1\\2\\3\\4\\5\end{matrix}$$

$$\begin{matrix}a & b & c & d & e\end{matrix}$$

其中,$A\in F(U)$,"大";$\underset{\sim}{B}\in F(U)$,"小"

$$r_{14}=R_{A\to B}(1,d)=[\mu_A(1)\wedge\mu_B(d)]\vee[1-\mu_A(1)]$$

$$=[1\wedge 0.5]\vee(1-)=0.5$$

$$r_{21}=R_{A\to B}(2,a)=[\mu_A(2)\wedge\mu_B(a)]\vee[1-\mu_A(2)]$$

$$[1\wedge 0.5]\vee(1-0.5)=0.5$$

现"u 较小"即 $\underset{\sim}{A}'=(1,0.4,0.2,0,0)$,得

$$\underset{\sim}{B}'=\underset{\sim}{A}'\circ\boldsymbol{R}=[1\quad 0.4\quad 0.2\quad 0\quad 0]\circ\begin{bmatrix}0 & 0 & 0 & 0.5 & 1\\0.5 & 0.5 & 0.5 & 0.5 & 0.5\\1 & 1 & 1 & 1 & 1\\1 & 1 & 1 & 1 & 1\\1 & 1 & 1 & 1 & 1\end{bmatrix}$$

$$=(0.4,0.4,0.4,0.5,1)$$

则

$$\underset{\sim}{B}'=\frac{0.4}{a}+\frac{0.4}{b}+\frac{0.4}{c}+\frac{0.5}{d}+\frac{1}{e}$$

与 $[V_{大}]$ 比较,答案应是"v 较大"。

在自动控制中,应用较多的"模糊条件语句"也是一种模糊推理,其一般形式为"若 a 则 b,否则 c"可表示为

$$(a\to b)\vee(\bar{a}\to c)$$

设 a 是 U 上的命题,对应的模糊子集为 $\underset{\sim}{A}$,b、c 是 V 上的命题,对应的模糊子集为 $\underset{\sim}{B}$、$\underset{\sim}{C}$,$(a\to b)\vee(\bar{a}\to c)$ 也是一种模糊关系 $\underset{\sim}{R}$,其隶属度为

$$\mu_{\underset{\sim}{R}}(u,v)=[\mu_{\underset{\sim}{A}}(u)\wedge\mu_{\underset{\sim}{B}}(v)]\vee[1-\mu_{\underset{\sim}{A}}(u)]\wedge\mu_{\underset{\sim}{C}}(v) \tag{2-90}$$

当输入 $A'\in F(U)$,则

$$\underset{\sim}{B}'=\underset{\sim}{A}'\circ\boldsymbol{R}$$

例 2.25 $U=\{1,2,3,4,5\}$,$V=\{a,b,c,d,e\}$,U、V 上的模糊子集"轻""重""很轻""不很重"为

$$\underset{\sim}{A}=[u_{轻}]=\frac{1}{1}+\frac{0.8}{2}+\frac{0.2}{3}+\frac{0.4}{4}+\frac{0.2}{5}$$

$$\underset{\sim}{B}=[v_{重}]=\frac{0.2}{a}+\frac{0.4}{b}+\frac{0.6}{c}+\frac{0.8}{d}+\frac{1}{e}$$

$$\underset{\sim}{A}'=[u_{很轻}]=\frac{1}{1}+\frac{0.64}{2}+\frac{0.36}{3}+\frac{0.16}{4}+\frac{0.04}{5}$$

$$\underset{\sim}{C}=[v_{不很重}]=\frac{0.96}{a}+\frac{0.84}{b}+\frac{0.64}{c}+\frac{0.36}{d}+\frac{16}{e}$$

问："若 u 轻则 v 重，否则 v 不很重"，已知 u 很轻，v 如何？

解 首先求 R，$\underset{\sim}{A}\in F(U)$ 表示"轻"，$\underset{\sim}{B}\in F(V)$ 表示"重"，$\underset{\sim}{C}\in F(V)$ 表示"不很重"。则

$$\boldsymbol{R}=\begin{bmatrix}0.2 & 0.4 & 0.6 & 0.8 & 1.0\\ 0.2 & 0.4 & 0.6 & 0.8 & 0.8\\ 0.4 & 0.4 & 0.6 & 0.6 & 0.6\\ 0.6 & 0.6 & 0.6 & 0.4 & 0.4\\ 0.8 & 0.8 & 0.64 & 0.36 & 0.2\end{bmatrix}\begin{matrix}1\\2\\3\\4\\5\end{matrix}$$
$$\begin{matrix}a & b & c & d & e\end{matrix}$$

其中，以 r_{11}、r_{12} 为例，则

$$r_{11}=\boldsymbol{R}(1,a)=[\mu_{\underset{\sim}{A}}(1)\wedge\mu_{\underset{\sim}{B}}(a)]\vee[1-\mu_{\underset{\sim}{A}}(1)]\wedge\mu_{\underset{\sim}{C}}(a)$$
$$=[1\wedge 0.2]\vee[(1-1)\wedge 0.96]=0.2$$
$$r_{12}=\boldsymbol{R}(1,b)=[\mu_{\underset{\sim}{A}}(1)\wedge\mu_{\underset{\sim}{B}}(b)]\vee[1-\mu_{\underset{\sim}{A}}(1)]\wedge\mu_{\underset{\sim}{C}}(b)$$
$$=[1\wedge 0.4]\vee[(1-1)\wedge 0.84]=0.4$$

$$\underset{\sim}{A}'=(1\quad 0.64\quad 0.36\quad 0.16\quad 0.04)$$
$$\underset{\sim}{B}'=\underset{\sim}{A}'\circ\boldsymbol{R}=(0.36\quad 0.4\quad 0.6\quad 0.8\quad 0.1)$$
$$=\frac{0.36}{a}+\frac{0.4}{b}+\frac{0.6}{c}+\frac{0.8}{d}+\frac{1}{e}$$

B'近似于"重"。

在控制系统中经常用到多重条件语句，其一般形式：

①若 a_1 则 b_1 否则（若 a_2 则 b_2 否则……（若则）……）。

②或若 a_1 则 b_1，若 a_2 则 b_2……a_n 则 b_n。

设 $a_1,a_2,\cdots,a_n$ 分别对应于 U 上的模糊集 $A_1,A_2,\cdots,A_n$，$b_1,b_2,\cdots,b_n$ 分别对应于 V 上的模糊集 $\underset{\sim}{B}_1,\underset{\sim}{B}_2,\cdots,\underset{\sim}{B}_n$，则多重条件语句表示 U 到 V 的一个模糊关系

$R\in F(U\times V)$

$R=(A_1\times B_1)\cup(A_2\times B_2)\cup\cdots\cup(A_n\times B_n)$

$u_{\underset{\sim}{R}}(u,v)=[u_{\underset{\sim}{A}1}(u)\wedge u_{\underset{\sim}{B}1}(v)]\vee[u_{\underset{\sim}{A}2}(u)\wedge u_{\underset{\sim}{B}2}(v)]\vee\cdots\vee[u_{\underset{\sim}{A}n}(u)\wedge u_{\underset{\sim}{B}n}(v)]$

当输入 a 对应 $A\in F(U)$，则输出 b 对应 $B\in F(V)$。

控制规则是人们在控制过程中的经验总结，一般用语言形式来实现，主要有三种类型。

(1) 如 A 即 B 型，即

If A then B

模糊关系：$R = A \circ B$，即

$$\mu_R(x,y) = \mu_A(x) \wedge \mu_B(y)$$

(2)如 A 则 B 否则 C 型，即

If　A　then　B　else　C

模糊关系：$R = (A \times B) \cup (A^C \times C)$，即

$$\mu_R(x,y) = [\mu_A(x) \wedge \mu_B(y)] \vee [(1 - \mu_A(x)] \wedge \mu_C(y)$$

(3)如 A 且 B 则 C 型，即

If　A　and　B　then　C　If　A　then　If　B　then　C

$$R = A \times (B \times C) = A \times B \times C$$

模糊矩阵的求法：

(a)　$\boldsymbol{D} = \boldsymbol{A} \times \boldsymbol{B}$　$\boldsymbol{D}(x,y) = \mu_A(x) \wedge \mu_B(y)$

$$\boldsymbol{D} = \begin{pmatrix} d_{11} & \cdots & d_{1n} \\ d_{21} & \cdots & d_{2n} \\ \vdots & \vdots & \vdots \\ d_{m1} & \cdots & d_{mn} \end{pmatrix}$$

(b)将 $\boldsymbol{D}$ 改写成

$$\boldsymbol{D}^{\mathrm{T}} = \begin{bmatrix} d_{11} \\ d_{12} \\ \vdots \\ d_{1n} \\ d_{21} \\ d_{22} \\ \vdots \\ d_{mn} \end{bmatrix}$$

(c) $\underset{\sim}{\boldsymbol{R}} = \boldsymbol{D}^{\mathrm{T}} \times \boldsymbol{C}$　　$R(x,y) = u_{\underset{\sim}{D}}^{\mathrm{T}}(x) \wedge u_{\underset{\sim}{C}}(y)$

例 2.26　已知输入为 $A = \dfrac{1}{a_1} + \dfrac{0.5}{a_2}$ 且 $B = \dfrac{0.1}{b_1} + \dfrac{0.5}{b_2} + \dfrac{1}{b_3}$，则输出为 $C = \dfrac{0.2}{C_1} + \dfrac{1}{C_2}$，根据这条规则确定 R。

解　$\underset{\sim}{\boldsymbol{D}} = \underset{\sim}{\boldsymbol{A}} \times \underset{\sim}{\boldsymbol{B}}$，$\mu_{\underset{\sim}{A} \times \underset{\sim}{B}}(x,y) = \mu_{\underset{\sim}{A}}(x) \wedge \mu_{\underset{\sim}{B}}(y)$

得

$$\boldsymbol{D} = \begin{bmatrix} 0.1 & 0.5 & 1 \\ 0.1 & 0.5 & 0.5 \end{bmatrix}$$

$$\boldsymbol{D}^{\mathrm{T}} = \begin{bmatrix} 0.1 \\ 0.5 \\ 1 \\ 0.1 \\ 0.5 \\ 0.5 \end{bmatrix} \qquad \underset{\sim}{\boldsymbol{R}} = \boldsymbol{D}^{\mathrm{T}} \times \underset{\sim}{C} = \begin{bmatrix} 0.1 \\ 0.5 \\ 1 \\ 0.1 \\ 0.5 \\ 0.5 \end{bmatrix} \circ (0.2, 1) = \begin{bmatrix} 0.1 & 0.1 \\ 0.2 & 0.5 \\ 0.2 & 1.0 \\ 0.1 & 0.1 \\ 0.2 & 0.5 \\ 0.2 & 0.5 \end{bmatrix}$$

例 2.27 若已知$\underset{\sim}{A}' = \frac{0.8}{a_1} + \frac{1}{a_2}$及$\underset{\sim}{B}' = \frac{0.5}{b_1} + \frac{0.2}{b_2} + \frac{0.0}{b_3}$,如何求$\underset{\sim}{C}'$。

解

$$\underset{\sim}{D}' = \underset{\sim}{A}' \times \underset{\sim}{B}' = \begin{pmatrix} 0.8 \\ 0.1 \end{pmatrix} \circ (0.5, 0.2, 0) = \begin{pmatrix} 0.5 & 0.2 & 0 \\ 0.1 & 0.2 & 0 \end{pmatrix}$$

$$\underset{\sim}{C}' = (0.5, 0.2, 0, 0, 0.1, 0.2, 0) \circ \begin{bmatrix} 0.1 & 0.1 \\ 0.2 & 0.5 \\ 0.2 & 1 \\ 0.1 & 0.1 \\ 0.2 & 0.5 \\ 0.2 & 0.5 \end{bmatrix} = (0.2, 0.2) = \frac{0.2}{c_1} + \frac{0.2}{c_2}$$

If $\underset{\sim}{A}$ and $\underset{\sim}{B}$ then $\underset{\sim}{C}$ 型语言所对应的模糊推理系统是双输入单输出的控制模型:

若在一个过程控制中,有下列这些规则:

If $\underset{\sim}{A}_1$ and $\underset{\sim}{B}_1$ then $\underset{\sim}{C}_1$ $\rightarrow \underset{\sim}{R}_1$

If $\underset{\sim}{A}_2$ and $\underset{\sim}{B}_2$ then $\underset{\sim}{C}_2$ $\rightarrow \underset{\sim}{R}_2$

⋮ ⋮ ⋮

If $\underset{\sim}{A}_m$ and $\underset{\sim}{B}_m$ then $\underset{\sim}{C}_m$ $\rightarrow \underset{\sim}{R}_m$

则总的控制规则 $\underset{\sim}{R}_1$ 通常用并的算法求出:

$$\underset{\sim}{R} = \underset{\sim}{R}_1 \cup \underset{\sim}{R}_2 \cup \cdots \cup \underset{\sim}{R}_m = \bigcup_{i=1}^{m} \underset{\sim}{R}_i$$

例 2.28 已知双输入单输出模糊系统,其输入为 x、y,输出为 z,其输入输出关系可用如下两条模糊规则描述

$\underset{\sim}{R}_1$:如果 x 是 $\underset{\sim}{A}_1$且 y 是 $\underset{\sim}{B}_1$,则 z 是 $\underset{\sim}{C}_1$;

$\underset{\sim}{R}_2$:如果 x 是 $\underset{\sim}{A}_2$且 y 是 $\underset{\sim}{B}_2$,则 z 是 $\underset{\sim}{C}_2$。

现已知输入为 x 是 $\underset{\sim}{A}'$and y 是 $\underset{\sim}{B}'$,求输出 z。

已知 $\underset{\sim}{A}_1 = \frac{1.0}{a_1} + \frac{0.5}{a_2} + \frac{0}{a_3}$, $\underset{\sim}{B}_1 = \frac{1.0}{b_1} + \frac{0.6}{b_2} + \frac{0.1}{b_3}$, $\underset{\sim}{C}_1 = \frac{1.0}{c_1} + \frac{0.4}{c_2} + \frac{0}{c_3}$

$\underset{\sim}{A}_2 = \frac{0}{a_1} + \frac{0.5}{a_2} + \frac{1.0}{a_3}$, $\underset{\sim}{B}_2 = \frac{0.2}{b_1} + \frac{0.6}{b_2} + \frac{1.0}{b_3}$, $\underset{\sim}{C}_2 = \frac{0}{c_1} + \frac{0.4}{c_2} + \frac{1.0}{c_3}$

$\underset{\sim}{A}' = \frac{0.5}{a_1} + \frac{1.0}{a_2} + \frac{1.0}{a_3}$, $\underset{\sim}{B}' = \frac{0.6}{b_1} + \frac{1.0}{b_2} + \frac{0.6}{b_3}$

解 求每条规则的蕴含关系$R_i = (A_i \wedge B_i) \wedge C_i \quad (i = 1,2)$

$$\mu_{\underset{\sim}{A}_1 \times \underset{\sim}{B}_1}(x,y) = \mu_{\underset{\sim}{A}_1}(x) \wedge \mu_{\underset{\sim}{B}_1}(y) = \underset{\sim}{A}_1^{\mathrm{T}} \times \underset{\sim}{B}_1$$

$$= \begin{bmatrix} 1.0 \\ 0.5 \\ 0 \end{bmatrix} \wedge [1 \quad 0.6 \quad 0.2] = \begin{bmatrix} 1 & 0.6 & 0.2 \\ 0.5 & 0.5 & 0.2 \\ 0 & 0 & 0 \end{bmatrix}$$

$$\boldsymbol{D} = [1 \quad 0.6 \quad 0.2 \quad 0.5 \quad 0.5 \quad 0.2 \quad 0 \quad 0 \quad 0]$$

$$\boldsymbol{R}_1=\boldsymbol{D}^{\mathrm{T}}\times[1.0\quad 0.4\quad 0]=\begin{bmatrix}1.0 & 0.4 & 0\\0.6 & 0.4 & 0\\0.2 & 0.2 & 0\\0.5 & 0.4 & 0\\0.5 & 0.4 & 0\\0.2 & 0.1 & 0\\0 & 0 & 0\\0 & 0 & 0\\0 & 0 & 0\end{bmatrix}$$

同理

$$\boldsymbol{R}_2=\begin{bmatrix}0 & 0 & 0\\0 & 0 & 0\\0 & 0 & 0\\0 & 0.2 & 0.2\\0 & 0.4 & 0.5\\0 & 0.4 & 0.5\\0 & 0.2 & 0.4\\0 & 0.4 & 0.6\\0 & 0.4 & 1.0\end{bmatrix}$$

求出总的蕴含关系矩阵 $\boldsymbol{R}$

$$\boldsymbol{R}=\boldsymbol{R}_1\cup\boldsymbol{R}_2=\begin{bmatrix}1.0 & 0.4 & 0.6\\0.6 & 0.4 & 0\\0.2 & 0.2 & 0\\0.5 & 0.4 & 0.2\\0.5 & 0.4 & 0.5\\0.2 & 0.4 & 0.5\\0 & 0.2 & 0.2\\0 & 0.4 & 0.6\\0 & 0.4 & 1.0\end{bmatrix}$$

计算输入的模糊集合 $\underset{\sim}{A}'\underset{\sim}{B}'$

$$\boldsymbol{D}'=\mu_{\underset{\sim}{A}'\times\underset{\sim}{B}'}=\begin{bmatrix}0.5\\1.0\\0.5\end{bmatrix}\times[0.6,1.0,0.6]=\begin{bmatrix}0.5 & 0.5 & 0.5\\0.6 & 1.0 & 0.6\\0.5 & 0.5 & 0.5\end{bmatrix}$$

$$[\boldsymbol{D}']^{\mathrm{T}}=[0.5\quad 0.5\quad 0.5\quad 0.6\quad 1.0\quad 0.6\quad 0.5\quad 0.5\quad 0.5]$$

计算输出量

$$C'=[\boldsymbol{D}']^{\mathrm{T}}\circ\boldsymbol{R}=[0.5\quad 0.4\quad 0.5]$$

$$C'=\frac{0.5}{c_1}+\frac{0.4}{c_2}+\frac{0.5}{c_3}$$

2.4.6 基于模糊推理的机器人局部路径规划方法研究

本节介绍基于声呐信息且采用模糊逻辑及强化学习规则的陆上机器人局部路径规划系统。该系统把局部路径规划问题划分为两个不同的行为,即避碰行为和寻找目标行为。两个行为学习系统分别独立学习,通过行为选择器将两种行为结合起来,使机器人无碰撞地达到指定的目标点。模糊逻辑把表示传感器输入信息的状态空间映射为机器人输出的动作空间,利用强化学习机制来建立和调整模糊学习规则。通过学习,机器人可以学习相应的行为,满足导航任务的需要。

1. 机器人的结构及传感器的配置

本节介绍的是轮式陆上机器人,其外形如图 2.5 所示。该机器人可以看成是圆形的,半径为∅。机器人配有视觉及超声传感器,视觉安装在机器人的头部,超声传感器安装在三个不同的高度,其中 18 个安装在上层,主要用来进行避碰。图 2.6 表明了 18 个超声传感器的安装位置。

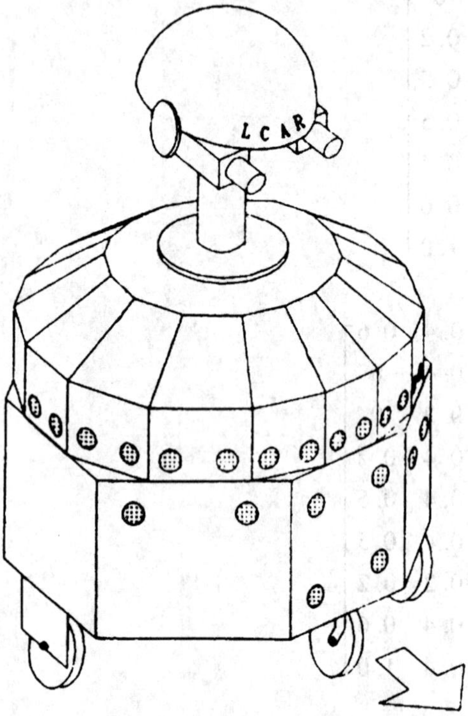

图 2.5　轮式陆上机器人示意图

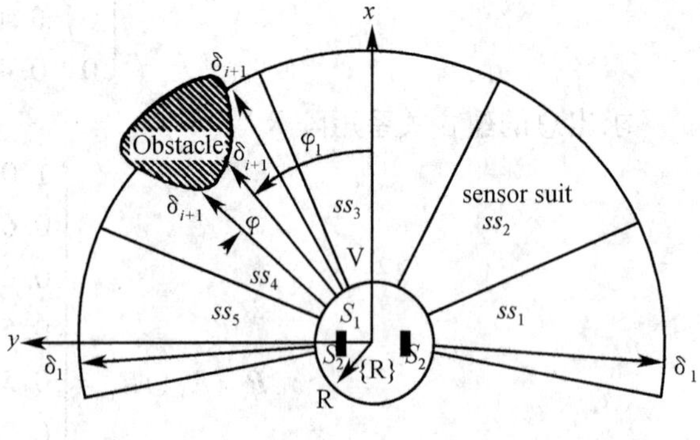

图 2.6　机器人传感器的配置图

取机器人的圆心为机器人坐标系的原点,并把这一点称为机器人的中心。机器人坐标系的横轴与机器人纵轴重合,方向为机器人前进的方向,横轴指向机器人的左侧。18 个声呐传感器 $S_1, S_2, \cdots, S_{18}$ 对称地分布在机器人的前端,其中相邻两个传感器之间的夹角为 $\overline{\varphi}=11.25°$。我们可以计算每一个传感器的朝向与机器人坐标系 x 轴之间的夹角为 $\overline{\varphi}=(j-9.5)\overline{\varphi}, j=1,2,\cdots,18$。引进数字 9.5 的意义在于:对于右侧的传感器 $S_j(j=1,\cdots,9)$,有 $\overline{\varphi}_j<0$;而对于左侧的传感器 $S_j(j=10,\cdots,18)$,有 $\overline{\varphi}_j>0$。

记第$j(j=1,2,\cdots,18)$个传感器的测量值为δ_j,则第j个传感器测得的从机器人中心到障碍物的距离为$e_j=\delta_j+R$,记第j个传感器测得的障碍物在机器人坐标系中的坐标为(x_{oi},y_{oj}),其中:

为了减少测量空间的维数,将传感器分组。第一和第三个传感器组ss_1、ss_5由相邻的三个传感器组成,而其余的传感器组由相邻的四个传感器组成,这样共有五组。取每组中各传感器测量值中最小的一个作为本组的测量值,记为d_j,即

$$d_j=\begin{cases}R+\min\{\delta_j \mid j=4i-4,4i-2,4i-1\} & \text{if} \quad i=2,3,4\\ R+\min\{\delta_j \mid j=2^{j-1},2^{i-1}+1,2^{i-1}+2\} & \text{if} \quad i=1,5\end{cases}$$

$$x_{oj}=(\delta_j+r)\cos(\varphi_j)$$

$$y_{oj}=(\delta_j+R)\sin(\varphi_j)$$

则$d_j(j=1,2,3,4,5)$就分别表示5个区域的障碍物距离。障碍物的方向定义为

$$\Phi_i=\frac{\pi}{4}(i-3) \qquad i=1,2,3,4,5$$

2. 局部路径规划器的结构

根据基于行为的理论,机器人的导航问题可以分解成许多相对独立的单元,即行为基元,如避碰、跟踪、目标导引等。这里介绍的机器人主要行为有两个:避碰行为和接近目标行为。由此出发,设计了一种应用模糊逻辑和强化学习方法的机器人局部路径规划器,它包括两个模糊决策器和一个行为选择器,其结构如图2.7所示。

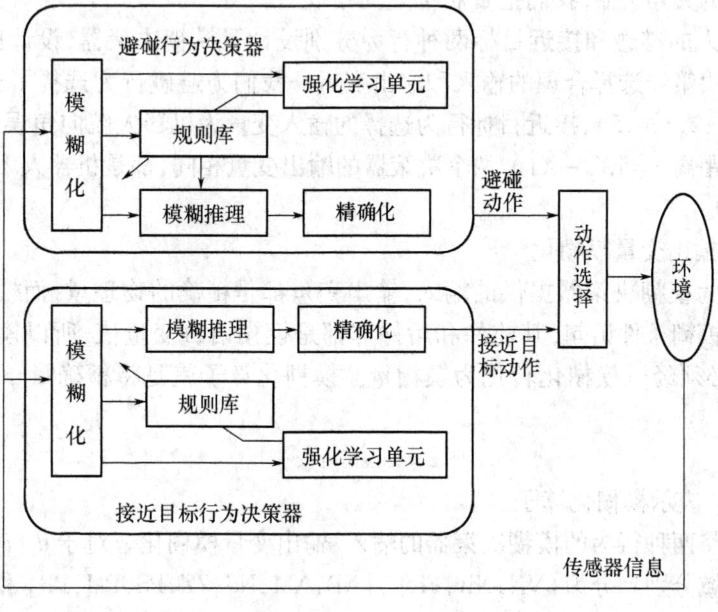

图2.7 局部路径规划器的结构框图

下面对机器人局部路径规划器的工作过程作简要说明。机器人利用外部传感器来获取环境信息,如障碍物的距离、方位等。利用内部传感器感知机器人的当前状态,如所处位置、航向角等。两种传感器信息分别作为避碰行为决策器和接近目标行为决策器的输入。对于两种行为,设计了具有相同结构的模糊决策器,包括模糊化、模糊推理、推理规则库、强化学习和精确化五个部分。两个模糊决策器分别利用传感器获得的环境信息和机器人状

态信息,根据一定的推理规则分别作出两种行为的行动决策。避碰和接近目标两种行为的行动决策之间的冲突通过行为选择器的合理选择来解决。机器人局部路径规划器的设计中要解决以下问题:环境信息的获取;输入/输出变量的模糊化;用强化学习方法建立模糊推理的规则库;模糊推理;输出变量的精确化;行为选择。以下将分别予以论述。

3. 输入、输出的模糊化

(1)输入、输出变量的选择

机器人工作时,局部路径规划器的任务就是接受全局路径规划器给出的路径关键点,以此作为行动的起点和终点,在由起点到终点的运动过程中,每隔一定时间间隔检测障碍物的信息,以此为依据,给出机器人下一步的行动决策,其决策指令将作为机器人导航系统中处于更低一层的控制器输入,并由控制器来实现。图 2.8 表示机器人某一时刻的状态,图中 $\{W\}$ 为世界坐标系,$\{R\}$ 为机器人坐标系。世界坐标系和机器人坐标系之间的夹角为 θ,$\boldsymbol{X}=\{x,y\}$ 和 $\boldsymbol{X}_g=\{x_g,y_g\}$ 分别为世界坐标系中机器人当前位置矢量和目标点的位置矢量,机器人运动方向与机器人到目标点连线之间的夹角为 ψ,我们把 ψ 称为航向角误差。

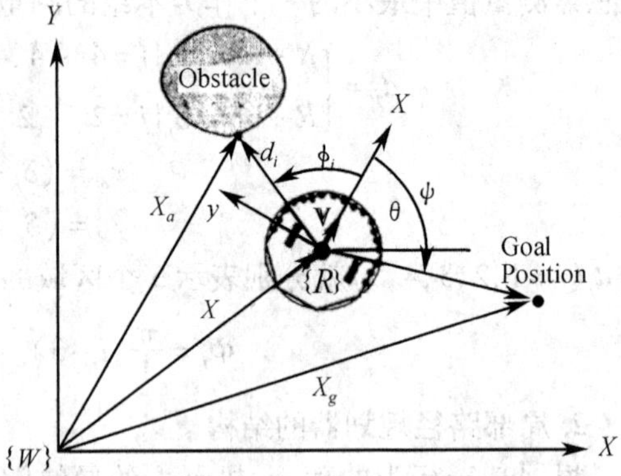

图 2.8　机器人某一时刻的状态

针对机器人的避碰和接近目标两种行为分别设计了模糊决策器,设计模糊决策器时,首先要为每个决策器选择合理的输入和输出变量。我们为避碰行为选择了五个输入变量,分别是 $d_j(j=1,2,3,4,5)$,接近目标行为选择的输入变量为机器人航向角误差 ψ、机器人到目标点之间的距离 $z=|\boldsymbol{X}_g-\boldsymbol{X}|$。两个决策器的输出变量相同,都是机器人下一步行动的速度 v 和转角 $\Delta\theta$。

(2)输入、输出变量模糊化

由于我们为模糊决策器提供的输入、输出变量都是精确的物理量,而模糊决策器用到的推理规则为模糊条件语句,其前件和后件部都是模糊语言变量值,所以模糊决策器的输入、输出变量必须经过模糊化转化为模糊量。模糊化算子就是将精确量 ϕ 转化成模糊量 $\{a\}$ 的算子:

$$\bar{z}=\text{fuzzifier}(z)$$

其中,“fuzzifier”表示模糊化算子。

下面分别将两种行为的模糊决策器的输入、输出变量模糊化。对于 $d_i(i=1,2,3,4,5)$,ψ 和 z,将其论域分别划分为{VN,NR,FR}、{NB,NM,NS,ZZ,PS,PM,PB}和{VN,NR,FR,VF},其意义如下:

VN:很近(Very Near);

NR:近(Near);

FR:远(Far);

VF:非常远(Very Far);

NB:负大(Negative Big);

NM:负中(Negative Medium);

NS:负小(Negative Small);

ZZ:零(Zero);

PS:正小(Positive Small);

PM:正中(Positive Medium);

PB:正大(Positive Big)。

其隶属度可根据不同的情况来确定,通常取正态型和三角形隶属函数。

4. 推理规则及推理过程

对于避碰行为和接近目标行为两个模糊决策器的推理规则库,可以以人的经验为基础来建立。然而,在复杂环境情况下,仅仅依靠人的经验来构造和调整规则库,其一致性和完整性很难保证。为解决这个问题,这里采用了强化学习方法来建立和调整推理规则。

对于两种行为,它们的规则库中的每一条规则都采取 IF - THEN 的形式:

R_1^1:IF$(d_1 = D_1)$ AND$\cdots(d_5 = D_1)$　　THEN$(v = V_1, \Delta\theta = \Delta\Theta_1)$

R_1^2:IF(ψ_1) AND$(z = Z_1)$　　THEN$(v = V_1, \Delta\theta = \Delta\Theta_1)$

⋮

R_n^1:IF$(d_1 = D_n)$ AND$\cdots(d_5 = D_n)$　　THEN$(v = V_n, \Delta\theta = \Delta\Theta_1)$

R_1^2:IF$(\psi = \psi_1)$ AND$(z = Z_n)$　　THEN$(v = V_n, \Delta\theta = \Delta\Theta_1)$

⋮

$R_{N_1}^1$:IF$(d_1 = D_{N_1})$ AND$\cdots(d_5 = D_{N_1})$　　THEN$(v = V_{N_1}, \Delta\theta = \Delta\Theta_{N_1})$

$R_{N_2}^2$:IF$(\psi = \psi_{N_2})$ AND$(z = Z_{N_2})$　　THEN$(v = V_{N_2}, \Delta\theta = \Delta\Theta_{N_2})$

这里 R_n^k 表示第 k 种行为的第 n 条规则(我们规定避碰行为为第一种行为,接近目标行为为第二种行为)。D_n、ψ_n、Z_n、V_n 和 $\Delta\Theta_n(n,1,2,\cdots,N_k)$ 分别是语言变量 $d_j(j=1,2,3,4,5,\cdots)$、Ψ、z、v 和 $\Delta\theta$ 在各自的论域 U_d、U_ψ、U_z、U_v 和 $U_{\Delta\theta}$上的语言真值。这里 N_k 表示第 k 种行为模糊推理规则的条数。第 k 种行为的第 n 条规则可以表示为模糊关系,对于避碰行为,有

$$R_n^1:(D_n \times D_n \times D_n \times D_n \times D_n) \rightarrow (V_n, \Delta\theta_n)$$

对于接近目标行为,有

$$R_n^2:(\psi_n \times Z_n) \rightarrow (V_n, \Delta\theta_n)$$

对于避碰行为,它的推理规则库 B 可以统一表示为

$$\begin{aligned} R^k &= \{\bigcup_{n=1}^{N_k} R_n^k\} \\ &= \{\bigcup_{n=1}^{N_k}[(D_n \times D_n \times D_n \times D_n \times D_n) \rightarrow V_n, (D_n \times D_n \times D_n \times D_n \times D_n) \rightarrow \Delta\Theta_n]\} \\ &= \{\bigcup_{n=1}^{N_k} RV_n^k, \bigcup_{n=1}^{N_k} R\Theta_n^k\} \\ &= \{RV^k, R\Theta^k\} \end{aligned}$$

这里 $R^k(k=1)$ 由两个相互独立的子规则库 RV^k 和 $R\Theta^k$ 组成,RV^k 和 $R\Theta^k$ 分别是决定输出量 v 和 $\Delta\theta$ 的规则库,它们分别包含 N_1 条规则,其中每一条规则分别是直积 $U_d \times U_d \times U_d \times U_d \times U_d \times U_d \times U_v$ 和 $U_d \times U_d \times U_d \times U_d \times U_d \times U_{\Delta\theta}$上的模糊关系,其中第 n 条规则 RV^1 和 $R\Theta^1$ 的隶属度值可以表示为 $\mu_{RV^1}(\Psi,z,v)$ 和 $\mu_{R\Theta^1}(\Psi,z,\Delta\theta)$。

同样,对于接近目标行为,RV^2 和 $R\Theta^2$ 的隶属度值同样可以表示为 μ_{RV2} 和 $\mu\ R\Theta^2(\Psi,z,\Delta\theta)$。

利用模糊化后的输入量,根据两种行为的规则库经过模糊推理可以分别得到两种行为决策器的输出量的模糊集合。当输入量 $d_1=d_{1'},\cdots,d_5=d_{5'}$ 确定后,经过模糊化可以得到输入量的模糊集合:$d_1=D_{1'},\cdots,d_5=D_{5'}$。利用 Zadeh 的推理的合成法则,避碰行为的模糊决策器的输出为

$$V'=(D_{1'},D_{2'},D_{3'},D_{4'},D_{5'},)\circ\bigcup_{n=1}^{N_1}RV_n^1$$

$$\Delta\Theta'=(D_{1'},D_{2'},D_{3'},D_{4'},D_{5'},)\circ\bigcup_{n=1}^{N_1}R\Theta_n^1$$

这里,“$\circ$”采取“最大－最小”合成,$D_{1'}(i=1,2,3,4,5)$ 是定义在论域 U_d 上的模糊集合。如果模糊蕴含关系采用 Mamdani 的最小化算子,可以求得 V' 和 $\Delta\theta'$ 的隶属度值为

$$\mu_{v'}^1=\bigcup_{n=1}^{N_1}\{\mu_{D_n}(d_{1'})\wedge\mu_{D_n}(d_{2'})\wedge\mu_{D_n}(d_{3'})\wedge\mu_{D_n}(d_{4'})\wedge\mu_{D_n}(d_{5'})\wedge\mu_{V_n}(v)\}$$

$$\mu'_{\Delta\Theta}=\bigcup_{n=1}^{N_1}\{\mu_{D_n}(d_{1'})\wedge\mu_{D_n}(d_{2'})\wedge\mu_{D_n}(d_{3'})\wedge\mu_{D_n}(d_{4'})\wedge\mu_{D_n}(d_{5'})\wedge\mu_{\Delta\theta}(\Delta\theta_n v)\}$$

同理,当接近目标行为的输入量 $\psi=\psi'$、$z=z'$ 给定后,经模糊化后有 $\psi=\Psi'$、$z=Z'$(Ψ' 和 Z' 是定义在论域上的模糊集合),模糊蕴含关系采用 Mamdani 的最小化算子时,经推理可得接近目标行为决策器的输出 V' 和 $\Delta\theta'$ 的隶属度值为

$$\mu_{v'}^2=\bigcup_{n=1}^{N_1}\{\mu_{\psi_n}(\psi')\wedge\mu_{Z_n}(z')\wedge\mu_{V_n}(v)\}$$

$$\mu_{\Delta\Theta}^2=\bigcup_{n=1}^{N_1}\{\mu_{\psi_n}(\psi')\wedge\mu_{Z_n}(z')\wedge\mu_{\Delta\Theta_n}(\Delta\theta v)\}$$

5. 输出模糊量的精确化

经模糊推理得到的每一个模糊决策器的输出 V' 和 $\Delta\theta'$ 是一个模糊量,用其指导机器人行动时,必须将其转化为精确值 $\bar{v}^k$ 和 $\Delta\bar{\theta}^k(k=1,2)$。应用重心法,可以求得:

$$\bar{v}^k=\frac{\sum_{n=1}^{p}v_n\mu_{v'}^k(v)}{\sum_{n=1}^{p}\mu_{v'}^k}$$

$$\Delta\bar{\theta}^k=\frac{\sum_{n=1}^{p}\Delta\theta_n\mu_{\Delta\Theta'}^k(\Delta\theta_n)}{\sum_{n=1}^{q}\mu_{\Delta\Theta'}^k(\Delta\theta_n)}$$

这里 p 和 q 分别是输出变量 v 和 $\Delta\theta$ 模糊化时,各自论域的分档数。

6. 行为选择

本节讨论机器人路径规划器中的行为选择问题。所设计的规划器中,两种行为的模糊决策器的输出量都是机器人下一步行动的速度和转角。由于两个决策器的输出不一致,必须选择合适的决策来执行,这就是行为选择问题。在具体讨论行为选择的问题之前,首先介绍一下路径规划中的人工势场法。人工势场法实际上是对机器人工作环境的一种抽象描述,基本原理是将机器人在周围环境中的运动设计成在一种人造引力场中的运动。环境

中的目标点和障碍物均形成势场，并相应地形成虚拟的势场力。障碍物对机器人产生斥力，目标对机器人产生吸引力，机器人在场中任意点具有的势能为周围吸引点和排斥点产生的势能之和，势能的负梯度和负梯度方向表达了机器人系统所受抽象力的大小和方向。为了使机器人能够无碰撞地到达终点，必须根据机器人所处的环境，在两种行为的模糊决策器中选择其中一个输出给控制器执行。

采用人工势场法，我们定义排斥势能 E_{rep} 如下：

$$E_{\text{rep}} = \sum_{j}^{S_N} \frac{K_r a_{\max} v\cos\varphi_j}{2a_{\max}(e_j - R) - v^2\cos^2\varphi_j}$$

其中，S_N 为传感器的个数，$S_N = 18$；K_r 为比例系数，$a_{\max}$ 为机器人最大加速度。排斥势能为机器人与障碍物距离和机器人速度的函数。当障碍物越接近机器人，则排斥势能越大；机器人在障碍物方向的速度分量越大，则排斥势能也越大。

吸引势能的定义为

$$E_{\text{att}} = \frac{\sqrt{2v^2\cos^2\psi + 4a_{\max}\| X - X_g \|} - v\cos\psi}{a_{\max}}$$

吸引势能与机器人与目标点的距离 z、航向角 Ψ 误差及初始速度 v 有关，当上述变量增加时，吸引势能将变大。排斥势能和吸引势能之和 $E = E_{\text{rep}} + E_{\text{att}}$ 可以抽象地表示机器人所处的环境。

先假定机器人下一步的行动分别采取两种行为决策器的决策，则机器人执行决策行动后的位置和速度可以计算出来，然后可以计算两种决策作用的总势能的变化：$c_a = (\Delta E)_{\text{avoidance}}$ 和 $c_g = (\Delta E)_{\text{goal}}$。根据总势能的变化，就可以选择其中一种行为。行为选择器采用一个递推的双稳态切换函数来在两者中选择。我们定义的切换函数如下：

$$\Pi(t) = \Gamma(t)f(c_a) - [1 - \Gamma(t)]f(c_g)$$

这里 $\Gamma(t)$ 是一个时变的权值系数，用来避免出现两种行为的势能变化相同的情况。$t+1$ 时刻的计算公式为

$$\Gamma(t+1) = [1 + e^{-\chi\Pi(t)}]^{-1}$$

χ 是一个正常数，用来决定切换函数的稳定性。$f(x)$ 为一个正值单调递增函数，此处取为 $f(x) = e^{0.5x}$。这样，当 $\Pi(t) < 0$ 时，就选择避碰行为决策器的决策；$\Pi(t) > 0$ 时，就选择接近目标行为决策器的决策。

7. 用强化学习方法构造和调整模糊推理规则库

这里采用两个基于强化学习算法的神经网络用以完成规则调整任务，分别用来调整避碰行为决策器和接近目标行为决策器的推理规则。两个网络具有相同的结构，都采用 Barto 的 AHC 模型，如图 2.9 所示。每一个学习网络由两个 ASE 和两个 ACE 构成，它们被分成两组，每组包括一个 ASE 和一个 ACE。一组用于调整模糊决策器的输出变量 v 的隶属函数中心点 $f_n^k(k=1,2;n=1,2,\cdots,N_k)$；另一组用于调整模糊决策器的输出变量的隶属函数中心点 $f_m^k(k=1,2;m=1,2,\cdots,N_k)$。为了今后表示方便，我们统一记为 $f_{mn}^k(m=1,2;k=1,2;n=1,2,\cdots,N_k)$，$m$ 表示决策输出量的类别，对于 v，有 $m=l$，对于 $\Delta\theta$ 有 $m=2$。

学习网络的工作过程大致如下：模糊译码器将传感器测量值进行译码后作为 ASE 和 ACE 的输入。ACE 根据目前环境信息和外部强化反馈信号 $r(t)$，产生一预测信号 $p(t)$，并进而给出内部强化信号 $\hat{r}(t)$，以对目前决策的效果作出评价。ASE 在内部强化信号指导下

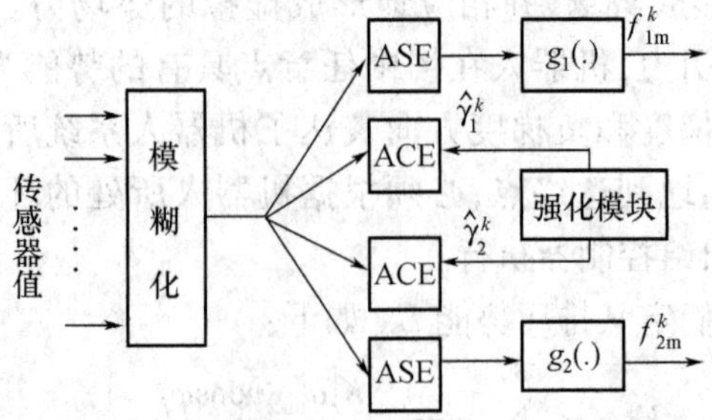

图 2.9　第 k 种行为的学习网络结构图

进行学习，确定对隶属函数中心点作何调整。

在规划系统中，引入推理规则的“迹”的概念。第 n 条被激活的规则的迹记为 $\bar{\mu}_n^k(t)$，它在时间周期 $t+1$ 的迹可以用周期 t 的隶属度值 $\mu_n^k(t)$ 和周期 t 的迹的加权平均值表示：

$$\bar{\mu}_n^k(t+1)=\lambda\,\bar{\mu}_n^k(t)+(1-\lambda)\mu_n^k(t)$$

这里 $k(k=1,2)$ 表示第 k 种行为，$\lambda(0\leqslant\lambda\leqslant1)$ 是常数，我们称之为迹的衰减率。$\mu_n^k(t)$ 的求法为

$$\mu_n^1(t)=\mu_{D_n}(d_{1'})\wedge\mu_{D_n}(d_{2'})\wedge\mu_{D_n}(d_{3'})\wedge\mu_{D_n}(d_{4'})\wedge\mu_{D_n}(d_{5'})$$

$$\mu_n^2(t)=\mu_{\psi_n}(\psi')\wedge\mu_{Z_n}z'$$

如图 2.9 所示，两个 ACE 分别接收由强化模块反馈来的外部强化信号 $r_m^k(m=1,2)$，然后分别产生内部强化信号 $\hat{r}_m^k(m=1,2)$。对于避碰行为，外部强化信号 $r_m^k(k=1;m=1,2)$ 按下式产生：

$$\begin{cases}r_m^k=-1.0 & \text{if}\quad \min\{d_1\mid i=1,2,\cdots,5\}<R(1.0+\varepsilon)\\ r_m^k=0.0 & \text{otherwise}\end{cases}$$

这里 ε 为一个安全系数。

对于接近目标行为，外部强化信号 $r_m^k(k=1;m=1,2)$ 如下产生：

$$\begin{cases}r_1^k=-1.0 & \text{if}\quad \psi(t-1)-\psi(t)>0.0\\ r_1^k=-1.0 & \text{if}\quad \psi(t)\pi/8\\ r_m^k=0.0(m=1,2) & \text{otherwise}\end{cases}$$

内部强化信号的作用是用来调整 ASE 的权值，为了确定 $\hat{r}_m^k$ 需要预测外部强化信号。外部强化信号的预测值 $p_m^k(t)$ 计算如下：

$$p_m^k(t)=E\{\sum_{t'\geqslant t}^{t'}\gamma_m^k(t'+t)\}$$

此处，$\gamma(0<\gamma<1)$ 是一个正的常数，其作用是使得无外部强化信号时预测值可以逐渐消失；$E\{\cdot\}$ 表示数学期望。在正确学习的情况下，可得

$$p_m^k(t-1)=r_m^k(t)+\gamma p_m^k(t)$$

然而在学习不正确的情况下，上式产生误差，我们称它为内部强化信号，定义为

$$\hat{r}_m^k(t)=r_m^k(t)+\gamma p_m^k(t)-p_m^k(t-1)$$

预测信号通过下式计算，即

$$p_m^k(t)=G(\sum_{n=1}^{N_k}v_{mn}^k(t)\mu_n^k(t))$$

此处 $G(\cdot)$ 是一个逻辑函数,取 $G(x)=2/(1+e^{gx})-1$。

为了调整预测值使之准确,ACE 的权值必须更新。ACE 的权值 $v_{mn}^{k}(k=l,2;m=l,2;n=1,2,\cdots,N_k)$ 是通过被激励的规则的迹 $\bar{\mu}_{n}^{k}(t)$ 和它的输出 $\hat{r}_{m}^{k}(t)$ 经学习得到的。v_{mn}^{k} 的下标 m 和 n 分别表示用来学习第 m 类决策输出量隶属函数中心的 ACE 的第 n 个权重。v_{mn}^{k} 的更新公式为

$$v_{mn}^{k}(t+1)=v_{mn}^{k}(t)+\beta\,\hat{r}_{m}^{k}(t)\,\bar{\mu}_{n}^{k}(t)$$

β 是一个正的常数,它决定了 $v_{mn}^{k}(t)$ 的变化率,称为 ACE 的学习率。

与 ACE 类似,ASE 的权重更新公式为

$$w_{mn}^{k}(t+1)=-w_{mn}^{k}(t)+a\,\hat{r}_{m}^{k}(t)\,e_{m}^{k}n(t)$$

其中,$\alpha(0<\alpha<1)$ 为 ASE 的学习率。

同样对于第 n 种行为的第 n 条规则的资格迹 $e_{mn}^{k}(t)$ 更新如下:

$$e_{mn}^{k}(t+1)=pe_{mn}^{k}(t)+(1-p)\mu_{m}^{k}(t)\mu_{n}^{k}(t)$$

这里 $\rho(0\leqslant\rho<1)$ 是一个衰减率。资格迹指出某些规则已经用到和当时有那种控制动作作用的机器人。这里 $\mu_{mn}^{k}(t)(m=1,2)$ 是第 k 种行为的决策输出变量,定义为 $\{\mu_{1}^{k}(t),\mu_{2}^{k}(t)\}^{\mathrm{T}}=(v,\Delta\theta)$,T 表示转置。最后,如果每种行为的规则在某一特定环境中进行了充分的学习,ASE 的权值将收敛于固定值。

每种行为的规则的调整是通过 ASE 的权值实现的,输入变量的语言真值在各自论域上的隶属函数在学习前是完全已知的。另一方面,输出变量的隶属函数只是部分已知,即只知具有等腰三角形的形状和两腰的斜率,而其中心点的位置未知。这样,输出变量语言真值的隶属函数中心在每一时间周期由 ASE 与第 m 种决策输出类型有关的第 n 个权值决定。当所有的决策输出变量不为零时,ASE 的权值将不能更新,因此,输出速度变量隶属函数中心的初始值必须为非零。其在时间周期 R 的隶属函数中心值 $f_{mn}^{k}(m=1,2;k=1,2;n=1,2,\cdots,N_k)$ 通过下式计算:

$$f_{mn}^{k}(w_{mn}^{k}(t),t)=\begin{cases}\dfrac{w_{mn}^{k}(t)F_{\max}^{k}}{K_m\max_1(|w_{m}^{k}l(t)|)+w_{mn}^{k}(t)}+g_m & w_{mn}^{k}(t)\geqslant 0\\[2ex] \dfrac{w_{mn}^{k}(t)F_{\max}^{k}}{K_m\max_1(|w_{m}^{k}l(t)|)-w_{mn}^{k}(t)}+g_m & w_{mn}^{k}(t)<0\end{cases}$$

这里 $F_{\max}^{m}$ 是正的常数,它决定第 m 类决策输出量的隶属函数中心点的范围。K_m 是第 m 种输出量隶属函数的斜率。偏移量 g_1 和 g_2 分别设置为正的常数和零。上式中为了使决策输出量的模糊集合的范围在论域上,ASE 的权值的绝对值中最大的用来决定中心值。一旦所有输出量的隶属函数通过强化学习确定以后,模糊推理的规则库就调整好了。

8. 仿真结果

图 2.10 至图 2.12 给出了基于上述方法的仿真结果。图 2.10 是机器人避碰行为的学习过程,即机器人无目标的运动,在充满障碍物的环境进行漫游,经过一段学习后,机器人具有了避碰能力。图 2.11 是机器人寻找目标行为的学习过程,机器人的起始位置处于任意状态,通过学习使机器人朝目标方向运动。图 2.12 是机器人局部路径规划的结果,是利用两种行为来完成的。在每一时刻机器人只能完成一种行为,而执行的行为是由行为选择器来决定的。从仿真的结果看,通过学习机器人可以完成在复杂环境下的局部路径规划任务。

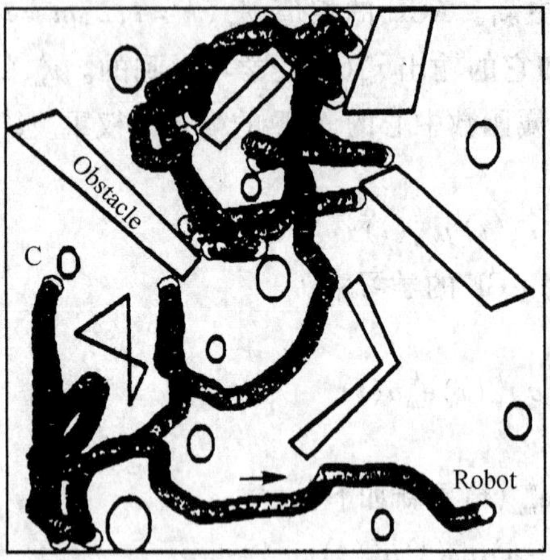

图 2.10　机器人的避碰行为学习过程

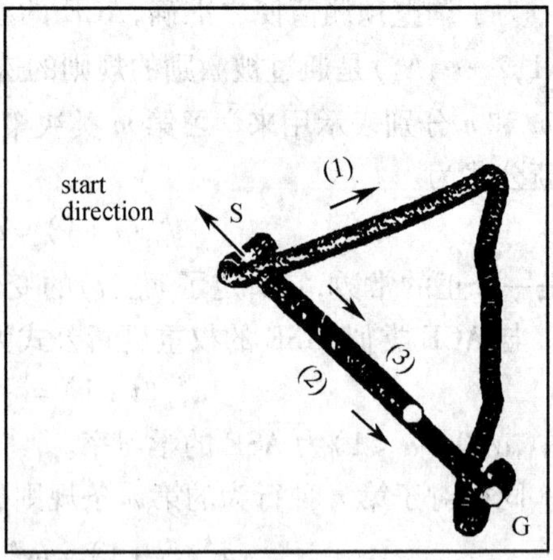

图 2.11　机器人寻找目标行为学习过程

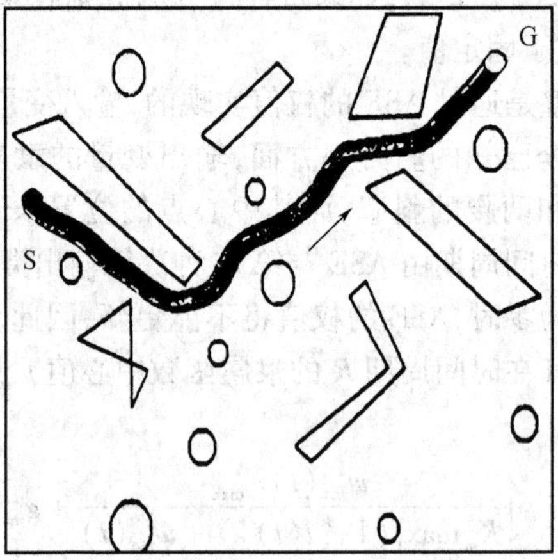

图 2.12　机器人的局部路径规划

2.5　习　题

1. 小麦亲本识别。小麦百粒重分布为 $F(x) = \exp[-(x-\alpha)/\sigma]$，小麦的类型及各类小麦对应的参数如下：

类型	早熟 A_1	矮秆 A_2	大粒 A_3	高肥分产 A_4	中肥分产 A_5
$X = \{x\}$	3.7	2.9	5.6	3.9	3.7
σ	0.3	0.3	0.3	0.3	0.2

现有未知小麦 A，其百粒重分布为 $F(x) = \exp[-(x-3.43)/0.28]$，问 A 应属何种

类型？

2.（环境单元分类）每个环境单元包括空气、水分、土壤、作物四要素，环境单元的污染状况由污染物在四要素中含量的超限量来描述。现设有五个环境单元，它们的污染数据如下：

	x_1	x_2	x_3	x_4	x_5
空气	5	2	5	1	2
水分	5	3	5	5	4
土壤	3	4	2	3	5
作物	2	5	3	1	1

试根据这些污染数据对五个环境单元进行分类。

3. 设论域 $U=\{x_1,x_2,x_3,x_4,x_5\}$ 上的三个模式为 $A=\{0.9,0.1,0.6,0.3\}$，$B=\{0,0.3,0.4,0.8\}$，$C=\{0.1,0.6,0.3,0.4\}$，判别 A 和 B 中哪个与 C 最贴近。

4. 论域为"茶叶"，标准有 5 种 A_1,A_2,A_3,A_4,A_5 和待识别茶叶为 B，反映茶叶质量的 6 个指标为条索、色泽、净度、汤色、香气、滋味，确定 B 属于哪种茶？

	A_1	A_2	A_3	A_4	A_5	B
条索	0.5	0.3	0.2	0	0	0.4
色泽	0.4	0.2	0.2	0.1	0.1	0.2
净度	0.3	0.2	0.2	0.2	0.1	0.1
汤色	0.6	0.1	0.1	0.1	0.1	0.4
香气	0.5	0.2	0.1	0.1	0.1	0.5
滋味	0.4	0.2	0.2	0.1	0.1	0.3

5. 两个模糊集合 $\tilde{A}=\frac{0.3}{x_1}+\frac{0.9}{x_2}+\frac{1}{x_3}+\frac{0.8}{x_4}+\frac{0.5}{x_5}$，$\tilde{B}=\frac{0.2}{x_1}+\frac{0.1}{x_2}+\frac{0.8}{x_3}+\frac{0.3}{x_4}+\frac{0.6}{x_5}$，计算 $\tilde{A}\cup\tilde{B}$，$\tilde{A}\cap\tilde{B}$？

6. 设 $\boldsymbol{A}=\begin{pmatrix}1 & 0.1\\0.2 & 0.3\end{pmatrix}$，$\boldsymbol{B}=\begin{pmatrix}0.4 & 0\\0.3 & 0.2\end{pmatrix}$求 $\boldsymbol{A}\cup\boldsymbol{B}$，$\boldsymbol{A}\cap\boldsymbol{B}$，$\boldsymbol{A}^c$，$\boldsymbol{B}^c$。

7. 设 $\boldsymbol{A}=\begin{pmatrix}0.4 & 0.5 & 0.6\\0.1 & 0.2 & 0.3\end{pmatrix}$，$\boldsymbol{B}=\begin{pmatrix}0.1 & 0.2\\0.3 & 0.4\\0.5 & 0.6\end{pmatrix}$，求 $\boldsymbol{A}\circ\boldsymbol{B}$，$\boldsymbol{B}\circ\boldsymbol{A}$.

8. 设 $\boldsymbol{A}=\begin{bmatrix}1 & 0.5 & 0.2 & 0\\0.5 & 1 & 0.1 & 0.3\\0.2 & 0.1 & 1 & 0.8\\0 & 0.3 & 0.8 & 1\end{bmatrix}$，求 $\lambda=0.5$，$\lambda=0.8$ 时的截矩阵。

9. 设论域 $X=\{x_1,x_2,x_3,x_4,x_5\}$，已知

$$\tilde{A}=\frac{0.1}{x_1}+\frac{0.7}{x_2}+\frac{1}{x_3}+\frac{0.9}{x_4}+\frac{0.3}{x_5}$$

$$\tilde{B}=\frac{0.5}{x_1}+\frac{1}{x_2}+\frac{0}{x_3}+\frac{0.8}{x_4}+\frac{0.6}{x_5}$$

求$(\tilde{A})\cup\tilde{B},\tilde{A}\cap\tilde{B},\tilde{A}^c,\tilde{B}^c$。

10. 设三角形的三内角为 $A=85°,B=50°,C=45°$，试问此三角形属于哪一类三角形？

11. 设 $X=Y=(1,2,3)$，而 $\tilde{A},\tilde{B},\tilde{A}\in F(X)$ 分别表示“小”“大”“不大”，且 $A=\frac{1}{1}+\frac{0.4}{2}$，$\tilde{B}=\frac{0.4}{2}+\frac{1}{3}$，$\tilde{C}=\frac{1}{1}+\frac{0.6}{2}$，现有模糊条件语句“若 R 小，则 y 大，否则 y 不大”。已知 x 很小，问 y 如何？

12. 设 $X=(x_1,x_2,x_3)$，$Y=(y_1,y_2,y_3,y_4)$，而 $\tilde{\boldsymbol{R}}\in F(X\times Y)$，使

$$\tilde{\boldsymbol{R}}=\begin{pmatrix}0.4&0.6&0.5&0.7\\0.6&0.6&1&0.4\\0.2&0.7&0.6&0.4\end{pmatrix}$$

试求 $\boldsymbol{R}$ 的投影和截影 $\tilde{R}_X,\tilde{R}_Y,\tilde{R}_{x_2},\tilde{R}_{y_4}$。

13. 设模糊关系 $\boldsymbol{R}$，有

$$\tilde{\boldsymbol{R}}=\begin{pmatrix}0.3&0.4&0.5\\0.2&0.3&0.7\\0.8&0.4&0.3\end{pmatrix}$$

试求 $t(\tilde{\boldsymbol{R}})$。

14. 求 $\tilde{\boldsymbol{R}}$ 的模糊等价闭包，已知

$$\boldsymbol{R}=\begin{pmatrix}1&0.2&0.4&0.8&0.7&0.9&0.5\\0.2&1&0.6&0.3&0.1&0.4&0.5\\0.4&0.6&1&0.6&0.8&0.3&0.3\\0.8&0.3&0.6&1&0.5&0.4&0.2\\0.7&0.1&0.8&0.5&1&0.5&0.2\\0.9&0.4&0.3&0.4&0.5&1&0.8\\0.5&0.5&0.3&0.2&0.2&0.8&1\end{pmatrix}$$

第3章 粗糙集理论

3.1 粗糙集理论概述

粗糙集(RoughSet,有时也称 Rough 集、粗集)理论是 Pawlak 教授于 1982 年提出的一种能够定量分析、处理不精确、不一致、不完整信息与知识的数学工具。它的主要思想是利用已知的知识库,将不精确或不确定的知识用现有知识库中的知识来近似刻画。粗糙集理论无需提供问题所需处理的数据集合之外的任何先验信息,通过在内部数据建立等价类,用上下近似集来逼近数据库中的不精确或者边界信息。粗糙集理论包含处理不精确或不确定原始数据的机制,所以与概率论、模糊数学和证据理论等其他处理不确定或不精确问题的理论有很强的互补性。

作为一种较新的软计算方法,粗糙集理论引起了许多数学家、逻辑学家和计算机研究人员的兴趣,越来越多的科研人员在粗糙集理论和应用方面作了大量的研究工作。目前,国内外对粗糙集理论的研究主要集中在数学性质、模型拓展、与其他不确定信息处理理论的融合和基于粗糙集的应用等方面。

目前,研究粗糙集数学性质的方法有两种,即构造化方法和公理化方法。构造化方法是以论域上的二元关系、划分、覆盖、邻域系统、布尔子代数等作为基本要素,进而定义粗糙近似算子,从而构造不同类型的粗糙集代数,如序列粗糙集代数、反射粗糙集代数、对称粗糙集代数等。目前,关于粗糙集理论的公理化研究,已经取得了进一步的成果。关于公理化的研究主要从公理组的极小化及独立性两方面展开研究工作。近年来,许多学者也展开了关于模糊粗糙近似算子、粗糙模糊近似算子、直觉模糊粗糙近似算子的构造性定义及其公理集的研究,其中,关于公理集的最小化问题、独立性问题还有待进一步的研究。

粗糙集模型扩展是粗糙集理论研究的一个重要方向,结合其他理论方法与技术,大量的研究成果纷纷涌现。事实上,有两种形式来描述粗糙集,一个是从集合的观点来进行,另一个是从算子的观点来进行。那么,从不同观点采用不同的研究方法就得到粗糙集的各种扩展模型。扩展模型的研究以及基于其上的应用研究已经成为新的研究热点。

从集合的观点来看,利用非等价关系可以扩展粗糙集定义。为了处理不完备信息系统,已有的多种扩展模型,包括容差关系、相似关系、量化容差关系、限制容差关系和特征关系等都是利用各种非等价关系来扩展基于元素的粗糙集定义而得到的。从算子的观点来看,粗糙集模型中的近似算子可以和模态逻辑中的必然性算子和可能性算子相联系起来,提出分级模态粗糙集模型和概率模态粗糙集模型等。同理,也可以结合拓扑、闭系统、布尔代数、格、偏序等来扩展粗糙集理论,相关的应用也出现在数据挖掘、信息检索等领域。

随着对粗糙集理论研究的不断深入,与其他数学分支的联系也更加紧密。粗糙集理论研究不但需要以这些理论作为基础,同时也相应地推动这些理论的发展。例如,从算子的观点看粗糙集理论,与之关系比较紧密的有拓扑空间、数理逻辑、模态逻辑等;从构造性和集合的观点看,它与概率论、模糊数学、信息理论等联系较为密切。纯数学理论与粗糙集理论结合的研究导致了新的数学概念的出现，例如，“粗糙逻辑”“粗糙理想”和“粗糙半群”，等等。此外，粗糙集理论与其他不确定信息处理理论存在密切的联系，比如粗糙集理论与D－S证据理论、与模糊集相结合，基于形式概念分析和粗糙集理论的结合研究，基于粗糙集理论研究粒计算，将遗传算法应用于粗糙集理论的简约计算，将粗糙集和遗传算法的结合等都已经形成研究热点。

近年来，粗糙集理论在机器学习、数据挖掘、知识获取、决策分析和支持系统、模式识别、专家系统、粒度计算、近似推理、控制科学等领域获得了成功应用并得到了交叉发展，基于粗糙集理论的应用也涌现在各行各业。许多学者将粗糙集理论应用到了工业控制、医学卫生及生物科学、交通运输、农业科学、环境科学与环境保护管理、安全科学、社会科学、航空、航天和军事等领域。

3.2 粗糙集的基本定义及其性质

基本粗糙集理论认为知识就是一种对对象进行分类的能力，知识直接与真实或抽象世界的不同分类模式联系在一起，因此，任何客观事物都可以由一些知识来描述。根据这些知识（事物的不同属性或特征），可以对它们进行分类，这样知识就具有了颗粒性。所以，知识可以被理解为对事物的分类能力，而知识的分类能力可用知识系统的集合表达形式来描述。

3.2.1 基本定义

（1）信息表定义

信息表 $S=(U,R,V,f)$ 的定义如下。

U：是一个非空有限对象（元组）集合，$U=\{x_1,x_2,\cdots,x_n\}$，其中 x_i 为对象（元组）。

R：是对象的属性集合，分为两个不相交的子集，即条件属性 C 和决策属性 D，$R=C\cup D$。

V：是属性值的集合，V_a 是属性 $a\in R$ 的值域。

f：是 $U\times R\to V$ 的一个信息函数，它为每个对象 x 的每个属性 a 赋予一个属性值，即 $a\in R,x\in U,f_a(x)\in V_a$。

（2）等价关系定义

对于 $\forall a\in A$（A 中包含一个或多个属性），$A\in R,x\in U,y\in U$，它们的属性值相同，即

$$f_a(x)=f_a(y)$$

成立，称对象 x 和 y 是属性 A 的等价关系，表示为

$$\mathrm{IND}(A)=\{(x,y)\mid(x,y)\in U\times U,\forall a\in A,f_a(x=f_a(y))\}$$

（3）等价类定义

在 U 中，对属性集 A 中具有相同等价关系的元素集合称为等价关系 IND(A)的等价类，表示为

$$[x]_A=\{y\mid(x,y)\in\mathrm{IND}(A)\}$$

（4）划分的定义

在 U 中对属性 A 的所有等价类型的划分表示为

$$[x]_A=\{y\mid(x,y)\in\mathrm{IND}(A)\}$$

具有特性：

①$E_i=\varnothing$；

②当 $i\neq j$ 时，$E_i\cap E_i$；

③$U=E_i\cup E_i$。

例 3.1 设 $U=\{a$（体温正常），b（体温正常），c（体温正常），d（体温高），e（体温高），f（体温很高）$\}$，对于属性 A（体温）的等价关系有：

$\mathrm{IND}(A)=\{(a,b),(a,c),(b,c),(d,e),(e,d),(a,a),(b,b),(c,c),(d,d),(e,e),(f,f)\}$

属性 A 的等价类有

$$E_1=[a]_A=[b]_A=[c]_A=\{a,b,c\}$$

$$E_2=[d]_A=[e]_A=\{d,e\}$$

$$E_3=[f]_A=\{f\}$$

U 中对属性 A 的划分为

$$A=\{E_1,E_2,E_3\}=\{\{a,b,c\},\{d,e\},\{f\}\}$$

3.2.2 集合 X 的上、下近似关系

（1）下近似定义

对任意一个子集 $X\subseteq U$，属性 A 的定价类 $E_i=[x]_A$，有

$$A_-(X)=\{E_i|E_i\in A\vee E_i\subseteq X\}$$

或

$$A_-(X)=\{x|[x]_A\subseteq X\}$$

表示等价类 $E_i=[x]_A$ 中的元素 x 都属于 X，即 $\forall x\in A\_(X)$，则 x 一定属于 X，$A_$表示下近似。

（2）上近似定义

对任意一个子集 $X\subseteq U$，属性 A 的定价类 $E_i=[x]_A$，有

$$A^-(X)=\cup\{E_i|E_i\in A\vee E_i\cap X\neq\varnothing\}$$

或

$$A^-(X)=\{x|[x]_A\cap X\}\neq\varnothing$$

表示等价类 $E_i=[x]_A$ 中的元素 x 可能属于 X，即 $\forall x\in A\_(X)$，则 x 可能属于 X，也可能不属于 X，A^-表示上近似。

（3）正域、负域和边界的定义

全集 U 可以划分为 3 个不相交的区域，即正域（POS_A）、负域（NEG_A）和边界（BND_A）：

$$\mathrm{POS}_A(X)=A\_(X)$$

$$\mathrm{NEG}_A(X)=U-A^-(X)$$

$$\mathrm{BND}_A(X)=A^-(X)-A\_(X)$$

由此可见：

$$A^-(X)=A_-(X)+\mathrm{BND}_A(X)$$

用图 3.1 说明正域、负域和边界，其中每一个小长方形表示一个等价类。

从图 3.1 可以看出，任意一个元素 $x\in\mathrm{POS}(X)$，一定属于 X；任意一个元素 $x\in\mathrm{NEG}(X)$，一定不属于 X；集合 X 的上近似是其正域和边界的并集，即

$$A^-(X)=\mathrm{POS}(X)\cup\mathrm{BND}_A(X)$$

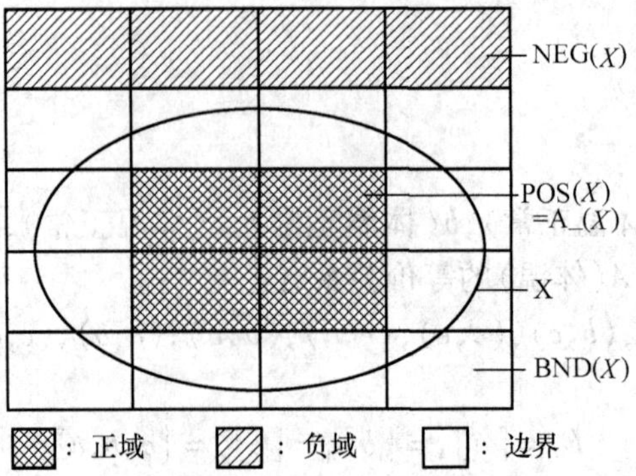

图 3.1　正域、负域和边界

对于元素 $x \in \mathrm{BND}(X)$，是无法确定其是否属于 X，因此对任意元素只知道 x 可能属于 X。

(4)粗糙集定义

若 $A^{-}(X)=A_{-}(X)$，即 $\mathrm{BND}(A)=\varnothing$，边界为空，称 X 为 A 的可定义集；否则 X 为 A 不可定义，即 $A^{-}(X)\neq A_{-}(X)$，称 X 为 A 的 Rough 集(粗糙集)。

(5)确定度定义

$$\alpha_A(X)=\frac{|U|-|A^{-}(X)-A_{-}(X)|}{|U|}$$

其中，$|U|$和$|A^{-}(X)-A_{-}(X)|$分别表示集合 U、$(A^{-}(X)-A_{-}(X))$中的元素个数。

$\alpha_A(X)$的值反映了 U 中能够根据 A 中各属性的属性值就能确定其属于或不属于 X 的比例，即对 U 中的任意一个对象，根据 A 中各属性的属性值确定它属于或不属于 X 的可信度。

确定度性质

$$0\leqslant\alpha_A(X)\leqslant 1$$

当 $\alpha_A(X)=1$ 时，U 中的全部对象能够根据 A 中各属性的属性值可以确定其是否属于 X，X 为 A 的可定义集。

当 $0<\alpha_A(X)<1$ 时，U 中的部分对象根据 A 中各属性的属性值可以确定其是否属于 X，而另一部分对象是不能确定其是否属于 X 的，X 为 A 的部分可定义集。

当 $\alpha_A(X)=0$ 时，U 中的全部对象都不能根据 A 中各属性的属性值确定其是否属于 X，X 为 A 的完全不可定义集。

当 X 为 A 的部分可定义集或 X 为 A 的完全不可定义集时，称 X 为 A 的 Rough 集(粗糙集)。

例 3.2　对例 3.1 的等价关系 A 有集合 $X=\{b,c,f\}$ 是粗糙集，计算集合 X 的下近似、上近似、正域、负域和边界。

U 中关于 A 的划分为

$$A=\{\{a,b,c\},\{d,e\},\{f\}\}$$

有

$$X \cap \{a,b,c\} = \{b,e\}$$
$$X \cap \{b,e\} = \varnothing$$
$$X \cap \{f\} \neq \varnothing$$

可知有

$$A_{-}(X) = \{f\}$$
$$A^{-}(X) = \{a,b,c\} \cup \{f\} = \{a,b,c,f\}$$
$$\mathrm{POS}_A(X) = A_{-}(X) = \{f\}$$
$$\mathrm{NEG}_A(X) = U - A^{-}(X) = \{d,e\}$$
$$\mathrm{BND}_A(X) = A^{-}(X) - A^{-}(X) = \{a,b,c\}$$

3.3 属性约简的粗糙集理论

3.3.1 属性约简概念

在信息表中根据等价关系,可以用等价类中的一个对象(元组)来代表整个等价类,这实际上是按纵方向约简了信息表中的数据。对信息表中的数据按横方向进行约简就是看信息表中有无冗余的属性,即去除这些属性后能保持等价性,从而有相同的集合近似,使对象分类能力不会下降。约简后的属性集称为属性约简集,约简集通常不唯一,找到一个信息表的所有约简集不是一个在多项式时间里所能解决的问题,求最小约简集(含属性个数最少的约简集)同样是一个困难的问题,实际上它是一个 NP - hard 问题。因此研究者提出了很多的启发式算法,如基于遗传算法的方法等。

(1)约简定义

给定一个信息表 IT(U,A),若有属性集 $B \in A$,且满足 $\mathrm{IND}(B) = \mathrm{IND}(A)$,则称 B 为 A 的一个约简,记为 red(A),即

$$B = \mathrm{red}(A)$$

(2)核定义

属性集 A 的所有约简的交集称为 A 的核。记作

$$\mathrm{red}(A) \cap \mathrm{red}(A)$$

core(A)是 core$(A)A$ 中为保证信息表中对象可精确定义的必要属性组成的集合,为 A 中不能约简的重要属性,是进行属性约简的基础。

上面的约简定义没有考虑决策属性,现研究条件属性 C 相对于决策属性 D 的约简。

(3)正域定义

设决策属性 D 的划分 $A = (y_1, y_2, \cdots, y_n)$,条件属性 C 相对于决策属性 D 的正域定义为

$$\mathrm{POS}_C(D) = \cup \mathrm{C}_{-}(y_j)$$

①条件属性 C 相对于决策属性 D 的约简定义

若 $c \in C$,如果 $\mathrm{POS}_{C-\{e\}}(D) = \mathrm{POS}_C(D)$,则称 c 是 C 中相对于 D 不必要的,即可约简的,否则称 c 是 C 中相对于 D 必要的。

②条件属性 C 相对于决策属性 D 的核定义

若 $R \subseteq C$,如果 R 中每一个 $c \in R$ 都是相对于 D 必要的,则称 R 是相对于 D 独立的。如

果 R 相对于 D 独立的,且 $POS_R(D)=POS_C(D)$,则称 R 是 C 中相对于 D 的约简,记为 $red_D(C)$,所有这样约简的交称为 C 的 D 核,记为

$$core_D(C)=\cap red_D(C)$$

一般情况下,信息系统的属性约简集有多个,但约简集中属性个数最少的最有意义。

3.3.2 属性约简实例

气候信息表是4个条件属性(天气 a_1,气温 a_2,湿度 a_3,风 a_4)和1个决策属性(类别 d),如表3.1所示。

表3.1 气候信息表

No.	天气 a_1	气温 a_2	湿度 a_3	风 a_4	类别 a_5
1	晴	热	高	无风	N
2	晴	热	高	有风	N
3	多云	热	高	无风	P
4	雨	适中	高	无风	P
5	雨	冷	正常	无风	P
6	雨	冷	正常	有风	N
7	多云	冷	正常	有风	P
8	晴	适中	高	无风	N
9	晴	冷	正常	无风	P
10	雨	适中	正常	无风	P
11	晴	适中	正常	有风	P
12	多云	适中	高	有风	P
13	多云	热	正常	无风	P
14	雨	适中	高	有风	N

令 $C=\{a_1,a_2,a_3,a_4\}$,$D=\{d\}$,则

$IND(C)=\{\{1\},\{2\},\{3\},\{4\},\{5\},\{6\},\{7\},\{8\},\{9\},\{10\},\{11\},\{12\},\{13\},\{14\}\}$

$IND(D)=\{\{1,2,6,8,14\},\{3,4,5,7,9,10,11,12,13\}\}$

$POS_C(D)=U$

(1)计算缺少一个属性的等价关系:

$IND(C\backslash\{a_1\})=\{\{1,3\},\{2\},\{4,8\},\{5,9\},\{6,7\},\{10\},\{11\},\{12,14\},\{13\}\}$

$\mathrm{IND}(C\backslash\{a_2\})=\{\{1,8\},\{2\},\{3\},\{4\},\{5,10\},\{6\},\{7\},\{9\},\{11\},\{12\},\{13\},\{14\}\}$

$\mathrm{IND}(C\backslash\{a_3\})=\{\{1\},\{2\},\{3,13\},\{4,10\},\{5\},\{6\},\{7\},\{8\},\{9\},\{11\},\{12\},\{13\},\{14\}\}$

$\mathrm{IND}(C\backslash\{a_4\})=\{\{1\},\{2\},\{3,13\},\{4,14\},\{5,6\},\{7\},\{8\},\{9\},\{10\},\{11\},\{12\},\{13\}\}$

计算减少一个条件属性相对决策属性的正域：

$\mathrm{POS}(C\backslash\{a_1\})=\{2,5,9,10,11,13\}$

$\mathrm{POS}(C\backslash\{a_2\})=U=\mathrm{POS}_C(D)$

$\mathrm{POS}(C\backslash\{a_3\})=U=\mathrm{POS}_C(D)$

$\mathrm{POS}(C\backslash\{a_4\})=\{1,2,3,,7,8,9,10,11,12,13\}\neq U$

由此可知，属性 a_2,a_3 是相对于决策属性 d 可省略的，但不一定可以同时省略，而属性 a_1 和 a_4 是相对决策属性不可省略的，因此

$$\mathrm{core}(C)=\{a_1,a_4\}$$

(2)计算同时减少$\{a_2,a_3\}$的等价关系和正域：

$\mathrm{IND}(C\backslash\{a_1,a_3\})=\{\{1,8,9\},\{2,11\},\{3,13\},\{4,5,10\},\{6,14\},\{7,12\}\}$

$\mathrm{POS}(C\backslash\{a_1,a_2\})=\{3,4,5,6,7,10,12,13,14\}\neq U$

说明$\{a_2,a_3\}$同时是不可省略的。

(3)在$\{a_2,a_3\}$中只能删除一个属性，即存在两个约简：

$$\mathrm{red}_D(C)=\{\{a_1,a_{3,}a_4\},\{a_1,a_{2,}a_4\}\}$$

从实例计算可以看出，信息表的属性约简是在保持条件属性相对决策属性的分类能力不变的条件下，删除不必要的或不重要的属性。一般来讲，条件属性对于决策属性的相对约简不是唯一的，即可能存在多个相对约简。

3.3.3 信息表的一致性

信息表中的对象(元组)x 按条件属性与决策属性关系看成一条决策规则，写成

$$\wedge f_C(x)\rightarrow f_d(x)$$

其中，C_i 表示多个条件属性，d 表示决策属性，$f_C(x)$表示对象 x 在属性 C_i 的取值，$\wedge$表示逻辑“与”关系。

(1)一致性决策规则定义

如果对任一个对象 $x\neq y$，若条件属性有$f_C(x)\neq f_C(y)$，则决策属性必须有

$$f_d(x)=f_d(y)$$

即一致性决策规则说明条件属性取值相同时，决策属性取值必须相同。

该定义允许：若条件属性有$f_C(x)\neq f_C(y)$，则决策属性可以是$f_d(x)=f_d(y)$或$f_d(x)\neq f_d(y)$。

(2)信息表一致的定义

在信息表中如果所有对象的决策规则都是一致的，则该信息表是一致的，否则信息表是不一致的。

例如一个不一致信息表(见表3.2)，属性集$A=C\cup D$，其中条件属性$C=\{a,b,c\}$，决策属性$D=\{d,e\}$。

表 3.2　不一致信息表

U	a	b	c	d	e
1	1	0	2	2	0
2	0	1	1	1	2
3	2	0	0	1	1
4	1	1	0	2	2
5	1	0	2	0	1
6	2	2	0	1	1
7	2	1	1	1	2
8	0	1	1	0	1

不一致信息表分解为一致信息表(见表 3.3)和完全不一致信息表(见表 3.4)。

表 3.3　一致信息表

U	a	b	c	d	e
3	2	0	0	1	1
4	1	1	0	2	2
6	2	2	0	1	1
7	2	1	1	1	2

表 3.4　完全不一致信息表

U	a	b	c	d	e
1	1	0	2	2	0
2	0	1	1	1	2
5	1	0	2	0	1
8	0	1	1	0	1

3.3.4　保持信息表一致性约简和属性值约简

信息表的简化分一般属性约简(约去不必要的属性)和属性值约简(消去一些无关紧要的属性值)。

(1)属性约简定义

在信息表中,将属性集中的属性逐个移去,每移去一个属性即检查其信息表,如果保持一致性,则该属性是可约去的。如果出现不一致则该属性不能被约去,不能约去的属性集合称为条件属性的核。

例如,有一致信息表(表 3.5)。

表 3.5 一致信息表 1

U	a	b	c	d	e
1	1	0	2	1	1
2	2	1	0	1	0
3	2	1	2	0	2
4	1	2	2	1	1
5	1	2	0	0	2

在表 3. 5 中移去属性 a 得表 3. 6,它也是一致的。在表 3. 5 中移去属性 b 得表 3. 7,它也是一致的。

表 3.6 一致信息表 2

U	b	c	d	e
1	0	2	1	1
2	1	0	1	0
3	1	2	0	2
4	2	2	1	1
5	2	0	0	2

表 3.7 一致信息表 3

U	a	c	d	e
1	1	2	1	1
2	2	0	1	0
3	2	2	0	2
4	1	2	1	1
5	1	0	0	2

在表 3. 5 中移去属性 c,得表 3. 8,它是不一致的,因为第 2 条规则 $a_2b_1 \rightarrow d_1e_0$ 和第 3 条规则 $a_2b_1 \rightarrow d_0e_2$ 是矛盾的。同样,第 4 条规则和第 5 条规则也是不一致的,故属性 c 是不可约去的,它是属性集 $\{a,b,c\}$ 中的核,而 a 和 b 都是可被约去的,由此得到两个约简:

$$\text{red}_1(A) = \{a,c\} \text{ 和 } \text{red}_2(A) = \{b,c\}$$

表 3.8　不一致信息表

U	a	b	d	e
1	1	0	1	1
2	2	1	1	0
3	2	1	0	2
4	1	2	1	1
5	1	2	0	2

(2)属性值约简命题

一条决策规则的条件属性值可消去，当且仅当消去后仍保持此规则的一致性。

例如，有信息表(见表 3.9)，其中 $U=\{1,2,3,4,5\}$，$C=\{a,b,c\}$，$D=\{d,e\}$。

表 3.9　信息表

U	a	b	c	d	e
1	1	0	2	1	1
2	2	1	0	2	0
3	2	1	2	0	2
4	1	2	2	1	1
5	1	2	0	0	2

对表 3.9 信息表的决策规划有：

①$a_1b_0c_2 \to d_1e_1$

②$a_2b_1c_0 \to d_2e_0$

③$a_2b_1c_2 \to d_0e_2$

④$a_1b_2c_2 \to d_1e_1$

⑤$a_1b_2c_0 \to d_0e_2$

注意　a_i 即 $a=i(i=1,2)$，$b=j$ 即 $b=j(j=0,1,2)$，其他类同。

逐条检查规则，与其他条规则不存在条件属性值相同，故信息表是一致的。

对第一条规则 $a_1b_0c_2 \to d_1e_1$ 中消去 b_0 值(即取为 *)，与其他条规则中属性 b 的取值不匹配，即 $a_1 * c_2 \to d_1e_1$ 或 $a_1c_2 \to d_1e_1$，与其对应的规则为：

①$a_1c_2 \to d_1e_1$

②$a_2c_0 \to d_2e_0$

③$a_2c_2 \to d_0e_2$

④$a_1c_2 \to d_1e_1$

⑤$a_1c_0 \to d_0e_2$

①规则和④规则的条件属性取值相同，决策属性取值也相同，保持一致，故该属性值可消去。

同样，对第一条规则 $a_1b_0c_2 \to d_1e_1$ 消去 c_2 值，即 $a_1b_0 * \to d_1e_1$ 或 $a_1b_0 \to d_1e_1$；以及消去 a_1

值,即 $*b_0c_2 \to d_1e_1$ 或 $b_0c_2 \to d_1e_1$,均保持规则的一致性。可见这条规则①的核是空集,即3个属性值 a_1、b_0、c_2 均可被消去。

继续检查规则②$a_2b_1c_0 \to d_2e_0$,它与 $a_2c_0 \to d_2e_0$(消去 b_1)和 $b_1c_0 \to d_2e_0$(消去 a_2)保持一致,而 $a_2b_1 \to d_2e_0$(消去 c_0)与③矛盾,所以属性 b_1 和 a_2 可消去。

同理,③④和⑤中的 c_2 和 c_0 分别在其相应的规则中不能被消去,而其余在其相应的规则中均可被消去。经过如此属性值约简后,得到下面适应每条规则的核表,如表3.10所示。

表3.10 仅包含决策规则核值

U	a	b	c	d	e
1	*	*	*	1	1
2	*	*	0	2	0
3	*	*	2	0	2
4	*	*	2	1	1
5	*	*	0	0	2

对表中的每一条的 * 并不是全部消去而是可选消去,具体消去哪个 *,按如下命题处理。

(3)决策规则约简命题

属性集 C 中任意最小属性 a 的等价类 $[x]_a$ 的交集属于相应决策属性 D 的等价类 $[x]_D$,即

$$\cap [x]_a \subseteq [x]_D$$

则由此得到的最小条件属性 a 组成的条件相应决策属性的新决策规则是该条件决策规则的约简。

例如,对表3.9参照表3.10,求每一条决策规则的约简。

①第一条规则的约简。其决策类 $[1]_{\{d,e\}} = \{1,4\}$;$[1]_a = \{1,4,5\}$;$[1]_c = \{1,3,4\}$。显然有:

$[1]_a \not\subset [1]_{\{d,e\}}$ 和 $[1]_c \not\subset [1]_{\{d,e\}}$,但 $[1]_b = \{1\} \subseteq [1]_{\{d,e\}}$ 和 $[1]_a \cap [1]_c = \{1,4\} \subseteq [1]_{\{d,e\}}$

所以得到两条简约的决策规则:

$1: b_0 \to d_1e_1$,$1': a_1c_2 \to d_1e_1$

②第二条规则的约简。其决策是 $[2]_{\{d,e\}} = \{2\}$;$[2]_a = \{2,3\}$;$[2]_b = \{2,3\}$;$[2]_c = \{2,5\}$,显然有:

$$[2]_a \cap [2]_c = \{2\} \subseteq [2]_{\{d,e\}},\ [2]_b \cap [2]_c = \{2\} \subseteq [2]_{\{d,e\}}$$

得到两条简约规则:

$2: a_2c_0 \to d_2e_0$; $2': b_1c_0 \to d_2e_0$

同样可得,3、4、5条规则的简约,它们分别为:

$3: a_2c_2 \to d_0e_2$; $3': b_1c_2 \to d_0e_2$

$4: a_1c_2 \to d_1e_1$; $4': b_2c_2 \to d_1e_1$

$5: a_1c_0 \to d_0e_2$; $5': b_2c_0 \to d_0e_2$

所有约简的决策规则如表3.11所示。

表 3.11 包含所有简约决策规则

U	a	b	c	d	e
1	*	0	*	1	1
1′	1	*	2	1	1
2	2	*	0	2	0
2′	*	1	0	2	0
3	2	*	2	0	2
3′	*	1	2	0	2
4	1	*	2	1	1
4′	*	2	2	1	1
5	1	*	0	0	2
5′	*	2	0	0	2

注：1′和 4 规则相同，所以合并。

3.4 属性约简的粗糙集方法

3.4.1 属性依赖度

(1)属性依赖度定义

信息表中决策属性 D 依赖条件属性 C 的依赖度定义为

$$\gamma(C,D)=|\mathrm{POS}_C(D)|/|U|$$

其中，$|\mathrm{POS}_c(D)|$ 表示正域 $\mathrm{POS}_c(D)$ 的元素个数，$|U|$ 表示整个对象集合的个数。$\gamma(C,D)$ 的性质如下：

①若 $\gamma=1$，意味着 $\mathrm{IND}(C)\subseteq\mathrm{IND}(D)$，即在已知条件 C 下，可将 U 上全部个体准确分类到决策属性 D 的类别中去，即 D 完全依赖于 C。

②若 $0<\gamma<1$，则称 D 部分依赖于 C（D rough 依赖于 C），即在已知条件 C 下，只能将 U 上那些属于正域的个体分类到决策属性 D 的类别中去。

③若 $\gamma=0$，则称 D 完全不依赖 C，即利用条件 C 不能分类到 D 的类别中去。

(2)相关命题

根据属性依赖度定义，可以得到如下命题。

命题 1 如果依赖度 $\gamma=1$，则信息表是一致的，否则是不一致的。

命题 2 每个信息表都能唯一地分解成一个一致信息表（$\gamma=1$）和一个完全不一致信息表（$\gamma=0$）。

3.4.2 属性重要度

(1)属性重要度定义

$C,D\subset A$，C 为条件属性集，D 为决策属性集，属性 $a\in C$，属性 a 关于 D 的重要度定义为

$$\mathrm{SGF}(a,C,D)=\gamma(C,D)—\gamma(C-\{a\},D)$$

其中 $\gamma(C-\{a\},D)$ 表示在 C 中缺少属性 a 后,条件属性与决策属性的依赖程度。$\mathrm{SGF}(a,C,D)$ 表示 C 中缺少属性 a 后,导致不能被准确分类的对象在系统中所占的比例。

(2) $\mathrm{SGF}(a,C,D)$ 的性质

① $\mathrm{SGF}(a,C,D)\in[0,1]$。

②若 $\mathrm{SGF}(a,C,D)=0$,表示属性 a 关于 D 是可省的。因为从属性集中去除属性 a 后,$C-\{a\}$ 中的信息仍能准确划分到各决策类中去。

③ $\mathrm{SGF}(a,C,D)\neq 0$,表示属性 a 关于 D 是不可以省的。因为从属性集 C 中去除属性 a 后,某些原来可被准确分类的对象不再被准确划分。

3.4.3 最小属性集概念

对信息系统的最广泛应用是数据库。在数据库中根据决策属性将一组对象划分为各不相交的等价集(决策类),希望能通过条件属性来决定每一个决策类,并产生每一个类的判定规则。大多数情况下,对每个给定的学习任务,数据库中存在一些不重要属性,希望找到一个最小的相关属性集,具有与全部条件属性同样的区分决策属性所划分的决策类的能力,从最小属性集中产生的规则会更简练和更有意义。

最小属性集的定义:设 C、D 分别是信息系统 S 的条件属性集和决策属性集,属性集 $P(P\subseteq C)$ 是 C 的一个最小属性集,当且仅当 $\gamma(P,D)=\gamma(C,D)$ 并且 $\forall P'\subset P,\gamma(P,D)\neq\gamma(C,D)$,说明若 P 是 C 的最小属性集,则 P 具有与 C 同样的区分决策类的能力。

需要注意的是,C 的最小属性集一般是不唯一的,而要找到所有的最小属性集是一个 NP 问题。在大多数应用中,没有必要找到所有的最小属性集,用户可以根据不同的原则来选择一个认为最好的最小属性集,比如,选择具有最小属性个数的最小属性集。

3.4.4 粗糙集方法的规则获取

通过分析 U 中的两个划分 $C=\{E_i\}$ 和 $D=\{Y_j\}$ 之间的关系,把 C 视为分类条件,D 视为分类结论,可以得到下面的分类规则。

(1)当 $E_i\cap Y_j\neq\varnothing$ 时,则有

$$r_{ij}:\mathrm{Des}(E_i)\to\mathrm{Des}(Y_j)$$

$\mathrm{Des}(E_i)$ 和 $\mathrm{Des}(Y_j)$ 分别是等价集 E_i 和等价集 Y_j 中的特征描述。

①当 $E\cap Y_j=E_i$ 时(E_i 完全被 Y_j 包含),即下近似,建立的规则 r_{ij} 是确定的,规则的可信度 $cf=1.0$。

②当 $E\cap Y_j\neq E_i$ 时(E_i 部分被 Y_j 包含),即上近似,建立的规则 r_{ij} 是不确定的,规则的可信度为

$$cf=\frac{|E_i\cap Y_j|}{|E_i|}$$

用图 3.2 可表示 E_i 和 Y_j 的上、下近似关系。

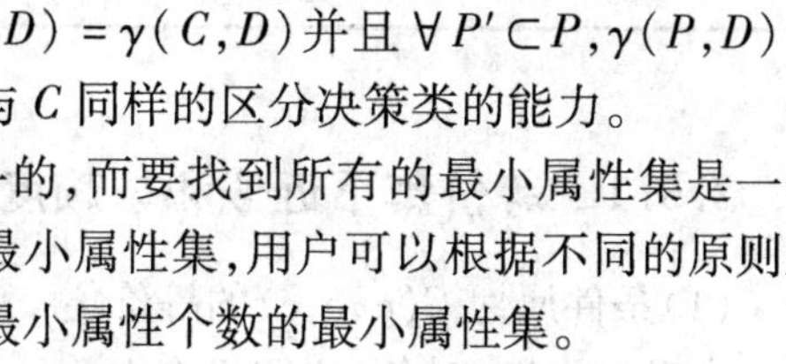

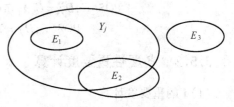

图 3.2 E_i 和 Y_j 的上、下近似关系

(2)当 $E_i\cap Y_j=\varnothing$ 时(E_i 不被 Y_j 包含),E_i 和 Y_j 不能建立规则。

3.5 粗糙集方法的应用实例

通过实例说明属性约简和规则获取方法,见表 3.12 的数据。

表 3.12 流感实例数据

项目	C(条件属性)			D(决策属性)
U	头痛(a)	肌肉痛(b)	体温(c)	流感(d)
e_1	是(1)	是(1)	正常(0)	否(0)
e_2	是(1)	是(1)	高(1)	是(1)
e_3	是(1)	是(1)	很高(2)	是(1)
e_4	否(0)	是(1)	正常(0)	否(0)
e_5	否(0)	否(0)	高(1)	否(0)
e_6	否(0)	是(1)	很高(2)	是(1)
e_7	是(1)	否(0)	高(1)	是(1)

3.5.1 等价集下近似和依赖度的计算

(1)条件属性 $C(a,b,c)$ 的等价集

由于各元组(对象)之间不存在等价关系,每个元组组成一个等价集,共 7 个,即 $E_1\{e_1\}, E_2\{e_2\}, E_3\{e_3\}, E_4\{e_4\}, E_5\{e_5\}, E_6\{e_6\}, E_7\{e_7\}$。

(2)决策属性 $D(d)$ 的等价集

按属性取值,共有两个等价集:$Y_1:\{e_1,e_4,e_5\}$ 和 $Y_2:\{e_2,e_3,e_6,e_7\}$。

(3)决策属性的各等价集的下近似集

$$C\_Y_1=\{E_1,E_4,E_5\}=\{e_1,e_4,e_5\}$$

$$C\_Y_2=\{E_2,E_3,E_6,E_7\}=\{e_2,e_3,e_6,e_7\}$$

此例不存在上近似集。

(4)计算 $\mathrm{POS}(C,D)$ 和 $\gamma(C,D)$

$$\mathrm{POS}(C,D)=C\_Y_1\cap C\_Y_2=\{e_1,e_2,e_3,e_4,e_5,e_6,e_7\}$$

$$\mathrm{POS}(C,D)=7,|U|=7,\gamma(C,D)=1$$

3.5.2 各属性重要度计算

(1)a 的重要度计算

· 条件属性 $C(b,c)$ 的等价集:

$$E_1\{e_1,e_4\},E_2\{e_2\},E_3\{e_3,e_6\},E_4\{e_5,e_7\}$$

· $D(d)$ 的等价集仍为 Y_1 和 Y_2。

· 决策属性的各等价集的下近似集:

$$C\_Y_1=\{E_1\}=\{e_1,e_4\}$$

$$C\_Y_2 = \{E_2, E_3\} = \{e_2, e_3, e_6\}$$

· 计算 $POS(C-\{a\},D)$ 和 $\gamma\{C-\{a\},D\}$:

$$POS(C-\{a\},D) = C\_Y_1 \cup C\_Y_2 = \{e_1, e_2, e_3, e_4, e_6\}$$

$$|POS(C-\{a\},D)| = 5$$

$$\gamma(C-\{a\},D) = \frac{5}{7}$$

· 属性 a 的重要程度:

$$SGF(C-\{a\},D) = \gamma(C,D) - \gamma(C-\{a\},D) = \frac{2}{7} \neq 0$$

· 结论:属性 a 是不可省略的。

(2) b 的重要度计算

· 条件属性 $C(a,c)$ 的等价集:去掉属性 b 后,元组中只出现 e_1 和 e_2 的等价,其他元组均不等价,等价集供 6 个,即

$$E_1\{e_1\}, E_2\{e_2, e_7\}, E_3\{e_3\}, E_4\{e_4\}, E_5\{e_5\}, E_6\{e_6\}$$

· 决策属性 $D(d)$ 的等价集仍为 Y_1 和 Y_2。

· 决策属性的各等价集的下近似集:

$$C\_Y_1 = \{E_1, E_4, E_5\} = \{e_1, e_4, e_5\}$$

$$C\_Y_2 = \{E_2, E_3, E_6\} = \{e_2, e_7, e_3, e_6\}$$

· 计算 $POS(C-\{b\},D)$:

$$POS(C-\{b\},D) = C\_Y_1 \cup C\_Y_2 = \{e_1, e_2, e_3, e_4, e_6, e_7\}$$

$$|POS(C-\{b\},D)| = 7, \gamma(C-\{a\},D) = 1$$

· 属性 b 的重要度:

$$SGF(C-\{b\},D) = \gamma(C,D) - \gamma(C-\{a\},D) = 0$$

· 结论:属性 b 是可省略的。

3.5.3 简化数据表

在原数据表中删除肌肉痛(b)属性后,元组 e_7 和 e_2 相同,合并成表 3.13 所示的简化数据表。

表 3.13 流感数据简化表

U	头痛(a)	体温(c)	流感(d)
e_1'	是(1)	正常(0)	否(0)
e_2'	是(1)	高(1)	是(1)
e_3'	是(1)	很高(2)	是(1)
e_4'	否(0)	正常(0)	否(0)
e_5'	否(0)	高(1)	否(0)
e_6'	否(0)	很高(2)	是(1)

3.5.4 等价集、上下近似集的计算

(1)条件属性的等价集

由于各元组之间不存在等价关系，故有 6 个等价集：$E_1'\{e_1'\}$，$E_2'\{e_2'\}$，$E_3'\{e_3'\}$，$E_4'\{e_4'\}$，$E_5'\{e_5'\}$，$E_6'\{e_6'\}$。

(2)决策属性 $D(d)$ 的等价集

按属性取值，共有两个等价集：$Y_1'\{e_1',e_4',e_5'\}$ 和 $Y_2'\{e_2',e_3',e_6'\}$。

3.5.5 获取规则

图 3.3 是 Y_1' 与 E_1'、E_4'、E_5' 最小包含图。

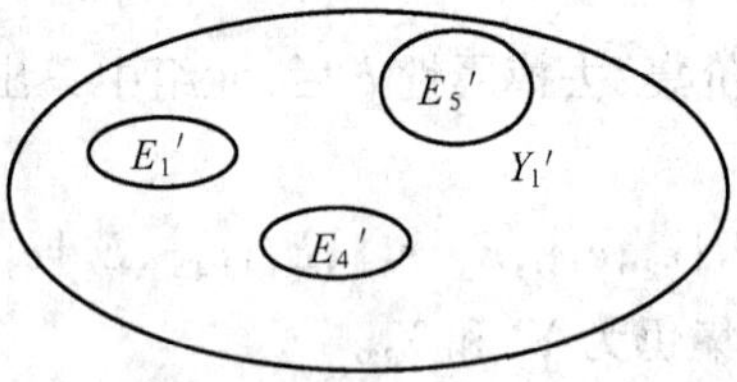

图 3.3 Y_1' 与 E_1'、E_4'、E_5' 最小包含图

(1)由于 $E_1'\cap Y_1'=E_1'$，$E_4'\cap Y_1'=E_4'$，$E_5'\cap Y_1'=E_5'$，有规则

r_{11}：$\mathrm{Des}(E_1')\to\mathrm{Des}(Y_1')$，即 $a=1\wedge c=0\to d=0,cf=1$

r_{41}：$\mathrm{Des}(E_4')\to\mathrm{Des}(Y_1')$，即 $a=0\wedge c=0\to d=0,cf=1$

r_{51}：$\mathrm{Des}(E_5')\to\mathrm{Des}(Y_1')$，即 $a=0\wedge c=1\to d=0,cf=1$

(2)由于 $E_2'\cap Y_2'=E_2'$，$E_3'\cap Y_2'=E_3'$，$E_6'\cap Y_2'=E_6'$，有规则

r_{22}：$\mathrm{Des}(E_2')\to\mathrm{Des}(Y_2')$，即 $a=1\wedge c=1\to d=1,cf=1$

r_{32}：$\mathrm{Des}(E_3')\to\mathrm{Des}(Y_2')$，即 $a=1\wedge c=2\to d=1,cf=1$

r_{62}：$\mathrm{Des}(E_6')\to\mathrm{Des}(Y_2')$，即 $a=0\wedge c=2\to d=1,cf=1$

3.5.6 规则化简

(1)对 r_{11} 和 r_{41} 进行合并，有

$$(a=0\vee a=1)\wedge c=0\to d=0$$

其中，a 的取值包括了全部取值，故属性 a 可删除，即

$$c=0\to d=0$$

(2)对 r_{32} 和 r_{62} 进行合并，有

$$(a=1\vee a=0)\wedge c=2\to d=1$$

同样，可删除属性 a，得到

$$c=2\to d=1$$

3.5.7 最后的规则

(1)体温 = 正常→流感 = 否(即 $c=0\to d=0$)。

(2)头痛 = 否∧体温 = 高→流感 = 否(即 $a=0\wedge c=1\to d=0$)。

(3)体温 = 很高→流感 = 是(即 $c = 2 \to d = 1$)。

(4)头痛 = 是∧体温 = 高→流感 = 是(即 $a = 1 \wedge c = 1 \to d = 1$)。

3.6 习 题

1. 比较模糊集和粗糙集,给出它们的异同。

2. 讨论如何将粗糙集用作分类器。

3. 给定一个论域 $U = \{x_1, x_2, \cdots, x_9\}$ 和论域上的一个等价关系 R,且 $U/R = \{E_1, E_2, E_3\}$,其中 $E_1 = \{x_2, x_4, x_5, x_8\}$,$E_2 = \{x_1, x_3\}$,$E_3 = \{x_6, x_7, x_9\}$。求集合 $Y_1 = \{x_1, x_3, x_5\}$,$Y_2 = \{x_2, x_3, x_7\}$,$Y_3 = \{x_1, x_2, x_3, x_6\}$ 的 R 下近似、上近似、边界域、正域和负域。

4. 一个决策表如下表表示,对于属性子集(等价关系)$P = \{{}^*S\}$,请判断论域的一个子集合 $X = \{e_2, e_3, e_5\}$ 是否为 P 的粗糙集。若不是,请说明理由;若是,请求出 X 的 P－下近似集、上近似集、边界域、正域和负域。

一个医疗诊断决策表

论域 U	条件属性			决策 d
	头痛 a_1	肌肉痛 a_2	体温 a_3	
e_1	是	是	正常	否
e_2	是	是	高	是
e_3	是	是	很高	是
e_4	否	是	正常	否
e_5	否	否	高	否
e_6	否	是	很高	是

5. 给定一个知识库 K 和其中的一个等价关系 $R \in \mathrm{IND}(K)$,它导出的等价关系类如下:$Y_1 = \{x_1, x_4, x_8\}$,$Y_2 = \{x_2, x_5, x_7\}$,$Y_3 = \{x_6\}$,$Y_4 = \{x_6\}$,其中,论域 $U = \{x_1, x_2, \cdots, x_8\}$。试计算 $X_1\{x_1, x_4, x_5\}$,$X_2 = \{x_3, x_5\}$,$X_3 = \{x_3, x_6, x_8\}$ 的 R 近似精度和粗糙度。

6. 给定一个知识库 K 和其中的一个等价关系 $R \in \mathrm{IND}(K)$,其中论域 $U = \{x_0, x_1, x_2, \cdots, x_{10}\}$,且 R 的等价类为 $E_1 = \{x_0, x_1\}$,$E_2 = \{x_2, x_6, x_9\}$,$E_3 = \{x_3, x_5\}$,$E_4 = \{x_4, x_8\}$,$E_5 = \{x_7, x_{10}\}$。试计算和讨论下列集合的数学特征和拓扑特征。

7. 设论域 $U = \{x_1, x_2, \cdots, x_8\}$,$R$ 是 U 上的一个等价关系,它的等价关系类如下:$E_1 = \{x_2, x_3\}$,$E_2 = \{x_1, x_4, x_5\}$,$E_3 = \{x_6\}$,$E_4 = \{x_7, x_8\}$。试讨论下列集合之间的关系:

(1)$X_1 = \{x_2, x_4, x_6, x_7\}$ 与 $X_2 = \{x_2, x_3, x_4, x_6\}$;

(2)$Y_1 = \{x_2, x_3, x_7\}$ 与 $Y_2 = \{x_1, x_2, x_7\}$;

(3)$Z_1 = \{x_2, x_3\}$ 与 $Z_2 = \{x_1, x_2, x_3, x_7\}$。

8. 给定一个知识库 K,其中论域 $U = \{x_0, x_1, x_2, \cdots, x_8\}$,且 $S = \{R_1, R_2, R_3\}$,等价关系 R_1, R_2, R_3 和 $\mathrm{IND}(S)$ 对应的等价类分别为

$$U/R_1=\{\{x_1,x_4,x_5\},\{x_2,x_8\},\{x_6,x_7\}\}$$

$$U/R_2=\{\{x_1,x_3,x_5\},\{x_6\},\{x_2,x_4,x_7,x_8\}\}$$

$$U/R_3=\{\{x_1,x_5\},\{x_6\},\{x_2,x_7,x_8\},\{x_3,x_4\}\}$$

$$U/\text{IND}(S)=\{\{x_1,x_5\},\{x_2,x_8\},\{x_3\},\{x_4\},\{x_6\},\{x_7\}\}$$

试讨论 R_1,R_2,R_3 对知识 IND(S)是否必要,并求 IND(S)的核和所有约简。

9. 给定一个知识库 K 和知识库中独立于 S 的知识 Q,其中论域 $U=\{x_0,x_1,x_2,\cdots,x_8\}$,且 $S=\{R_1,R_2,R_3\}$,等价关系 R_1,R_2,R_3 和 IND(S)对应的等价类分别为

$$U/R_1=\{\{x_1,x_3,x_4,x_5,x_6,x_7\},\{x_2,x_8\}\};$$

$$U/R_2=\{\{x_1,x_3,x_4,x_5\},\{x_2,x_6,x_7,x_8\}\};$$

$$U/R_3=\{\{x_1,x_5,x_6\},\{x_3,x_4\},\{x_2,x_7,x_8\}\};$$

$$U/\text{IND}(S)=\{\{x_1,x_5\},\{x_2,x_8\},\{x_3,x_4\},\{x_6\},\{x_7\}\};$$

$$U/Q=\{\{x_1,x_5,x_6\},\{x_2,x_7\},\{x_3,x_4\},\{x_8\}\}$$

试讨论 R_1,R_2,R_3 对知识 IND(R)是否必要,并求 IND(S)的 Q 核和所有 Q 约简。

第 4 章 神经网络理论

4.1 人工神经元模型

我们知道针对任何一个问题建立数学模型时,如果对这一问题的特性了解越多、越透彻,则其模型的合理性也就越高。虽然到目前为止,还不能说人类对大脑的结构及各种活动机理已完全明了,但人们对大脑基本结构和机理的理解水平已具备了建立大脑数学模型的条件。应该指出的是,我们所建立的数学模型及所构造出的人工神经网络,并不是人脑的真实描写,而只是对其结构和功能进行大大简化之后的某种抽象与模拟。

正如生物神经元是大脑神经系统的基本单元一样,建立大脑的数学模型,也必须首先从神经元入手。生物神经元有以下几点特性:

(1)神经元是一个多输入(一个神经元的多个树突与多个其他神经元的神经键相联系)、单输出(一个神经元只有一个轴索作为输出通道)元件。

(2)神经元是一个具有非线性输入/输出特性的元件。表现在只有当来自各个神经键的活动电位脉冲达到一定强度之后,该神经元的神经键才能被激活,释放出神经传递化学物质,发出本身的活动电位脉冲。

(3)神经元具有可塑性,表现在其活动电位脉冲的传递强度依靠神经传递化学物质的释放量及神经键间隙的变化是可调节的。

(4)神经元的输出响应是各个输入的综合作用的结果,即所有输入的累加作用。输入分为兴奋型(正值)和抑制型(负值)两种。

根据这四个特性我们得到如图 4.1 所示的生物神经元模型的演化过程。

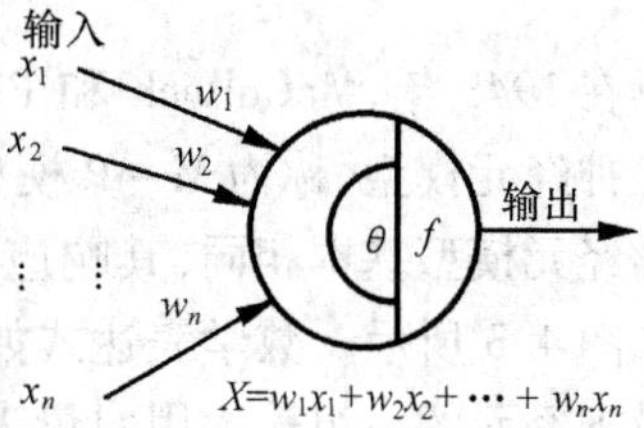

图 4.1 生物神经元模型的演化过程

图 4.1 就是最终得到的生物神经元模型,其数学表达式为

$$y = f(X) \tag{4.1}$$

$$X = \sum_{i=1}^{n} w_i x_i - \theta \tag{4.2}$$

表达式(4.2)还可以有另一种形式,即把阀值 θ 视为神经元的第 0 个输入,而 ω_0 为常数 -1,则有

$$X = \sum_{i=0}^{n} w_i x_i \tag{4.3}$$

关于输入/输出函数,即神经元的响应函数根据要求和特点的不同,可以有各种形式,其中基本的有两种,阶跃响应函数和 S 型(Sigmoid)响应函数,其响应特性如图 4.2

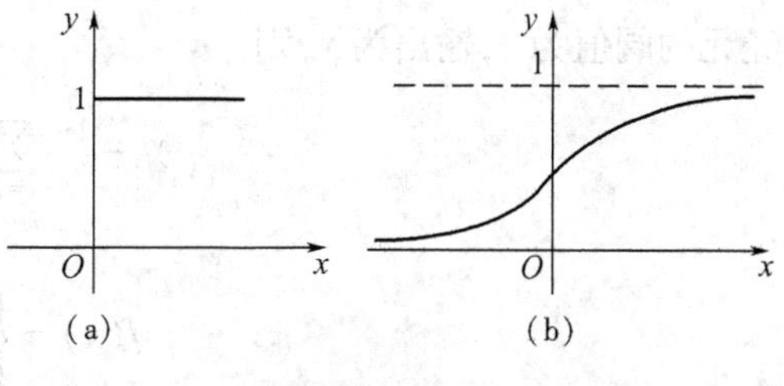

图 4.2 两种基本类型的输出响应函数特性

所示，其表达式为

阶跃函数

$$f(x)=\begin{cases}1 & x\geqslant 0\\ 0 & x<0\end{cases} \tag{4.4}$$

S 型函数

$$f(x)=\frac{1}{1+\mathrm{e}^{-x}} \tag{4.5}$$

另外响应函数还可以采取如下形式：

(1)比例函数

$$f(x)=kx \tag{4.6}$$

(2)符号函数

$$f(x)=\begin{cases}1 & x\geqslant 0\\ 0 & x<0\end{cases} \tag{4.7}$$

(3)饱和函数

$$f(x)=\begin{cases}1 & x\geqslant \dfrac{1}{k}\\ kx & -\dfrac{1}{k}\leqslant x<\dfrac{1}{k}\\ -1 & x<-\dfrac{1}{k}\end{cases} \tag{4.8}$$

(4)双曲函数

$$f(x)=\frac{1-\mathrm{e}^{-ux}}{1+\mathrm{e}^{-ux}} \tag{4.9}$$

4.2 M－P 神经元模型与神经网络的学习规则

早在 1943 年，McCulloch 和 Pitts 就定义了一种简单的人工神经元模型，称为 M－P 模型。这一模型与上节介绍的神经元模型基本相同，其响应函数为阶跃函数，模型结构如图 4.3 所示。数学表达式如下：

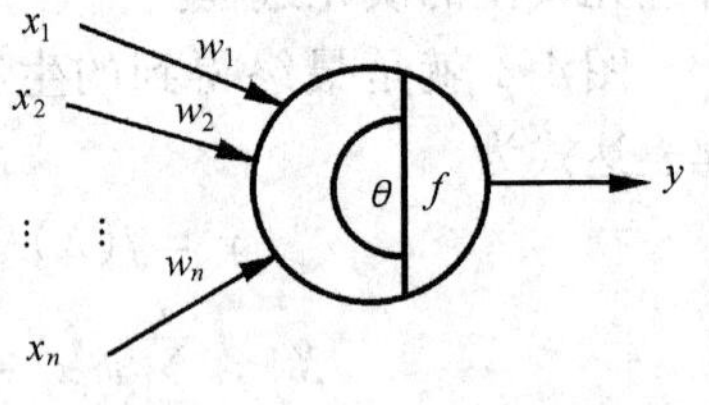

图 4.3　M－P 模型结构

设神经元的一组输入用向量表示为

$$X=(x_1,x_2,\cdots,x_n)$$

其相应权值为：

$$W=(w_1,w_2,\cdots,w_n)$$

神经元的阈值为 θ，输出为 y，则

$$y=f\left(\sum_{i=1}^{n}w_ix_i-\theta\right) \tag{4.10}$$

其中

$$f(x)=\begin{cases}1 & x\geqslant 0\\ 0 & x<0\end{cases}$$

响应函数也可采用符号函数，即

$$\mathrm{Sgn}(x)=\begin{cases}1 & x\geq 0\\ -1 & x<0\end{cases} \tag{4.11}$$

M－P模型虽然非常简单,但它完全反映了上节介绍的生物神经元的四个主要特性,可以说是对生物神经元的完整描述。

由大脑神经网络的活动机理可知,仅由单个神经元是不可能完成对输入信息的处理的,只有当大量的神经元组成庞大的网络,通过网络中各神经元之间的相互作用,才能实现对信息的处理与存储。同样道理,只有把人工神经元按一定规则连接成网络,并让网络中各神经元的连接权按一定的规则变化,才能实现对输入模式的学习与识别。生物神经网络与人工神经网络的不同之处是,前者是由上亿个以上的生物神经元连接而成,且仅具有统计性规律的庞大网络;而后者,限于物理实现的困难和为了计算的简便,是由数量远少于前者的,且完全按一定规律构成的网络。人工神经网络中每一个神经元具有完全相同的结构,在没有特别规定的情况下,所有神经元的动作无论在时间上还是空间上都是同步的。大脑神经网络往往具有层状结构,如大脑皮层的六层结构和小脑的三层结构。人工神经网络的连接形式,尽管其拓扑结构有一些差别,但总的来说主要是如图4.4所示的两种形式:阶层型和全互连接型。

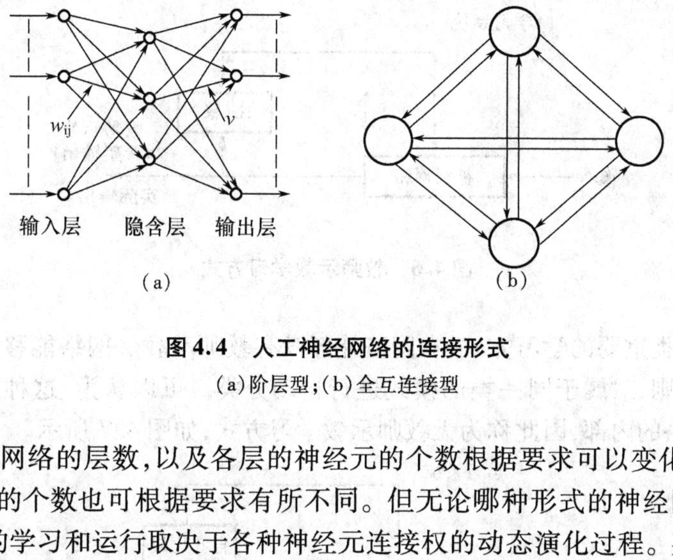

图4.4 人工神经网络的连接形式

(a)阶层型;(b)全互连接型

阶层型神经网络的层数,以及各层的神经元的个数根据要求可以变化;全互连接型神经网络中神经元的个数也可根据要求有所不同。但无论哪种形式的神经网络都有一个共同的特点:网络的学习和运行取决于各种神经元连接权的动态演化过程。某些拓扑结构相同但却具有各种不同功能和特性的神经网络,是因为其具有各种不同的工作和学习规则,即不同的连接权的动态演化规律。可见,决定一个网络性质的主要因素有两点:一是网络的拓扑结构,一是网络的学习、工作规则。二者结合起来构成了一个网络的主要特征。

一个神经网络仅仅具有拓扑结构还不能具有任何智能特性,必须有一套完整的学习、工作规则与之配合。其实,对于大脑神经网络来说,完成不同功能的网络区域都具有各自的学习规则,这些完整和巧妙的学习规则是大脑在进化学习阶段获得的。人工神经网络的学习规则,说到底就是网络连接权的调整规则。我们可以从日常生活中一个简单的例子了解网络连接权的调整机理。例如,家长往往对按时、准确地完成家庭作业的孩子大加赞扬,甚至给一些物质奖励;而对于不走人行横道,随意过马路的孩子狠狠地批评。这其中包含着这样一个规则:对于正确的行为给予加强(表扬),不正确的行为给予抑制(批评)。把这一规则运用到神经网络的学习要中,就成为网络的学习准则。

对于人工神经网络的初期学习规则,最著名的是 Donall Hebb 根据心理学中条件反射机理,于 1949 年提出的神经细胞间连接强度变化的规则,即所谓 Hebb 学习规则。内容为:如果两个神经元同时兴奋(即同时为"1"),则它们之间的神经键(突触)联系得以增强。以 α_i 表示神经元 i 的激活值(输出),α_j 表示神经元 j 的激活值,ω_{ij}表示两个神经元之间的连接权,则 Hebb 学习规则的数学表达式为

$$\Delta w_{ij} = \alpha_i \alpha_j \tag{4.12}$$

Hebb 学习规则还有许多变形和改进形式,式(4.12)是其最基本形式。

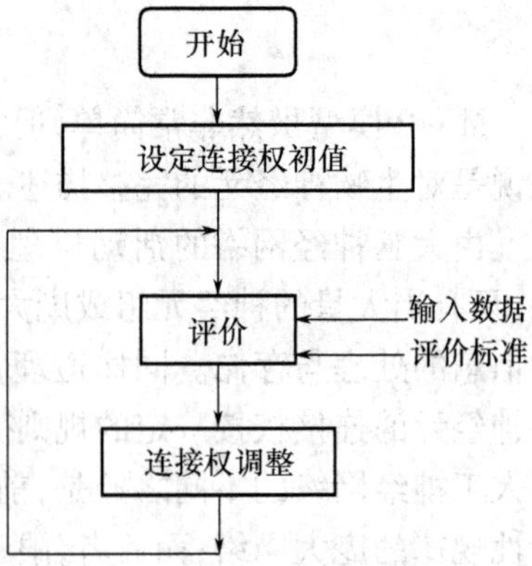

图 4.5　学习过程描述

在网络的学习过程中,对于网络的学习结果,即网络输出的正确性必须有一个评价标准。网络根据实际输出与评价标准的比较,决定连接权的调整方式,如图 4.5 所示这个评价标准是人为由外界提示给网络的,即相当于有一位知晓正确结果的教师示教给网络。这种学习方式称为被师示教学习方式,其原理如图 4.6 所示。

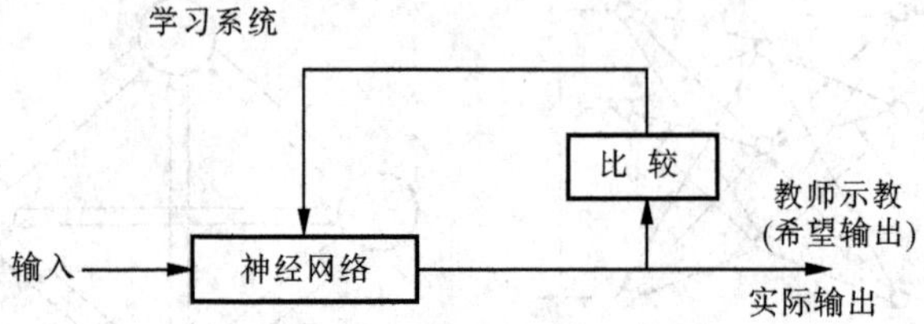

图 4.6　教师示教学习方式

另外还有一类重要的学习方式,在网络外部没有教师示教。网络能移根据其特有的网络结构和学习规则,对属于同一类的模式进行自动分类。可以认为,这种网络的学习评价标准,隐含于网络的内部,因此称为无教师示教学习方式,如图 4.7 所示。

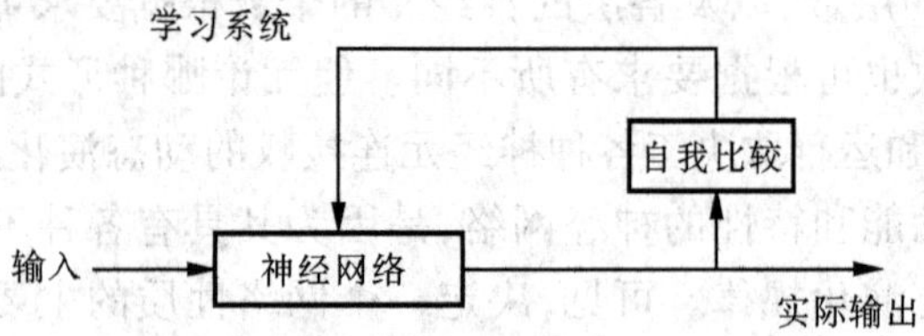

图 4.7　无教师示教学习方式

4.3　简单前向神经网络

4.3.1　感知机模型与感知机学习规则

如前面所述,生物神经元对信息的传递与处理是通过各神经元之间神经键的兴奋或抑制作用来实现的。根据这一事实,美国学者 F. Rosenblatt 于 1957 年在 M – P 模型和 Hebb 学习规则的基础上提出了具有自学习能力的感知机(Perceptron)模型。

单层感知机网络的一般拓扑结构如图 4.8 所示。

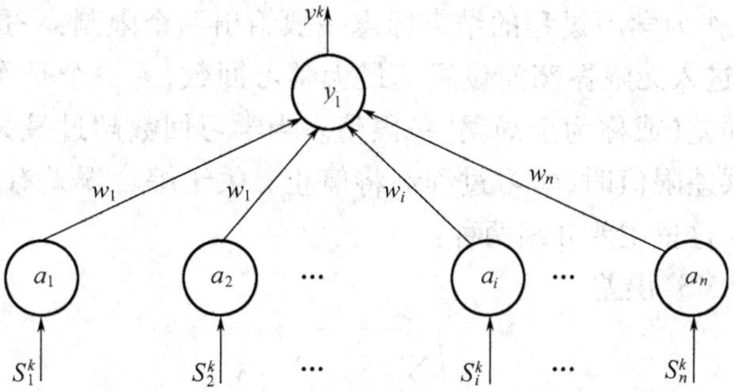

图 4.8 单层感知机网络的一般拓扑结构

设网络输入模式向量为:

$$\boldsymbol{S}_k = (s_1^k, s_2^k, \cdots, s_n^k)$$

对应的输出为:y^k, $k = 1, 2, \cdots, m$,由输入层至输出层的连接权向量为

$$\boldsymbol{W} = (w_1, w_2, \cdots, w_n)$$

网络按如下规则进行学习:

(1)初始化:将输入层至输出层的连接权向量及输出单元的阈值 θ 赋予(-1, +1)区间内的随机值。

(2)连接权的修正:每个输入模式对(S_k, Y_k), $k = 1, 2, \cdots, m$ 完成如下计算:

①按式(4.13)计算网络输出:

$$y = f\left(\sum_{i=1}^{n} w_i s_i^k - \theta\right) \tag{4.13}$$

式中,f 为双极值阶跃函数,且

$$f(x) = \begin{cases} 1 & x \geqslant 0 \\ -1 & x < 0 \end{cases} \tag{4.14}$$

②计算输出层单元希望输出 y^k 与实际输出 y 之间的误差:

$$d^k = y^k - y \tag{4.15}$$

③修正输入层各单元与输出层之间的连接权与阈值:

$$\omega_i(N+1) = \omega_i(N) + \Delta\omega_i(N) \tag{4.16}$$

$$\Delta\omega_i(N) = \alpha s_i^k \cdot d^k \tag{4.17}$$

$$\theta(N+1) = \theta(N) + \Delta\theta(N) \tag{4.18}$$

$$\Delta\theta(N) = \beta \cdot d^k \tag{4.19}$$

式中,$i = 1, 2, \cdots, n$;N 为学习回数;α、β 为正常数,称为学习率($0 < \alpha < 1$、$0 < \beta < 1$)。

(3)对 m 个输入模式重复步骤(2),直到误差 d^k($k = 1, 2, \cdots, m$)趋于零或小于预先给定的误差限 ξ。

学习结束后的网络将学习样本模式以连接权的形式分布记忆下来。当给网络提供一输入模式时,网络将按式(4.13)计算出输出值 y,并可根据 y 为 +1 或 -1 判断出这一输入模式属于记忆中的哪一种模式或接近于哪一种模式。这一过程相当于人们根据一个人的肤色、身材、语言等特征,运用大脑中已有的记忆,联想判断出这个人属于哪一个国家、地区或民族。这个过程被称为回想过程。

在实际应用中,作为学习过程的结束标志一般给出两个限制:一是为了防止因学习过程发散,使学习过程进入无限振荡而设置的最大学习回数;另一个是作为衡量整个学习过程收敛程度的综合误差(或称为全局误差)限值。当学习回数超过最大学习回数或综合误差小于预先设定的误差限值时,学习过程都将停止。关于综合误差有各种不同的定义,但本质上都是一致的。这里主要介绍两种:

(1)平均平方(RMS)误差

$$E = \sqrt{\frac{\sum_{k=1}^{M}\sum_{j=1}^{Q}(y_j^k - y_j)^2}{M \cdot Q}} \tag{4.20}$$

式中,M 为样本模式对的个数,Q 为输出单元的个数。

(2)误差平方和

把所有实际输出与希望输出的误差平方和作为检验网络收敛的误差标准。

$$E_k = \sum_{j=1}^{q}(y_j^k - y_j)^2 \tag{4.21}$$

$$E = \sum_{k=1}^{M} E_k \tag{4.22}$$

式中,E_k 为一对样本模式的所有输出单元的误差平方和;E 为所有样本模式对的误差平方和,也就是检验网络收敛的误差标准;q 为输出单元个数;M 为样本模式对数。

还需要指出的是学习率 α、β 的取值问题,α、β 反映了学习过程的进行速度。α 小时,学习收敛过程缓慢,但却在学习模式符合规定的情况下能保证网络收敛到极小(或最小)点;α 大时学习速度加快,但却容易引起学习过程振荡,最终可能使网络收敛不到极小(或最小)点。关于学习率,许多学者对其进行了各种研究,提出了许多静态或动态设置学习率的准则或方案。

4.3.2 感知机的局限性

感知机模型网络具有对输入模型进行自动分类的功能。那么,它是否可以对任意输入模型进行分类呢?回答是否定的。

一般来说,对于 n 维空间,凡可以用 $n-1$ 维超平面进行适当分割的点集合称为线性分割集合。只要输入模式居于线性可分割集合就可以用感知机网络对其进行正确分类;反之,网络的学习过程将无法收敛,即不能作出正确的分类。对此有以下感知机学习收敛定理。

定理 4.1 当输入模式(3-23)满足式的线性可分离条件时,学习过程必能在有限次内收敛。

$$\sum \omega_{ij}\alpha_i - \theta_j > 0, \text{当 } \boldsymbol{A}_k = (a_1^k, a_2^k, \cdots, a_n^k) \text{ 由 } P_a \text{ 类模式数据组成}$$

$$\sum \omega_{ij}\alpha_i - \theta_j < 0, \text{当 } \boldsymbol{A}_k = (a_1^k, a_2^k, \cdots, a_n^k) \text{ 由 } P_b \text{ 类模式数据组成} \tag{3-23}$$

感知机模型网络收敛条件式表明:由 P_a 和 P_b 模式组成的输入模式,当模式维数为 2 时,可以用一条直线对其正确划分;当模式维数为 3 时,可以用一个空间平面划分;当模式维数大于 3 时,可以用超平面边界对其正确划分。

感知机的发明者 Rosenblatt 对这一定理进行了详细证明。

例 4.1 设$f(x)=\begin{cases}1 & x\geqslant 0\\ 0 & x<0\end{cases}$,用感知器 $y=f\left(\sum_{j=1}^{n}\omega_j x_i-\theta\right)$实现逻辑函数。

解 (1)与:$x_1\wedge x_2$

$$\left.\begin{matrix}x_1 & x_2 & y\\ 1&1&1\\ 1&0&0\\ 0&1&0\\ 0&0&0\end{matrix}\right\}\Rightarrow\left.\begin{matrix}x_1=1 & x_2=1 & y=1 & \omega_1+\omega_2-\theta\geqslant 0\\ x_1=1 & x_2=0 & y=0 & \omega_1-\theta<0\\ x_1=0 & x_2=1 & y=0 & \omega_2-\theta<0\\ x_1=0 & x_2=0 & y=0 & \theta<0\end{matrix}\right\}\Rightarrow\begin{cases}\omega_1+\omega_2\geqslant\theta\\ \omega_1<\theta\\ \omega_2<\theta\\ \theta>0\end{cases}$$

取 $\theta=2,\omega_1=\omega_2=1$,可以得到:$y=x_1+x_2-2$。

(2)或:$x_1\vee x_2$

$$\left.\begin{matrix}x_1 & x_2 & y\\ 1&1&1\\ 1&0&1\\ 0&1&1\\ 0&0&0\end{matrix}\right\}\Rightarrow\left.\begin{matrix}\omega_1+\omega_2-\theta\geqslant 0\\ \omega_1-\theta\geqslant 0\\ \omega_2-\theta\geqslant 0\\ -\theta<0\end{matrix}\right\}\Rightarrow\begin{cases}\omega_1+\omega_2\geqslant\theta\\ \omega_1\geqslant\theta\\ \omega_2\geqslant\theta\\ \theta>0\end{cases}$$

取 $\theta=0.5,\omega_1=\omega_2=1$,可以得到:$y=x_1+x_2-0.5$。

(3)异或:$y=x_1\overline{x_2}\vee\overline{x_1}x_2$

$$\left.\begin{matrix}x_1 & x_2 & y\\ 1&1&0\\ 1&0&1\\ 0&1&1\\ 0&0&0\end{matrix}\right\}\Rightarrow\left.\begin{matrix}\omega_1+\omega_2-\theta\leqslant 0\\ \omega_1-\theta\geqslant 0\\ \omega_2-\theta\geqslant 0\\ -\theta<0\end{matrix}\right\}\Rightarrow\begin{cases}\omega_1+\omega_2\leqslant\theta\\ \omega_1\geqslant\theta\\ \omega_2\geqslant\theta\\ \theta>0\end{cases}\quad\text{无解}$$

Minsky、Papert 在《感知机》一书中否定了许多学者作的各种尝试,指出对异或非线性输入模式,无论如何调整权值都不能解决,他们还指出对于异或问题的失败在于网络中无中间隐层。

例 4.2 用三层感知机解决异或问题。

解 设 S、A 之间的连接权矩阵为

$$\boldsymbol{V}=\begin{bmatrix}1 & -1\\ 1 & -1\end{bmatrix}$$

R 之间的权向量 $\boldsymbol{\omega}=[11]$

设$f(x)=x$ 有

$$\begin{aligned}x_{11}&=v_{11}x_{01}+v_{12}x_{02}-\gamma_1\\ x_{12}&=v_{21}x_{01}+v_{22}x_{02}-\gamma_2\\ y&=\omega_1x_{11}+\omega_2x_{12}-\theta\end{aligned}$$

将权值代入得

$$x_{11}=x_{01}-x_{02}-\gamma_1\tag{1}$$

$$x_{12}=x_{01}-x_{02}-\gamma_2\tag{2}$$

$$y=x_{11}+x_{12}-\theta\tag{3}$$

取 $\theta=2$ 时(3)是(1)和(2)的逻辑与运算，当(1)(3)为空时：

$$\left.\begin{aligned} x_{01} - x_{02} &= \gamma_1 \\ x_{01} - x_{02} &= \gamma_2 \end{aligned}\right\}\text{两条直线方程}$$

4.3.3 自适应线性神经网络

感知机模型网络是以二值数字量作为输入模式的离散时间型神经网络。作为神经网络的初期模型，与感知机模型相对应，自适应线性(Adaline-MadaLine)神经网络是以连续线性模拟量为输入模式，在拓扑结构上与感知机网络十分相似的一种连续时间型线性神经网络。这种网络模型是美国学者 Widrow 和 Hoff 于 1960 年提出，简称 Adaline 网络。这种网络实际上是一种自适应阈值逻辑元件，主要应用于自适应系统等连续可调过程。在这一网络础上，又提出了一种多层自适应线性神经网络(Multilayer-Adaline)，简称 Madaline 网络，它是由两个以上 Adaline 网络组成的一种具有三层结构的神经网络。

首先介绍 Adaline 网络，其网络结构如图 4.9 所示。

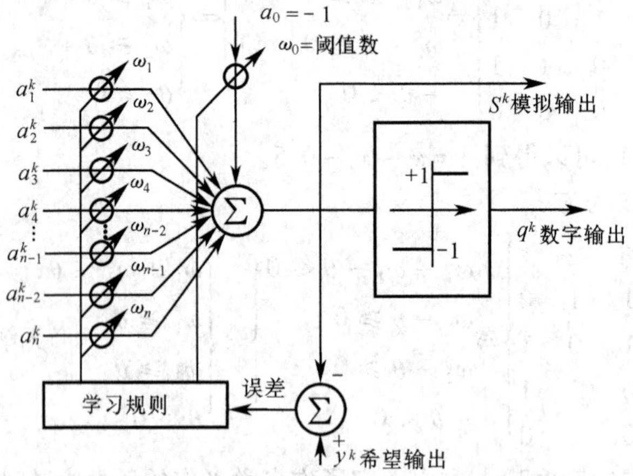

图 4.9　自适应线性神经网络(Adaline)

网络的模拟输入向量为 $\boldsymbol{A}_k=(a_0^k,a_1^k,\cdots,a_n^k)$；希望模拟输出为 y^k，$k=1,2,\cdots,m$；连接权向量为 $\boldsymbol{W}=(\omega_0,\omega_1,\cdots,\omega_n)$，其中，$a_0^k$ 恒为 -1，ω_0 是控制阈值。网络的模拟输出按式(4.24)求得；数字输出按式(4.25)求得。

$$S^k = \sum_{i=0}^{n} \omega_i a_i^k \tag{4.24}$$

$$q^k = f(S^k) \tag{4.25}$$

式中，$f(s)$ 为双极值函数。

这一网络的学习过程是按使误差平方和最小(Least Mean Square)算法，反复对各连接权进行修正的过程。这里误差定义为希望输出与实际输出之差，即

$$\Delta\omega_i = \alpha \cdot a_i(y^k - S^k) \quad i=1,2,\cdots,n \tag{4.26}$$

式中，α 为正的常数，即学习率($0\leqslant\alpha\leqslant1$)。式(4.26)称为 Widrow-Hoff 学习规则。

下面在介绍 Adaline 网络的基础上，介绍 Madaline 网络。网络的结构如图 4.10 所示。由图可知它是由多个 Adaline 网络和 AND 逻辑单元构成的。

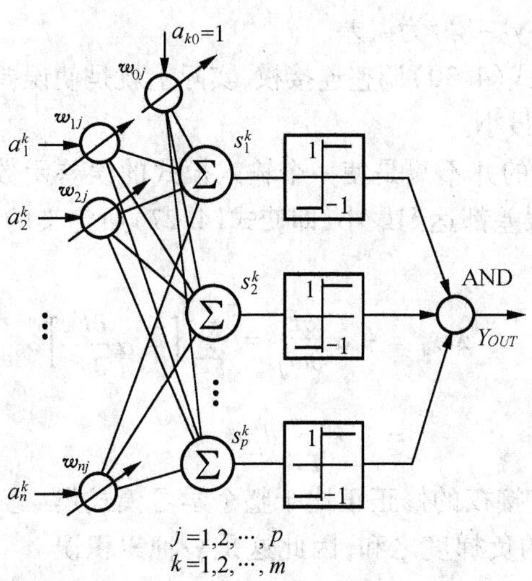

图 4.10 多层自适应线性神经网络结构

设网络的模拟输入向量为：$\boldsymbol{A}_k=(a_0^k,a_1^k,\cdots,a_n^k)$，希望输出向量为 $\boldsymbol{Y}_k=(y_1^k,y_2^k,\cdots,y_n^k)$，$k=1,2,\cdots,m$；连接权向量为 $\boldsymbol{W}_{ij}=(\omega_{i1},\omega_{i2},\cdots,\omega_{in})$，$i=1,2,\cdots,n$；$a_0^k$ 恒为 $+1$，m 为输入模式对数，n 为输入单元数，p 为中间层单元数。网络的实际数字输出服从于多数表决原则，即当 AND 单元的 1 输入占多数时，输出为 1；反之为 -1。网络的学习规则同样是按最小均方误差原则进行。

设网络对所有输入模式的误差平方和为

$$E=\sum_{i=1}^{m}\left\{\frac{1}{2}\left[\sum_{j=1}^{p}(y_j^k-s_j^k)^2\right]\right\} \tag{4.27}$$

式中

$$s_j^k=\sum_{i=1}^{n}\omega_{ij}a_i^k \tag{4.28}$$

则网络对第 k 个输入模式的误差为

$$E_k=\frac{1}{2}\left[\sum_{j=1}^{p}(y_j^k-s_j^k)^2\right] \tag{4.29}$$

求 E_k 对连接权 ω_{ij} 的偏导为

$$\begin{aligned}\frac{\partial E_k}{\partial\omega_{ij}}&=\frac{\partial}{\partial\omega_{ij}}\left[\frac{1}{2}\sum_{j=1}^{p}(y_j^k-\sum_{j=1}^{p}\omega_{ij}a_j^k)^2\right]\\&=-(y_j^k-s_j^k)\frac{\partial s_j^k}{\partial\omega_{ij}}\\&=-(y_j^k-s_j^k)a_i^k\end{aligned}$$

根据最小均方误差的原则，应使连接权 ω_{ij} 按正比于负的偏导 $-\dfrac{\partial E_k}{\partial\omega_{ij}}$ 的方向变化，即

$$\begin{aligned}\Delta\omega_{ij}&=-\alpha\cdot\frac{\partial E_k}{\partial\omega_{ij}}\\&=\alpha(y_j^k-s_j^k)a_i^k\\&=\alpha d_j^k a_i^k\end{aligned} \tag{4.30}$$

其中，α 为学习率；$d_j^k=\alpha(y_j^k-s_j^k)$ 为误差。

从数学观点来看，按式(4.30)调整连接权，实际上就是使误差函数按梯度下降(gradient descent)，从而使 E_k 达到最小。

但是，网络的学习目的并不只是使一个输入模式的误差函数达到最小，而是要使全部用于学习的输入模式的误差都达到最小，即使式(4.27)所定义的误差达到最小。为此应按下式调整连接权 ω_{ij}：

$$\Delta\omega_{ij}=-\alpha\frac{\partial E}{\partial\omega_{ij}}=\sum_{k=1}^{m}\left[-\alpha\frac{\partial E_k}{\partial\omega_{ij}}\right]=\alpha\cdot\sum_{k=1}^{m}d_j^k a_i^k \tag{4.31}$$

由式(4.31)可知：连接权的修正正比于整个学习模式集合内的各个模式所对应的负梯度之和，因此这是一种累积误差修正方法。在实际应用中，Madaline 的 LMS 学习往往是每提供一种学习模式都要进行修正，这实际上偏离了全局误差式(4.27)上的真正梯度下降方向。但是当学习率充分小时，这种偏离是可以忽略的，如图 4.11 所示。

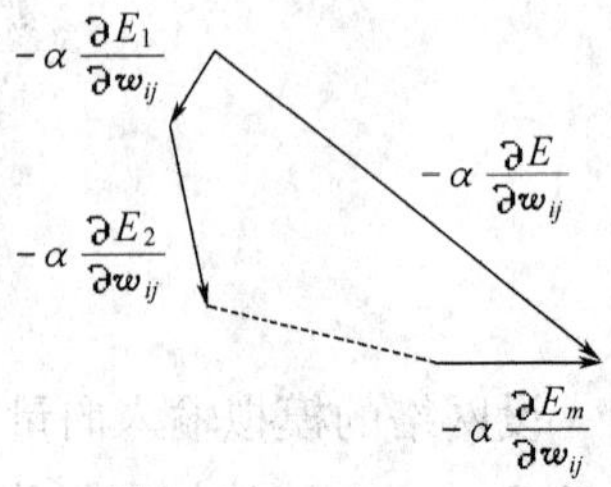

图 4.11 近似梯度下降

下面将 Madaline 的 LMS 学习规则总结如下：

(1)初始化：给各连接权 ω_{ij} 赋予[−1, +1]区间内的随机值。

(2)任选一学习模式对提供给网络。

(3)计算网络输出值

$$s_j^k=\sum_{i=0}^{n}\omega_{ij}a_i\qquad j=1,2,\cdots,p \tag{4.32}$$

(4)计算网络各输出单元的希望输出 y_j^k 与实际输出 s_j^k 之间的误差

$$d_j^k=y_j^k-s_j^k\qquad j=1,2,\cdots,p \tag{4.33}$$

(5)进行连接权修正

$$\omega_{ij}(N+1)=\omega_{ij}(N)+\Delta\omega_{ij}(N) \tag{4.34}$$

$$\Delta\omega_{ij}(N)=\alpha\cdot a_i^k\cdot d_j^k \tag{4.35}$$

其中，$i=1,2,\cdots,m,j=1,2,\cdots,p$。

(6)取下一个学习模式对提供给网络，重复步骤(3)~(5)，直到误差 $d_i^k(i=1,2,\cdots,m;j=1,2,\cdots,p)$ 变得足够小为止。

(7)计算最终输出

$$Y_{\text{out}}=f(s_1)\,\text{AND}f(s_2)\cdots\text{AND}f(s_p) \tag{4.36}$$

其中，$f(s)$ 为双极值函数。

网络学习结束后，需要进行模式分类或识别时，可按式(4.32)进行回想，根据各个输出值 $s_j(j=1,2,\cdots,p)$ 对输入模式进行分类，也可通过双极值函数的输出进行近似分类。这一学习规则有时也称为 δ 学习规则。

需要指出的是，对于 Madaline 网络的最终输出，由于它经过了非线性函数——AND 逻辑单元的作用，因此使得网络具有对非线性输入模式进行分类的能力。如图 4.12 所示是由两个 Adaline 网络组成的 Madaline 网络。

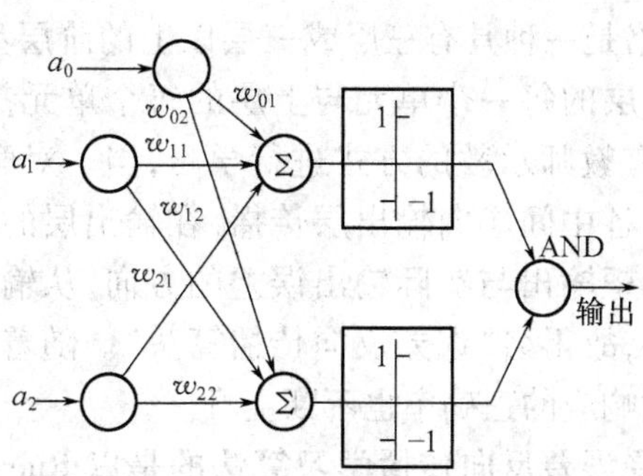

图4.12 由两个 Adaline 组成的 Madaline 网络

当设 $\omega_{11}=\omega_{22}=1,\omega_{21}=\omega_{12}=-1,\omega_{01}=\omega_{02}=1,a_0=1$ 时，这一网络可对 a_1、a_2 输入"异或"值进行正确分类。但是同感知机的情况一样，这种对非线性输入模式进行正确分类的能力，是在预先能正确地确定各连接权值的条件下形成的，而没有一套完整的对非线性输入模式进行分类的学习规则。因此，从总体上说，Madaline 网络同感知机网络一样只具有对线性输入模式进行分类能力，即只有线性映射的能力。

最后我们来观察一下感知机学习规则与 Madaline 的 LMS 学习规则的主要区别。由感知机的输出方程式 $y_i=f(\sum_{i=1}^{p}v_is_i^k-v_j)$ 可知，连接权的调整实际上是对超平面方程中各个系数进行调整，整个学习过程表现为超平面的位置调整。而 Madaline 的 LMS 学习规则则是建立在均方误差最小化的基础上的，由式(4.27)可知，误差函数 E 是连接权 ω_{ij} 的平方函数，因此，它的学习过程表现为误差曲面上的梯度下降。同时，由于由 E 构成的连接权 ω_{ij} 空间的抛物面只有一个极小点即最小点，因此 Madaline 的 LMS 学习规则可保证最终误差函数最小。但这需要无限次学习，所以实际应用中有限次的学习结果只能得到近似解。现已证明，当输入模式 $A_k=(a_0^k,a_1^k,\cdots,a_n^k)$ 线性无关时，用 LMS 学习规则能使误差函数 E 最终为零，实现对学习模式的完整联想。

4.3.4 多层前向神经网络与误差反向传播算法的提出

感知机的发明，曾使神经网络的研究迈出了历史性的一步。但是正如前面所述，尽管感知机具有很出色的学习和记忆功能，可由于它只适用于线性模式的识别，对非线性模式的识别显得无能为力，甚至不能解决"异或"这样简单的非线性运算问题。虽然人们当时已发现，造成感知机这种缺陷的主要原因是由于网络无隐含层作为输入模式的"内部表示"，并作了在输入层和输出层之间增加一层或多层隐单元的尝试，但是当时还找不到一个适用于多层网络的行之有效的学习规则，甚至对是否存在这样一条规则抱有怀疑。因此，一时使人们对神经网络的发展前途产生了动摇。尽管如此，神经网络本身那种"无穷奥秘"的魅力，仍然吸引着一些致力于这一领域研究的学者。"有志者事竟成"，有的研究者另辟蹊径，撇开"阶层"概念，创造出无阶层的全连接型神经元网络，并提出可识别非线性模式的学习规则，其中最著名的就是 Hopfield 神经网络。而另一些研究者，通过艰苦的探索和努力，终于在阶层型神经网络的研究中，打开了一条希望的通路，这就是目前应用最广，其基本思想最直观、最容易理解的多阶层神经网络及误差反向传播学习算法(Error Back-Propagation)。有时也将按这一学习算法进行训练的多阶层神经网络直接称为误差反向传播神经网络。

误差反向传播神经网络是一种具有三层或三层以上的阶层型神经网络。上、下层之间各神经元实现全连接,即下层的每一个单元与上层的每个单元都实现全连接,而每层各神经元之间无连接。网络按有教师示教的方式进行学习,当一对学习模式提供给网络后,神经元的激活值,从输入层经各中间层向输出层传播,在输出层的各神经元获得网络的输入响应。在这之后,按减小希望输出与实际输出误差的方向,从输出层经各中间层逐层修正各连接权,最后回到输入层,故得名“误差反向传播算法”。随着这种误差反向传播修正的不断进行,网络对输入模式响应的正确率也不断上升。

完整提出并被广泛接受误差反向传播学习算法的是以 Rumelhart 和 McCelland 为首的科学家小组。他们在 1986 年出版的名为《Parallel Distributed Processing》(《并行分布信息处理》)一书中,对误差反向传播学习算法进行了详尽分析与介绍,并对这一算法的潜在能力进行了深入探讨,实现了当年 Minsky 预想的第一种可能。其实早在这之前,Pall Werbos 博士于 1974 年在他的博士论文中就已独立提出过误差反向传播学习算法。

由于误差反向传播网络及其算法增加了中间隐层并有相应学习规则可循,使其具有对非线性模式的识别能力。特别是其数学意义明确、步骤分明的学习算法,更使其具有广泛的应用前景。

4.3.5 误差反向传播神经网络结构与学习规则

为方便起见,把误差反向传播网络简称为 BP(Back Propagation)网络。典型的 BP 网络是三层、前馈阶层网络,(又称输入层)、隐含层(也称中间层)和输出层。各层之间实行全连接,如图 4.13 所示。

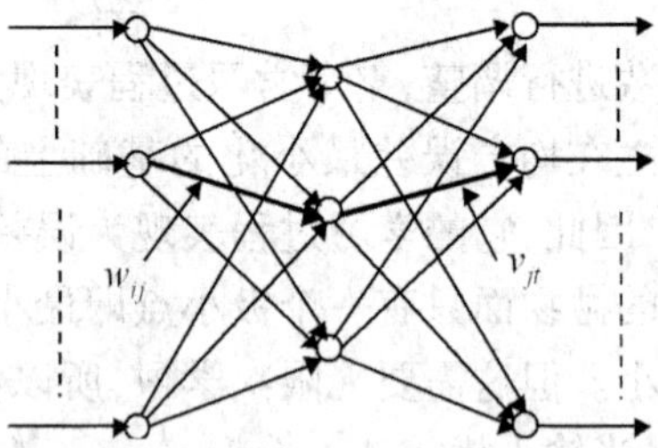

图 4.13 三层 BP 网络结构

BP 网络的学习,由四个过程组成:输入模式由输入层经中间层向输出层的“模式顺传播”过程;网络的希望输出与网络实际输出之差的误差信号,由输出层经中间层向输入层逐层修正连接权的“误差反向传播”过程;由“模式顺传播”与“误差反向传播”的反复交替进行的网络“记忆训练”过程;网络趋向收敛,即网络的全局误差趋向极小值的“学习收敛”过程。归结起来为,“模式顺传播”“误差反向传播”“记忆训练”“学习收敛”过程。BP 网络学习规则有时也称广义 δ 规则。

下面推导误差反向传播算法。设

输入向量:$\boldsymbol{A}_k=(a_0^k,a_1^k,\cdots,a_n^k)$;

希望输出:$\boldsymbol{Y}_k=(y_1^k,y_2^k,\cdots,y_n^k)$;

实际输出:$\boldsymbol{C}_k=(c_1^k,c_2^k,\cdots,c_n^k)$;

输出层输入:$\boldsymbol{L}_k=(l_1,l_2,\cdots,l_q)$;

中间层输入:$\boldsymbol{S}_k=(s_1,s_2,\cdots,s_q)$;

中间层输出:$\boldsymbol{B}_k=(b_1,b_2,\cdots,b_q)$;

输入、中间层的连接权值:$\omega_{ij}(i=1,2,\cdots,n;j=1,2,\cdots,p)$;

中间层、输出层的连接权值:$v_{jt}(j=1,2,\cdots,p;t=1,2,\cdots,q)$;

中间层阈值:θ_j;

输出层阈值:γ_t;

S 函数：$f(x)=\frac{1}{1+e^{-x}}$；有 $f'(x)=f(x)[1-f(x)]$。

各层单元之间的关系为

$$s_j=\sum_{i=1}^{n}\omega_{ij}\cdot a_j^k-\theta_j$$

$$b_j=f(s_j)\quad(j=1,2,\cdots,p)$$

$$s_t=\sum_{j=1}^{p}v_{jt}\cdot b_j-\gamma_t$$

$$C_t=f(l_t)\quad(t=1,2,\cdots,q)$$

设第 k 个学习模式网络希望输出与实际输出的偏差为

$$\delta_t^k=(y_t^k-c_t^k)\quad(t=1,2,\cdots,q)$$

δ_t^k 的均方值为

$$E_k=\sum_{t=1}^{q}\frac{(y_t^k-c_t^k)^2}{2}=\sum_{t=1}^{q}\frac{(\delta_t^k)^2}{2}$$

为使 E_k 随连接权值的修正梯度下降，则中间层与输出层的连接权值的变化 Δv_{jt} 为

$$\begin{aligned}\Delta v_{jt}&=-\alpha\frac{\partial E_k}{\partial v_{jt}}(t=1,2,\cdots,q;j=1,2,\cdots,p)\\&=-\alpha\frac{\partial E_k\partial c_t^k}{\partial v_{jt}\partial v_{jt}}\\&=-\alpha\frac{\partial E_k\partial c_t^k\partial l_t}{\partial c_t^k\partial l_t\partial v_{jt}}\\&=-\alpha[-(y_t^k-c_t^k)]f'(l_t)b_j\\&=\alpha(y_t^k-c_t^k)c_t(1-c_t^k)b_j\end{aligned}$$

令

$$d_t^k=-\frac{\partial E_k}{\partial l_t}=(y_t^k-c_t^k)f'(l_t)=\delta y_t^kc_t^k(1-c_t^k)$$

则

$$\Delta v_{jt}=\alpha d_t^k\cdot b_j\quad(t=1,2,\cdots,q;\ j=1,2,\cdots,p)$$

由输入层至中间层连接权值的调整仍按梯度下降法进行

$$\begin{aligned}\Delta\omega_{ij}&=-\beta\frac{\partial E_k}{\partial\omega_{ij}}\quad(i=1,2,\cdots,n;\ j=1,2,\cdots,p)\\&=-\beta\sum_{t=1}^{q}\frac{\partial E_k}{\partial c_t^k}\frac{\partial c_t^k}{\partial\omega_{ij}}\\&=-\beta\sum_{t=1}^{q}\frac{\partial E_k}{\partial c_t^k}\frac{\partial c_t^k}{\partial l_t}\frac{\partial l_t}{\partial\omega_{ij}}\\&=-\beta\sum_{t=1}^{q}\frac{\partial E_k}{\partial c_t^k}\frac{\partial c_t^k}{\partial l_t}\frac{\partial l_t}{\partial b_j}\frac{\partial b_j}{\partial\omega_{ij}}\\&=-\beta\Big[\sum_{t=1}^{q}\frac{\partial E_k}{\partial c_t^k}\frac{\partial c_t^k}{\partial l_t}\frac{\partial l_t}{\partial b_j}\Big]\frac{\partial b_j}{\partial s_j}\frac{\partial s_j}{\partial\omega_{ij}}\\&=\beta\Big[\sum_{t=1}^{q}(y_t^k-c_t^k)f'(l_t)v_{jt}\Big]f'(s_j)a_i\end{aligned}$$

令：

$$e_j^k = -\frac{\partial E_k}{\partial s_j} \quad (j = 1,2,\cdots,p)$$

$$= -\sum_{t=1}^{q} \frac{\partial E_k}{\partial c_t^k}\frac{\partial c_t^k}{\partial l_t}\frac{\partial l_t}{\partial b_j}\frac{\partial b_j}{\partial s_j}$$

$$= \left[\sum_{t=1}^{q} d_t^k v_{jt}\right] f'(s_j)$$

故：

$$\Delta w_{ij} = \beta e_j^k \cdot a_i \quad (i=1,2,\cdots,n;\ j=1,2,\cdots,p)$$

同理，阈值的调整量为

$$\Delta\gamma_t = \alpha d_t^k \quad (t=1,2,\cdots,q)$$

$$\Delta\theta_j = \beta e_j^k \quad (j=1,2,\cdots,p)$$

从以上的推导可以看出，各个连接权的调整量是分别与各个学习模式对的误差函数 E_k 成比例变化的，这种方法称为标准误差反向传播算法。而相对于全局误差函数 E 的连接权的调整，应该在所有 m 个学习模式全部提供给网络之后统一进行，这种算法称为累积误差反向传播算法。当学习模式集合不太大时，即学习模式对较少时，累积反向传播算法比标准反向传播算法收敛速度要快一些。另外应特别注意，BP 学习规则实现的是学习模式集合上平方误差 E_k（或 E）的梯度下降，而不是特定某个模式的绝对误差 δ_j^k 的梯度下降。

下面给出整个学习过程的具体步骤。

（1）初始化：给 $\{\omega_{ij}\}$、$\{v_{jt}\}$ 及阈值 $\{\theta_j\}$、$\{\gamma_t\}$ 赋予 $(-1,+1)$ 的随机值。

（2）随机选取一模式对 $\boldsymbol{A}_k=(a_0^k,a_1^k,\cdots,a_n^k)$，$\boldsymbol{Y}_k=(y_1^k,y_2^k,\cdots,y_n^k)$ 提供给网络。

（3）用输入 $\boldsymbol{A}_k=(a_0^k,a_1^k,\cdots,a_n^k)$、连接权值 $\{\omega_{ij}\}$ 和 θ_j 计算中间层各单元的输入和输出

$$s_j = \sum_{i=1}^{n} w_{ij}a_i^k - \theta_j$$

$$b_j = f(s_j) \quad (j = 1,2,\cdots,p)$$

（4）用中间层输出 b_j 及 $\{v_{jt}\}$、$\{\gamma_t\}$ 计算输出层的输入 $\{l_t\}$ 及网络的实际输出

$$l_t = \sum_{j=1}^{p} v_{jt}b_j - \gamma_t$$

$$c_t^k = f(l_t) \quad (t = 1,2,\cdots,q)$$

（5）用希望输出 $\boldsymbol{Y}_k=(y_1^k,y_2^k,\cdots,y_n^k)$ 及实际输出 $\{c_t^k\}$ 计算输出层各单元的一般化误差

$$d_t^k = (y_t^k - c_t^k)\cdot c_t^k(1-c_t^k) \quad (t=1,2,\cdots,q)$$

（6）用 $\{v_{jt}\}$、d_t^k 及中间层输出 $\{b_j\}$ 计算中间层各单元的一般化误差 $\{e_j^k\}$

$$e_j^k = \left[\sum_{t=1}^{q} d_t^k \cdot v_{jt}\right] b_j(1-b_j) \quad (j = 1,2,\cdots,p)$$

（7）用 d_t^k、b_j 修正权值 v_{jt}、γ_t：

$$v_{jt}(N+1) = v_{jt}(N) + \alpha \cdot d_t^k \cdot b_j \quad (t=1,2,\cdots,q)$$

$$\gamma_t(N+1) = \gamma_t(N) + \alpha \cdot d_t^k$$

（8）用 e_j^k、$\boldsymbol{A}_k=(a_0^k,a_1^k,\cdots,a_n^k)$ 修正 ω_{ij} 和 θ_j

$$\omega_{ij}(N+1)=w_{ij}(N)+\beta\cdot e_j^k\cdot a_i^k\quad(j=1,2,\cdots,p)$$

$$\theta_j(N+1)=\theta_j(N)+\beta\cdot e_j^k$$

(9)随机选取下一个学习模式提供给网络,返回到步骤(3),直到 m 个模式对训练完毕。

(10)重新从 m 个学习模式对中随机选取一个模式对,重返(3)直到网络全局误差 E 小于预先设定的一个极小值。

(11)学习结束。

在以上的学习步骤中,(3)~(6)为输入学习模式的"顺传播过程",(7)~(8)为网络误差的"反向传播过程",步骤(9)~(10)则完成训练和收敛过程。

通常,经过训练的网络还应该进行性能测试。测试的方法就是选取测试模式集合,将其提供给网络,检验网络对其分类的准确度。各个测试模式应包含今后网络应用中将要遇到的主要典型模式。这些模式数据可以从实例中直接测取,也可以通过仿真得到,在模式数据较少或较难得到的情况下,也可以通过给学习模式加上适当噪声量或按一定规则插值得到。总之,一个良好的测试集合应该不含有和学习模式集合完全相同的模式。

训练与测试后的网络按上述步骤(3)~(4)进行网络回想,即进行网络工作。

4.3.6 隐层单元数的选定

从前面定理的结论可知,一个具有三层的前馈型 BP 网络能实现任意给定的映射,因此,在许多涉及 BP 网络的理论研究和实际应用中,都是考虑结构比较简单的三层 BP 网。考虑到根据待解决问题的性质,网络的输入层和输出层的单元数是确定的(例如,解决 XOR 问题时为两个输入单元和一个输出单元),因此如何确定隐含层单元数目,就成为众所关心的重要技术课题。

尽管围绕此问题进行研究和发表的文章很多,但是所得出的结论却千差万别。例如,为了对 n 维超立方体顶点进行二分类,有文献得出的二进前向网络的隐节点数的上界为 $\frac{2^{n-1}}{2}$,有文献通过构造法得到的隐节点数的最小上界仅为 $2n-1$,两个结果具有指数级和线性级的巨大差异。有文献中曾经介绍过三种选择隐含层单元数 n_1 的公式如下

$$k<\sum_{i=0}^{n}C\binom{n_1}{i}\tag{4.37}$$

式中,k 为样本数,n 为输入层单元数,当 $i>n_1$ 时取 $C\binom{n_1}{i}=0$。

$$n_1=\sqrt{n+m}+a\tag{4.38}$$

式中,m 为输出层单元数,常数 $a=1\sim10$。

$$n_1=\log_2 n\tag{4.39}$$

比较上面三个式子不难看出,它们不仅数值不同,而且数量级不同。按(4.37)式,隐单元数与样本数 k 和输入层单元数 n 有关,按(4.38)式则与输入层单元数 n 和输出层单元数有关,按(4.39)式则只与输入层单元数有关。

此外,研究表明,要使多层网络具有泛化能力,网络的可调连接权总数 W 和必要的训练样本数 N(假定样本集为高斯分布)之间的关系可以近似地表达为

$$N \approx \frac{W}{\varepsilon} \tag{4.40}$$

式中，ε 取 10 左右。(4.40)式表明，隐含层单元数与训练样本数呈线性比例关系。

实际上，由于人工神经网络是一个极为复杂的非线性动态系统，对于这种复杂大系统，很难找到有关其特性、容量一类的简洁解析表达式。然而，下面一些定性的结论还有助于我们考虑隐含层单元数的安排：

(1)隐含层单元过少，无法产生足够的连接权组合数来满足若干样本对的学习；隐含层单元过多，则学习以后网络的泛化能力变差；

(2)如要求逼近的样函数变化剧烈、波动很大，则要求可调整的连接权数多，从而隐含层单元数也应当多一些；

(3)如果规定的逼近精度高，则隐含层单元数也应当多一些；

(4)可考虑开始时放入较少的隐含层单元，学习一定次数后如未学习成功，则逐步增加隐含层单元数。也可以先加足够多的隐含层单元，而后把学习中不太起作用的连接权和隐含层单元删去。

4.3.7 对 BP 网络的评价及改进

(1)按照误差逆向传播原则建立的 BP 学习算法，是当前人工神经网络技术中最为成功的学习算法。前馈型 BP 网络及在此基础上改进的神经网络，也是当前应用十分广泛的网络类型。其实，就像射击运动员必须根据回馈的靶面偏差来修改自己的射击参数一样，误差逆向传播原则是一种人们都能理解的通用法则。如果说它有什么奥妙的话，那就是在算法中得到了一个能由输出层向输入层逐层逆向传播偏差以修改连接权值的递推公式。

(2)BP 网络学习算法中采用误差函数梯度下降的方式进行迭代，就不可避免地产生陷入局部极值的问题，而具体的极值位置又和权值的初始化数值密切相关。

(3)采用随机地赋予网络连接权以非全零初始值的方法，是保证学习过程能有效启动且公正运行的必然措施，但是却由此而丧失了解决某些具体问题时所可能提供的导向先验知识。

(4)隐含层的功能实质上是为网络能学习到给定的样本对而提供足够的可调连接权值。这些可调连接权在反复学习迭代过程中，从其巨大的可能组合数空间中，凑成了一组能同时满足各样本对的连接权配置方案。而后在网络工作阶段有待测试样本输入时，即按“类似输入产生类似输出”的相近原则，内插或外推出所需要的输出。由此可知，要求隐含层这个“黑匣子”明确表征某种物理意义是难以办到的。

(5)由于神经网络的巨量并行分布结构和非线性动态特性，要想从理论上得到一个简单通用的容量表达式或隐含层单元确定公式等都是十分困难，甚至是不可能的。只有通过广泛而长期的应用过程积累一些经验公式和取值范围。

(6)学习样本的数量和质量，是影响学习效果（即泛化能力）和学习速度的重要因素，因此在网络学习以前，必须预先做到学习样本的评价和选择。

(7)从哲理的角度来看，那些有明确因果关系表达式的问题（例如矩阵变换、Fourier 分析等），是不必通过神经网络学习来解决的；那些毫无规律可循的问题（如完全随机的预报问题），也是不可能用神经网络学习来解决的。BP 学习网络所擅长的，是处理那种规律隐含在一大堆数据中的映射逼近问题，特别是需要通过学习自适应可调的实时性问题，例如模式识别、自适应控制和模糊决策等。

比起初期的神经网络,误差逆传播神经网络无论在网络理论还是网络性能方面都更加成熟,其突出的优点就是具有很强的非线性映射能力和柔性的网络结构。网络的中间层数、各层的处理单元数及网络学习系数可根据具体情况任意设定,并且随着结构的差异其性能也有所不同。但是,误差逆传播神经网络并不是一个十分完善的网络,它存在以下一些主要缺陷。

(1)学习收敛速度太慢,即使一个比较简单的问题,也需要几百次甚至上千次的学习才能收敛。

(2)不能保证收敛到全局最小点。

(3)网络隐含层的层数及隐含层的单元数的选取尚无理论上的指导,而是根据经验确定。因此,网络往往有很大的冗余性,无形中也增加了网络学习的时间。

(4)网络的学习、记忆具有不稳定性。一个训练结束的 BP 网络,当给它提供新的记忆模式时,将使已有的连接权打乱,导致已记忆的学习模式的信息消失。要避免这种现象,必须将原来的学习模式连同新加入的新学习模式一起重新进行训练。而对于人类的大脑来说,新信息的记忆不会影响已记忆的信息,这就是人类大脑记忆的稳定性。

对于 BP 网络存在的以上几种缺陷,在其他形式神经网络和学习算法中,都得到了不同程度的改善或补充。然而就 BP 网络本身来说,人们也对其性能的改善做了大量的工作并提出了许多改进方案,其中研究最多的是如何加速 BP 网络的收敛速度和尽量避免陷入局部最小点的问题。

下面主要介绍几种旨在加速 BP 网络收敛的改进算法方案。

(1)累积误差校正算法

一般的 BP 算法称为标准误差逆传播算法,这种算法偏离了真正全局误差意义上的梯度下降。真正的全局误差意义上的梯度算法称为累积误差校正算法。其具体算法是按式

$$d_t^k = (y_t^k - c_t^k) \cdot c_t^k(1 - c_t^k) \quad (t = 1,2,\cdots,q)$$

$$e_j^k = [\sum_{t=1}^{q} d_t^k \cdot v_{jt}] b_j(1 - b_j) \quad (j = 1,2,\cdots,p)$$

分别计算出 m 个学习模式的一般化误差,并将这个误差进行累加,用累加后的误差校正输出层与中间层、中间层与输入层之间的连接权以及各个输出阈值。

这种算法与标准误差逆传播算法相比,每个连接权及阈值的校正次数明显减少(每一次学习减少 $m-1$ 次校正),因此学习时间也随之缩短。但是,这种算法将各个学习模式的误差平均化,在某些情况容易引起网络的振荡。

(2)S 函数输出限幅算法

连接权校正量$\{v_{jt}\}$与$\{\omega_{ij}\}$的校正量,如式

$$v_{jt}(N+1) = v_{jt}(N) + \alpha \cdot d_t^k \cdot b_j \quad (t=1,2,\cdots,q)$$

$$\omega_{ij}(N+1) = \omega_{ij}(N) + \beta \cdot e_j^k \cdot a_i^k \quad (j=1,2,\cdots,p)$$

所示,它们都与中间层$\{b_j\}$的输出有关。

$$\Delta v_{jt} = \alpha d_t^k \cdot b_j \tag{4.41}$$

$$\Delta\omega_{ij} = \beta e_j^k \cdot a_i \tag{4.42}$$

$$e_j^k = [\sum_{t=1}^{q} d_t^k v_{jt}] b_j(1 - b_j) \tag{4.43}$$

因此,当中间层的输出为“0”或“1”时,连接权校正量 $\Delta\omega_{ij}$ 或 Δ_{jt} 为“0”,不起校正作用。

中间层的输出是由 S 函数的输出所决定的。由 S 函数的饱和非线性输出特性可知,当其输入小于或大于某数值后,其输出接近于“0”或“l”。因而在相当次数的学习过程中,真正的校正量很小,校正进程十分缓慢。为此,限制 S 函数的输出,是加快网络校正的一个有效方法。具体做法是,在网络的学习计算过程中,当 S 函数的实际输出小于 0.01 或大于 0.99 时,将其输出值直接取为 0.01 或 0.99。这样做保证了每次学习都能进行有效的校正,从而加快收敛过程。

(3)惯性校正法

所谓惯性校正法,就是在每一次对连接权或输出阀值进行校正时,按一定比例加上前一次学习时的校正量,即惯性项,从此加速网络学习的收敛。具体作法如式(4.44)所示。

$$\Delta W(N) = d + \eta \Delta W(N-1) \tag{4.44}$$

式中,$\Delta W(N)$ 为本次应得校正量,$\Delta W(N-1)$ 为前次校正量,d 为由本次误差计算得到的校正量,η 为惯性系数($0<\eta<1$)。由式(4.44)可知,当前一次的校正量过调时,惯性项与本次误差校正项符号相反,使得本次实际校正量 $\Delta W(N)$ 减小,起到减小振荡的作用;而当前次校正量欠调时,惯性项与本次误差计算校正项符号相同,本次实际校正量增加,起到加速校正的作用。

(4)改进的惯性校正法

在以上介绍的惯性校正法中,惯性项在每次学习校正时所起作用的比重是相等的,即惯性系数在整个校正过程中为常数。在改进的惯性校工法中,惯性系数是一个变量,随着校正的不断进行,惯性系数逐渐增大,惯性项在本次校正量中所占的比重逐渐增大,如式(4.45)、式(4.46)所示

$$\Delta W(N) = d + \eta(N) \Delta W(N-1) \tag{4.45}$$

$$\eta(N) = \eta(N-1) + \Delta\eta \tag{4.46}$$

这一改进的目的是使被校正量随着学习进程的发展,逐渐沿前一次校正方向变化,以此达到加速收敛的目的。但是应该注意,如果惯性系数太大,惯性项所占的比例过重,则误差修正项的作用削减太多以至完全不起作用,反而会延长收敛时间,甚至引起振荡。所以,一般应设置惯性系数的上限值,以确保误差修正项的校正作用。通常上限值取 0.90 左右,另外也有采用惯性系数按指数形式增长的办法进行惯性校正的方案。

除以上介绍的几种加速 BP 网络收敛的改进方案之外,还有许多其他改进方案。如按最小均方误差选择学习系数,以变系数代替常系数加速收敛的方案;用双曲正切函数代替 S 函数改善学习速度的方案;用限制连接权的取值范围避免学习过程中的振荡,提高收敛速度的方案等。

4.4 Hopfield 神经网络

Hopfield 网络作为一种全连接型神经网络,曾经在人工神经网络研究发展历程中起过唤起希望、开辟研究新途径的作用。它用于阶层型神经网络不同的结构特征和学习方法,模拟生物神经网络的记忆机理,获得了令人满意的结果。这一网络及学习算法最初是由美国物理学家 L. J. Hopfield 于 1982 年首先提出的,故称为 Hopfield 网络。1985 年 Hopfield 和 D. W. Tank 用这种网络模型成功地求解了优化组合问题中具有典型意义的旅行商(TSP)问

题，在所有随机选择的路径中找到了其中十万分之一的最优路径，这在当时是神经网络研究工作中所取得的突破性进展。

4.4.1 离散 Hopfield 网络

1. 离散 Hopfield 网络的结构

离散型 Hopfield 网络结构如图 4.14 所示，这是一个只有四个神经元的离散型 Hopfield 网络，其中每个神经元只能取“1”或“0”两个状态。设网络有 n 个神经元，则各个神经元的状态可用向量 $\boldsymbol{U}$ 表示：

$$\boldsymbol{U}=(u_1,u_2,\cdots,u_n)$$

其中，$u_i=1$ 或 $0(i=1,2,\cdots,n)$。

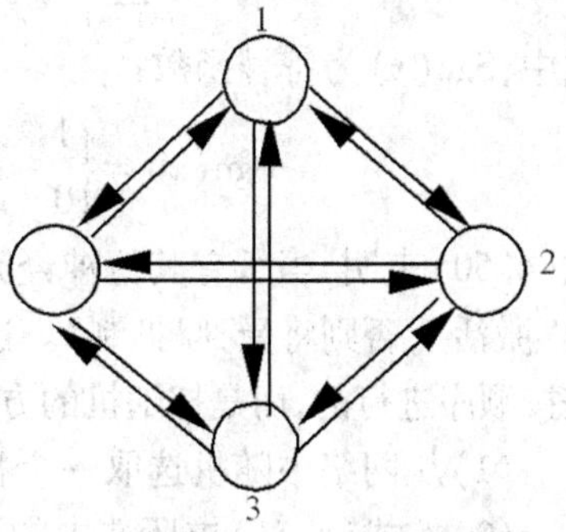

图 4.14 离散型 Hopfield 网络结构

Hopfield 网络的各个神经元都是相互连接的，即每一个神经元都将自己的输出通过连接权传送给所有其他神经元，同时每个神经元又都接收所有其他神经元传递过来的信息。特别值得注意的是，由于 Hopfield 网络的这种结构特征，对于每一个神经元来说，自己输出的信号经过其他神经元又反馈回自己，所以也可以认为 Hopfield 网络是一种反馈型神经网络。图 4.15 所示的是其他几种形式的 Hopfield 网络结构。

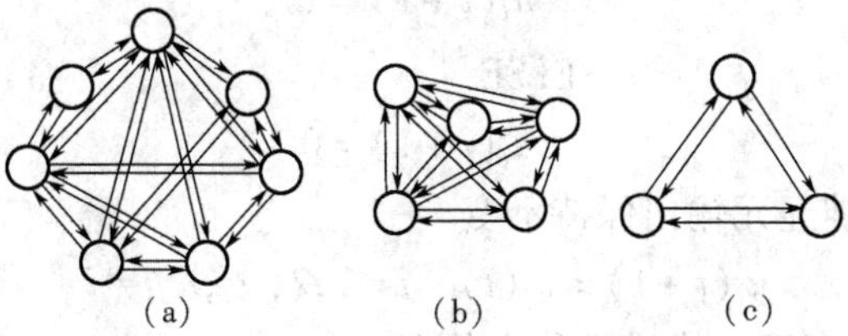

图 4.15 离散型 Hopfield 网络

对于 Hopfield 网络已有定理证明，当网络满足以下两个条件时，Hopfield 学习算法总是收敛的。

(1) 网络的连接权矩阵无自连接且具有对称性，即

$$\omega_{ii}=0 \quad i,j=1,2,\cdots,n \tag{4.48}$$

$$\omega_{ij}=\omega_{ji} \quad i,j=1,2,\cdots,n \tag{4.49}$$

这一假设条件不符合生物神经网络的实际情况（生物神经元之间连接强度通常是不对称的）。

(2) 网络中各神经元以非同步或串行方式，依据运行规则改变其状态，即各神经元按随机选取方式，依据运行规则改变状态，且当某个神经元改变状态时，其他所有神经元保持原状态不变。这一点符合生物神经网络的情况。

2. Hopfield 网络运行规则

神经网络主要有两种运行方式，一种是前面介绍过的学习运行方式，即通过对训练模式的学习，调整连接权达到模式记忆的目的；另一种就是下面将要介绍的工作运行方式。在这种运行方式中，各连接权值是固定的，只是通过按一定规则的计算，更新网络的状态，以求达到网络的稳定状态。

图 4.16 是 Hopfield 网络中某个神经元的结构图。设网络由 n 个这样的神经元构成。时刻 t 第 i 个神经元的输出为

$$u_i(t) = \text{sgn}(H_i) \tag{4.50}$$

$$H_i = \sum_{j=1,j\neq i}^{n} \omega_{ij}u_j - \theta_i \tag{4.51}$$

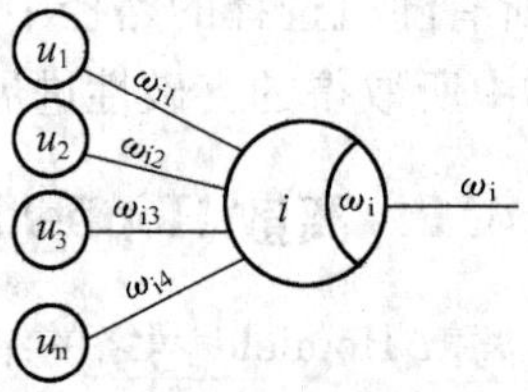

图 4.16 Hopfield 网络神经元结构图

式中，Sgn(x)为符号函数：

$$\text{Sgn}(x) = \begin{cases} 1 & x \geq 0 \\ 0 & x < 0 \end{cases} \tag{4.52}$$

式(4.50)表明，当所有其他神经元输出的加权总和超过第 i 个神经元输出阀值时，此神经元被"激活"，否则将受到"抑制"。这里特别应该注意的是，按式(4.50)改变状态的神经元，并不是按顺序进行的，而是按随机的方式选取的。下面将 Hopfield 工作运行规则总结如下：

(1) 从网络中随机选取一个神经元 u_i；

(2) 按式(4.51)求所选中的神经元的所有输入的加权总和

$$H_i = \sum_{j=1,j\neq i}^{n} \omega_{ij}u_j - \theta_i$$

(3) 按式(4.50)计算的第 $t+1$ 时刻的输出值，即

$$\begin{aligned}&\text{IF } [H_i(t) \geq 0] \text{ THEN}\\ &\quad u_i(t+1) = 1\\ &\text{ELSE}\\ &\quad u_i(t+1) = 0\end{aligned}$$

(4) u_i 以外的所有神经元输出保持不变

$$u_j(t+1) = u_j(t) \quad j = 1,2,\cdots,n, j \neq i$$

(5) 返回到第一步，直至网络进入稳定状态。

前节曾经指出，Hopfield 网络是一种具有反馈性质的网络，而反馈网络的一个重要特点就是它具有稳定状态，也称为吸引子。那么 Hopfield 网络的稳定状态是怎样的呢？当网络结构满足前节所指出的两个条件时，按上述工作运行规则反复更新状态，当更新进行到一定程度之后，我们会发现无论再怎样更新下去，网络各神经元的输出状态都不再改变，这就是 Hopfield 网络的稳定状态，用数学表示为

$$u_i(t+1) = u_i(t) = \text{sgn}(H_i) \quad i = 1,2,\cdots,n \tag{4.53}$$

一般情况下，一个 Hopfield 网络必须经过多次反复更新才能达到稳定状态。

3. 网络计算能量函数与网络收敛性

从 Hopfoeld 网络工作运行规则可以看出，网络中某个神经元 t 时刻的输出状态，通过其他神经元间接地与自己的 $t-1$ 时刻的输出状态发生联系。这一特性从数学的观点看，网络的状态变化可用差分方程表征；从系统动力学的观点看，此时的网络已不像误差逆传播那样只是非线性映射的网络，而是一个反馈动力学系统。准确地说，是一个多输入、多输出，且带阈值的二态非线性动力学系统。我们知道，一个抽象的动力学系统，与一个具有实际物理意义的动力学系统比较，抽象系统的动态过程必定是使某个与实际系统形式上一致的"能量函数"减小的过程。Hopfield 网络也同样如此，在满足一定的参数条件下，某种"能量函数"的能量在网络运行过程中不断降低，最后趋于稳定的平衡状态。

设 t 时刻网络的状态用 n 个神经元的输出向量 $\boldsymbol{U}(t)$ 表示

$$\boldsymbol{U}(t)=[u_1(t),u_2(t),\cdots,u_n(t)] \tag{4.54}$$

而每个神经元只有“1”或“0”两种状态，所以 n 个神经元共有 2^n 个组合状态，即网络具有 2^n 种状态，从几何学的角度看，这 2^n 种状态正好对应一个 n 维超立方体的各个顶点。网络的能量函数可定义为网络状态的二次函数

$$E=-\frac{1}{2}\sum_{i=1}^{n}\sum_{j=1,j\neq i}^{n}\omega_{ij}u_iu_j+\sum_{i=1}^{n}\theta_iu_i \tag{4.55}$$

注意，式(4.55)的能量函数已不是物理学意义上的能量函数，而是在表达形式上与物理意义上的能量概念一致，表征网络状态的变化趋势，并可依据 Hopfield 工作运行规则不断进行状态变化，最终能够达到某个极小值的目标函数。所谓网络的收敛，就是指能量函数达到极小值。

下面证明，按照 Hopfield 工作运行规则改变网络状态，能量函数式(4.55)将单调减小。

由式(4.55)可知，对应第 i 个神经元的能量函数为

$$E_i=-\frac{1}{2}\sum_{j=1,j\neq i}^{n}\omega_{ij}u_iu_j+\theta_iu_i \tag{4.56}$$

设 u_i 发生变化，而其他单元不发生变化，则

$$\begin{aligned}\Delta E&=E(t+1)-E(t)\\&=-\sum_{j=1,j\neq i}^{n}\omega_{ij}\Delta u_iu_j+\Delta u_i\theta_i\\&=-\Delta u_i\Big[\sum_{j=1,j\neq i}^{n}\omega_{ij}u_j+\theta_i\Big]\\&=-[u_i(t+1)-u_i(t)]H_i(t)\end{aligned} \tag{4.57}$$

由 Hopfield 网络工作运行规则可知，当 $H_i(t)\geqslant 0$ 时，方括号中的值大于或等于零，故 $\Delta E_i\leqslant 0$；当 $H_i(t)\leqslant 0$ 时，方括号中的值小于或等于零，故 $\Delta E_i\leqslant 0$。总之，$\Delta E_i\leqslant 0$。因为所有神经元都是按同一个工作运行规则进行状态更新的，所以有 $\Delta E_i\leqslant 0$，即

$$E(t+1)\leqslant E(t) \tag{4.58}$$

式(4.58)说明，随着网络状态的更新，网络能量函数是单调递减的。

图4.17是 Hopfield 网络能量函数的示意图，为简单起见，假设网络的状态是一维的。横轴为网络状态，纵轴为网络能量函数。当网络的状态随时间发生变化时，网络能量沿其减小的方向变化，最后落入能量的极小点。一旦能量落入某个极小点之后，按 Hopfield 工作运行规则，网络能量函数将会“冻结”在那里。也就是说网络不见得一定收敛到全局的最小点，这是 Hopfield 网络的一个很大缺陷。尽管如此，由以上分析可知，Hopfield 网络已具有了寻找能量函数极小点的功能，这就为网络的模式记忆打下了基础。

为更深理解 Hopfield 网络的收敛过程，下面举一个具有四个神经元的 Hopfield 网络的实例，如图4.18所示。因每个神经元只有“0”“1”两种状态，故四个神经元共有 $2^4=16$ 种状态组合，也就是说，函数共有16种状态，分别用16进制数1～F 表示。分别让网络从0，1，2，…，F 状态开始变化，每次共进行30次学习，观察网络状态变化的次序及网络的收敛情况。

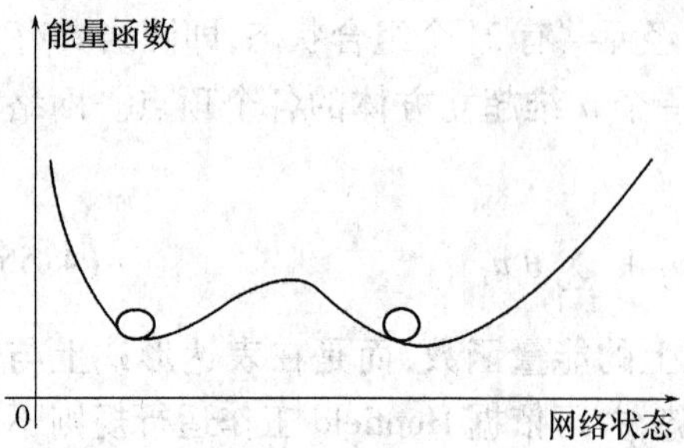

图 4.17　网络能量函数的示意图

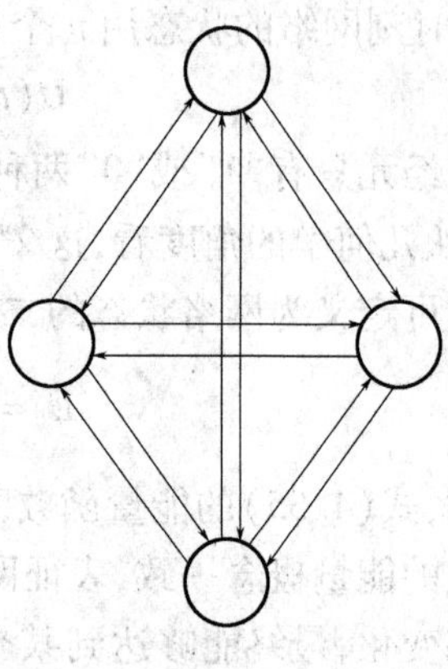

图 4.18　四个神经元的 Hopfield 网络

如表 4.1 所示，第 1、2 列分别表示网络的初始状态和对应的网络能量，第 3 列表示网络状态在 30 次学习过程中的变化次序，最后一列表示网络收敛到全局最小点。网络的连接权初始值为[-1, +1]内的随机值。

表 4.1　四神经元 Hopfield 网络状态变化表

初始状态	对应能量	状态随时间变化次序	收敛情况
0	0	004444444444444444444444444444	收敛
1	17	554444444444444444444444444444	收敛
2	122	000004444444444444444444444444	收敛
3	17	333333333333333333333333333333	不收敛
4	-155	444444444444444444444444444444	收敛
5	10	544444444444444444444444444444	收敛
6	77	666444444444444444444444444444	收敛
7	80	555444444444444444444444444444	收敛
8	122	800044444444444444444444444444	收敛
9	187	9*dd*5555444444444444444444444444	收敛
A	351	*B*333*E*3333333333333333333333333	不收敛
B	294	*FFFFDD*54444444444444444444444	收敛
C	-66	*CC*4444444444444444444444444444	收敛
D	107	*CC*4444444444444444444444444444	收敛
E	233	*ECCCCC*444444444444444444444444	收敛
F	284	*FFDD*54444444444444444444444444	收敛

由表 4.1 可知，除去从 3 和 *A* 两个初始状态开始变化外，其他 14 个初始状态最后都能收敛至全局最小点状态 4（能量为 -115）。例如初始状态 9，其能量为 187，随着学习的进

行，经 $9\to d\to 5\to 4$ 最后收敛于状态 4；而当从状态 A 开始变化时，由 $A\to 3\to 3\cdots 3$，最后收敛于局部极小点状态，其能量为 17。这说明网络的收敛情况依赖于网络的初始状态。另外需要注意的是，这里网络能量的具体数值并不具有一定的物理意义，它只表明网络某一状态在整个网络的所有状态中所处的地位。当网络连接权的初始值改变时，各个状态所对应的能量具体数值也将随之改变。

4.4.2　连续时间型 Hopfield 神经网络

连续时间型 Hopfield 神经网络与离散型 Hopfield 网络的基本原理是一致的。但由于连续时间型 Hopfield 神经网络是以模拟量作为网络的输入、输出量，各神经元采用同步工作方式，因而它比离散型网络在信息处理的并行性、联想性、存贮分布性、实时性、协同性等方面更接近于生物神经网络。连续时间型 Hopfield 网络是 Hopfield 于 1984 年在离散型神经网络的基础上提出来的，其基本结构如图 4.19 所示。

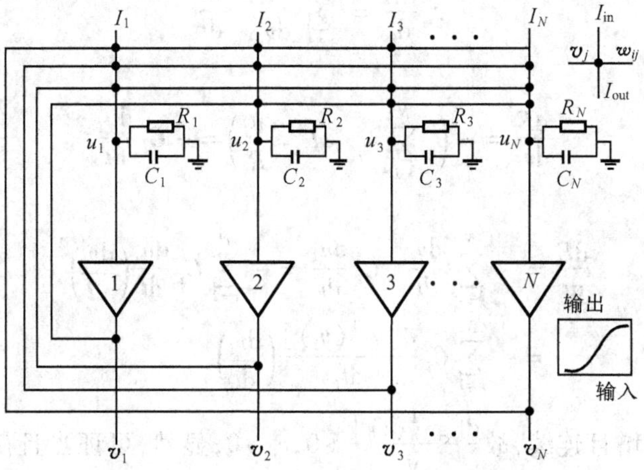

图 4.19　连续时间型 Hopfield 网络模型

图中电阻 R_i 和电容 C_i 并联，模拟生物神经元的延时特性；运算放大器是一个输入、输出按 S 函数（非线性饱和特性）关系变化的非线性元件，它模拟生物神经元的非线性特性，即 $v_i=f(u_i)$；各放大器输出的反馈权值 ω_{ij}，反映神经元之间的突触特性，但其中不反馈回自身，即自反馈耦合 $\omega_{ij}=0$。

电路中第 i 个节点的节点方程为

$$I_{\text{out}}=I_{\text{in}}+\omega_{ij}v_i \tag{4.59}$$

式中，$\omega_{ij}=1/R_{ij}$ 是 i 放大器与 j 放大器之间的反馈耦合系数，R_{ij} 是反馈电阻。根据理想放大器的特性，其输入端口无电流流入，则第 i 个放大器的输入方程应为

$$C_i\frac{\mathrm{d}u_i}{\mathrm{d}t}=-\frac{u_i}{R_i}+\sum_{j=1,j\neq i}^{N}\omega_{ij}v_j+I_i \tag{4.60}$$

由放大器非饱和特性决定的 v_i 与 u_i 的关系为

$$v_i=\frac{1}{1+\mathrm{e}^{-u_i}} \tag{4.61}$$

与离散型网络相同，连续型网络也具有对称性（即 $\omega_{ij}=\omega_{ji}$），同时也给网络定义了一个能量函数。

$$E = -\frac{1}{2}\sum_{i=1}^{N}\sum_{j=1,j\neq i}^{N}\omega_{ij}v_i v_j - \sum_{i=1}^{N}v_i I_i + \sum_{i=1}^{N}\frac{1}{R_i}\int_0^{v_i}g^{-1}(t)\,\mathrm{d}t \tag{4.62}$$

式中，$g(t)$为 S 函数，$g(t)=\dfrac{1}{1+\mathrm{e}^{-t}}$，$g^{-1}(t)$是$g(t)$的反函数。

定理 4.2　对于式(4.60)所示网络，若$g^{-1}(t)$为单调递增且连续的函数，并有$C_i>0$，$\omega_{ij}=\omega_{ji}$，则随网络的状态变化有

$$\frac{\mathrm{d}E}{\mathrm{d}t}\leqslant 0,\text{当且仅当}\frac{\mathrm{d}v_i}{\mathrm{d}t}=0\text{ 时},\frac{\mathrm{d}E}{\mathrm{d}t}=0\quad i=1,2,\cdots,N$$

定理 4.2 所说的意思是，网络状态改变总是朝着其能量函数减小的方向运动，并且最终收敛于网络的稳定平衡点，即 E 的极小值点。

定理 4.2 的证明：

证明

$$\because\ \frac{\mathrm{d}E}{\mathrm{d}t}=\sum_{i=1}^{N}\frac{\mathrm{d}E}{\mathrm{d}v_i}\cdot\frac{\mathrm{d}v_i}{\mathrm{d}t}$$

而

$$\frac{\mathrm{d}E}{\mathrm{d}v_i}=-\left(\sum_{j=1,j\neq i}^{N}v_j+I_i-\frac{u_i}{R_i}\right)=-C_i\frac{\mathrm{d}u_i}{\mathrm{d}t}$$

则

$$\begin{aligned}\frac{\mathrm{d}E}{\mathrm{d}t}&=-\sum_{i=1}^{N}\frac{\mathrm{d}v_i}{\mathrm{d}t}\cdot C_i\frac{\mathrm{d}u_i}{\mathrm{d}t}=-\sum_{i=1}^{N}C_i\frac{\mathrm{d}u_i}{\mathrm{d}t}\left(\frac{\mathrm{d}v_i}{\mathrm{d}t}\right)^2\\&=-\sum_{i=1}^{N}C_i\frac{\mathrm{d}[g^{-1}(v_i)]}{\mathrm{d}t_i}\left(\frac{\mathrm{d}v_i}{\mathrm{d}t}\right)^2\end{aligned}$$

因为$g^{-1}(t)$单调递增且连续，故$\dfrac{\mathrm{d}[g^{-1}(t)]}{\mathrm{d}t}>0$，$c_i>0$，显然，可证当且仅当$\dfrac{\mathrm{d}v_i}{\mathrm{d}t}=0$，$\dfrac{\mathrm{d}E}{\mathrm{d}t}=0$。

当网络模型中的运放为理想放大器时，(即 $u_i=0$ 时，$v_i\neq 0$)能量函数可简化为

$$E=-\frac{1}{2}\sum_{i=1}^{N}\sum_{j=1,j\neq i}^{N}\omega_{ij}v_i v_j-\sum_{i=1}^{N}v_i I_i$$

最后将式(4.60)和式(4.61)整理后，得到连续型 Hopfield 网络的运行方程为

$$\frac{\mathrm{d}u_i}{\mathrm{d}t}=-\frac{u_i}{\tau}+\sum_{i=1}^{N}\omega_{ij}v_j+I_i \tag{4.63}$$

$$v_j=g(u_j) \tag{4.64}$$

式中，$g(t)$为 S 型函数，$\tau=R_iC_i$。

4.4.3　利用 Hopfield 神经网络求解 TSP 问题

1. 求解 TSP 问题的复杂性

用神经网络解决优化组合问题，即寻找问题的最优解，是神经网络应用的一个重要方面。所谓最优解问题，就是指在给定的约束条件内，求出使某目标函数最小(或最大)化的变量组合问题。我们通过对神经网络能量函数的分析，可以得到这样一种启发：既然网络的能量函数在网络的状态按一定规则变化时，可以自动地朝着其稳定的平衡点即极小值点运动，并将最终收敛于极值点。如果把一个需要求解的问题的目标函数转换为网络的能量

函数，把问题的变量对应于网络的状态。这样当网络的能量函数收敛于极小值时，问题的最优解也就随之求出。为了说明这个问题，这里举一个最有代表性的优化组合实例——旅行商问题，简称 TSP(the Traveling Salesman Problem)。这个问题同时也是用神经网络解决优化组合问题的最典型、最具有范例意义的问题。当年正是因为 Hopfield 用其连续时间型神经网络成功地求解了这个具有相当难度的组合优化问题，才使人工神经网络的研究工作走出"低谷"，并重新兴盛起来。

TSP 的提法是：

设有 n 个城市 $c_1, c_2, \cdots, c_n$，记为：$C=\{c_1, c_2, \cdots, c_n\}$；用 d_{ij} 表示 c_i 与 c_j 之间的距离，$d_{ij}>0, i,j=1,2,\cdots,n$。有一旅行商从某一城市出发，访问各个城市一次且仅一次后，再回到原出发城市。要求找出一条最短的巡回路线。

目前对一问题已有许多种解法，如穷举搜索法(Exhaustive Search Method)、贪心法(Greedy Method)、动态规划法(Dynamic Programming Method)、分枝定界法(Branch-And-Bound)等。

这些方法都存在着一个共同问题，就是当城市数 n 较大时，会产生所谓"组合爆炸"问题。如：当 $n=50$ 时，用每秒运算一亿次的巨型计算机按穷举搜索法计算 TSP 所需的时间为 55×10^{48} 年。即使城市数减少到 20 个，用这一方法求解仍需 350 年，显然这是无法实现的。因此，TSP 问题是 NPC 问题。

这里所称的 NPC，是人们衡量一种算法对时间需求的标准，也就是评定算法效率高低的统一量度。目前，计算复杂性有下述类型。

P 类问题：可以用图灵机在多项式时间内加以解决的问题，简记为 $O(p(n))$，例如$O(n)$ $O(n^4)$等时间复杂性问题，都属于 P 类问题。

NP 类问题：能用非确定性算法在多项式时间内加以解决的问题，叫 NP 类问题。所谓非确定性算法是由两个阶段组成：第一阶段是猜想阶段，第二阶段是检验阶段。

能用确定性算法在多项式时间内解决的 P 类问题，一定也能用非确定性算法在多项式时间内加以解决，这个关系可表示为 $P\subseteq NP$。

然而，在当前的计算复杂性科学中，尚没有解决是否兼属于 P 类和 NP 类的问题，即 P 类与 NP 类的交集是否为空的问题。目前，证明 $P\neq NP$ 的难度和证明 $P=NP$ 的难度同样大，但越来越多的人相信 $P\neq NP$。

NPC 类问题：即 NP 完全(NP-Complete)问题，它是 NP 类中最困难的一类问题。所有 NPC 问题是同等困难的，每一个 NP 类问题都可以用多项式算法转换至 NPC。因此，如果 NPC 中有一个问题能用多项式确定性算法解决，则其他所有 NPC 问题都能用多项式确定性算法来解决。反之，如果其中一个问题具有更高的指数时间复杂性，则所有其他 NPC 问题都具有指数时间复杂性。

旅行商(TSP)问题就是一类有代表性的已被证明具有 NPC 计算复杂性的组合优化难题。

下面我们看一下如何用 Hopfield 神经网络解决这一问题。

为了简单明了起见，我们仅举了 $n=5$ 的例子。设这五个城市分别为 A, B, C, D, E。当任选一条路径，如 $B\to D\to E\to A\to C$ 时，其总的路径长度可表示为

$$s=d_{BD}+d_{DE}+d_{EA}+d_{AC}+d_{CB} \tag{4.65}$$

求解这五个城市 TSP 的第一个关键问题是找到一个简单，且能够充分说明问题，又便于计

算的表达形式，为此先观察图 4. 20。

城市	1	2	3	4	5
A	0	0	0	1	0
B	1	0	0	0	0
C	0	0	0	0	1
D	0	1	0	0	0
E	0	0	1	0	0

图 4. 20　五城市巡回路线

图(4. 20)中的行表示城市，列表示城市巡回次序。按照式(4. 65)提出的路线，可得到如图所示的表现形式。如果把图看作一个矩阵的话：这样形式的矩阵称为换位矩阵(Permutation Matrix)。进一步，如果把矩阵中每个元素对应于神经网络中的每个神经元的话，则可用一个 $n\times n=5\times 5=25$ 个神经元组成的 Hopfield 网络来解决这个问题。

有了明确的表达形式之后，第二个关键问题是如何把问题的目标函数表示为网络的能量函数，并将问题的变量对应为网络的状态。解决这个具体问题有一定的复杂性，并需要一定的技巧。首先，对应换位矩阵，把问题的约束条件和最优要求分解出来：

(1)一次只能访问一个城市⇒换位矩阵每列只能有一个“1”；

(2)一个城市只能被访问一次⇒换位矩阵每行只能有一个“1”；

(3)一共有 N 个城市⇒换位矩阵中元素“1”之和应为 N；

(4)要求巡回路径最短⇒网络能量函数最小值对应于 TSP 的最短路径。

如果用 v_{ij} 表示为换位矩阵第 i 行、第 j 列的元素，显然 v_{ij} 能取“1”或“0”，当然 v_{ij} 同时也是网络的一个神经元的状态。则以上第 4 点也可表达为：构成最短路径的换位矩阵一定是形成网络能量函数极小点的网络状态。

对于上述第一个约束条件：

(a)第 x 行的所有元素 v_{xi} 按顺序两两相乘之和应为 0，即

$$\sum_{i=1}^{N-1}\sum_{j=i+1}^{N} v_{xi}v_{xj}=0$$

(b)N 行的所有元素按顺序两两相乘之和也应为 0，即

$$\sum_{x=1}^{N}\sum_{i=1}^{N-1}\sum_{j=i+1}^{N} v_{xi}v_{xj}=0$$

(c)将上式前面乘上一系数 $A/2$ 则可作为网络能量函数的第一项，即

$$\frac{A}{2}\sum_{x=1}^{N}\sum_{i=1}^{N-1}\sum_{j=i+1}^{N} v_{xi}v_{xj}=0$$

同理对应第二个约束条件，可得网络能量函数的第二项，即

$$\frac{B}{2}\sum_{i=1}^{N}\sum_{x=1}^{N-1}\sum_{y=x+1}^{N} v_{xi}v_{ui}\text{，其中 } B \text{ 为系数}$$

对应第三个约束条件，换位矩阵中所有为“1”的元素之和应等于 N，即

$$\left(\sum_{x=1}^{N}\sum_{i=1}^{N}v_{xi}\right)-N=0$$

由此可得网络能量函数的第三项,即

$$\frac{C}{2}\left[\left(\sum_{x=1}^{N}\sum_{i=1}^{N}v_{xi}\right)-N\right]^2,\text{其中 } C \text{ 为系数}$$

对于第四个约束条件:

(a)设任意两个城市 x,y 之间的距离为 d_{xy};

(b)访问这两个城市有两种途径:

$$x\to y,y\to x,\text{其表达式为}:d_{xy}\cdot v_{xi}\cdot v_{yi+1}\text{和 } d_{xy}\cdot v_{xi}\cdot v_{yi-1}$$

由前三个约束条件可知,这两项至少有一项为0。

(c)式

$$\sum_{i=1}^{N}\left[d_{xy}v_{xi}v_{yi+1}+d_{xy}v_{xi}v_{yi-1}\right]=\sum_{i=1}^{N}d_{xy}v_{xi}\left[v_{yi+1}+v_{yi-1}\right]$$

表示顺序访问 x,y 两城市所有可能的途径(长度),按前三个约束条件,所有 N 项之和中最多只能有一项不为0,而这一项或为 $d_{xy}\cdot v_{xi}\cdot v_{yi+1}$,或为 $d_{xy}\cdot v_{xi}\cdot v_{yi-1}$。如果所有 N 项均为0,则说明不是按相邻顺序访问这两个城市的。

(d)式

$$\sum_{x=1}^{N}\sum_{y=1}^{N}\sum_{i=1}^{N}d_{xy}v_{xi}(v_{yi+1}+v_{yi-1})$$

表示 N 个城市两两之间所有可能的访问路径的长度。当这一项最小时,则表示访问 N 个城市的最短距离。由此得网络能量函数的第四项:

$$\frac{D}{2}\sum_{x=1}^{N}\sum_{y=1}^{N}\sum_{i=1}^{N}d_{xy}v_{xi}(v_{yi+1}+v_{yi-1}),\text{其中 } D \text{ 为系数}$$

以上前三项只有当满足问题的约束条件时才能为0,因此这三项保证了所得路径的有效性。从一般意义上讲,这三项是针对优化组合问题约束条件而设置的,称为惩罚项(意思是:不满足约束条件,这些项就不为0,网络能量函数就不可能达到极小值)。第四项对应问题的目标,即优化要求,其最小值就是最短路径长度。综合这四项可得到网络能量函数的最后表达形式

$$E=\frac{A}{2}\sum_{x=1}^{N}\sum_{i=1}^{N-1}\sum_{j=i+1}^{N}v_{xi}v_{xj}+\frac{B}{2}\sum_{i=1}^{N}\sum_{x=1}^{N-1}\sum_{y=x+1}^{N}v_{xi}v_{yj}+$$
$$\frac{C}{2}\left[\left(\sum\sum v_{xi}\right)-N\right]^2+\frac{D}{2}\sum_{x=1}^{N}\sum_{y=1}^{N}\sum_{i=1}^{N}d_{xy}v_{xi}(v_{yi+1}+v_{yi-1})\qquad(4.66)$$

式(4.66)符合网络能量函数的定义,且只能当达到问题的最优解时 E 取得极小值,由此时的网络状态 v_{ij} 构成的换位矩阵表达了最佳旅行路线。为使网络能收敛到全局极小值,可按式(4.67)设置网络各连接权的初值。

设网络(x,i)神经元与(y,j)神经元之间的连接权为 $\omega_{xi,yj}$,神经元(x,i)的输出阈值为 I_{xi},则有

$$w_{xi,yj}=-A\delta_{xy}(1-\delta_{ij})-B\delta_{ij}(1-\delta_{xy})-C-Dd_{xy}(\delta_{ji+1}+\delta_{ji-1})\qquad(4.67)$$

$$I_{xi}=C\cdot N\qquad(4.68)$$

其中

$$\delta_{ij}=\begin{cases}1 & i=j\\0 & i\neq j\end{cases} \tag{4.69}$$

实际上,将上式代入 Hopfield 网络能量函数式(4.60)则得到 TSP 问题能量函数式(4.66)(只相差一常数 N^2)。也可以说,比较式(4.60)和式(4.66),则可得到连接权表达式(4.67)。将式(4.67)、式(4.68)代入 Hopfield 网络运行方程即式(4.63)、式(4.64),则得求解 TSP 的网络迭代方程

$$\frac{\mathrm{d}u_{xi}}{\mathrm{d}t}=-\frac{u_{xi}}{\tau}-A\sum_{j=1,j\neq i}^{N}v_{xi}-B\sum_{y=1,y\neq x}^{N}v_{yi}-C\left(\sum_{x=1}^{N}\sum_{y=1}^{N}v_{xy}-N\right)-D\sum_{y=1}^{N}d_{xy}(v_{yi+1}+v_{yi-1}) \tag{4.70}$$

$$v_{xi}=g\left(\frac{u_i}{u_0}\right)=\frac{1}{2}\left[1+\tanh\left(\frac{u_i}{u_0}\right)\right] \tag{4.71}$$

这里取神经元的函数为双曲正切函数。式中 u_{xi} 表示各神经元的内部状态,v_{xi} 表示神经元的输出。

具体计算迭代步骤如下:

(1)初始化:取 $u_0=0.02$,为保证问题收敛于正确解,按式(4.72)取网络的 25 个神经元内部初始状态,即

$$u_{xi}=u_{00}+\delta_{u_{xi}} \tag{4.72}$$

式中,$u_{00}=\frac{1}{2}u_0\ln(N-1)$,$N$ 为神经元个数;$\delta_{u_{xi}}$ 为$(-1,+1)$区间内的随机值。这样做的目的是使网络因初始状态的不同而引起竞争,从而使网络朝收敛方向发展。

(2)按式(4.71)$v_{xi}(t_0)=\frac{1}{2}\left(\tanh\left(\frac{u_{xi}}{u_0}\right)\right)$求出各神经元的输出 $v_{xi}(t_0)$。

(3)将 $v_{xi}(t_0)$代入式(4.70)中求得$\left.\frac{\mathrm{d}u_{xi}}{\mathrm{d}t}\right|_{t=t_0}$,即

$$\left.\frac{\mathrm{d}u_{xi}}{\mathrm{d}t}\right|_{t=t_0}=-\frac{u_{xi}}{\tau}-A\sum_{i=1,j\neq i}^{N}v_{xi}-B\sum_{y=1,y\neq x}^{N}v_{yi}-C\left(\sum_{x=1}^{N}\sum_{j=1}^{N}v_{xj}-N\right)-D\sum_{y=1}^{N}d_{xy}(v_{yi+1}+v_{yi-1})$$

(4)按式

$$u_{xi}(t_0+\Delta t)=u_{xi}(t_0)+\left.\frac{\mathrm{d}u_{xi}}{\mathrm{d}t}\right|_{t=t_0}\Delta t \tag{4.73}$$

求出下一时刻的点 $u_{xi}(t+\Delta t)$值,返回步骤(2)。

注意:在每进行一遍巡回之后,要检查运行结果,即旅行路径的合法性。主要有三方面:

①每个神经元的输出状态必须是“0”或“1”;

②换位矩阵每行有且仅有一个为 1 的单元;

③换位矩阵每列有且仅有一个为 1 的单元。这里只要神经元输出 $u_{xi}<0.01$ 则可视为 0,u_{xi}则可视为 1。当网络的运行迭代次数大于事先给定的回数时,经检查运行结果仍属非法时,说明从这一初始状态网络不能收敛到全局最小值。这时需要更换一组网络初始状态,即重新设置 $u_{xi}(t_0)=u_{00}+\delta_{u_{xi}}$。从步骤(2)开始再进行网络迭代,直到网络达到稳定状态。

但是应该指出,何 Hopfield 网络解决 TSP 问题并不是每次都能收敛到最小值,而时常会“冻结”在无意义的旅行路线上。这说明 Hopfield 网络模型具有不稳健性(Non Robustness),关于这方面的问题,有关文献进行了深入的研究,并提出了一些改进设想,这里不再详述。

4.5 自组织特征映射神经网络

4.5.1 自组织特征映射神经网络的基本思想

前面几章介绍的各种类型的神经网络，总是把一个网络当作一个整体，由这个整体来完成一个共同的任务——模式记忆与识别。每个识别结果由一个神经元或若干个神经元的组合来表征。实际上，生物神经网络并非这样简单。正如著名人工智能专家 Minsky 在《思想社会》(*Soliety of mind*)书中所指出的那样，如果人脑像人们所想象的那样简单，那它就不称之为人脑了。人们通过大量的生理学实验发现，人的大脑皮层中存在着许多完成特定功能的网络区域，如语言理解、视觉、控制运动等功能，都分别是由不同的神经网络区域完成的。而进一步实验又发现，在完成某一特定功能的网络区域中，不同部位的若干神经元对含有不同特征的外界刺激同时产生响应。这就是说，人脑的神经细胞(神经元)并不是与记忆模式一一对应的，而是一组或一群神经元对应一个模式。其实这一结论很容易由日常尘活现象得到解释。生理学实验早已证实，人的大脑神经细胞在人生的最初20年中以平均每天25 000个的惊人速度消失，同时又不断产生大量新的神经细胞。假设神经细胞与记忆模式一一对应，则一旦某个细胞消失或损坏，则与之对应的记忆信息也随之全部消失，出现"祖母细胞"现象，显然这与客观事实不符；另一方面，大脑神经网络中各神经细胞之间的信息是通过神经键传递的，传递的结果有抑制与兴奋之分。生理学基础实验表明：某一个外界信息所引起的并不是对一个神经细胞的兴奋刺激，而是对以某一个细胞为中心的一个区域神经细胞的兴奋刺激，并且这种刺激的强度不是均一的，有强弱之分。如图4.21所示，大脑神经的刺激趋势与强度呈墨西哥帽(Mexican hat)的形状神经元受兴奋刺激的强度，以区域中心为最大，随着区域半径的增大，强度逐渐减弱，远离区域中心的神经元相反要受到抑制性作用。

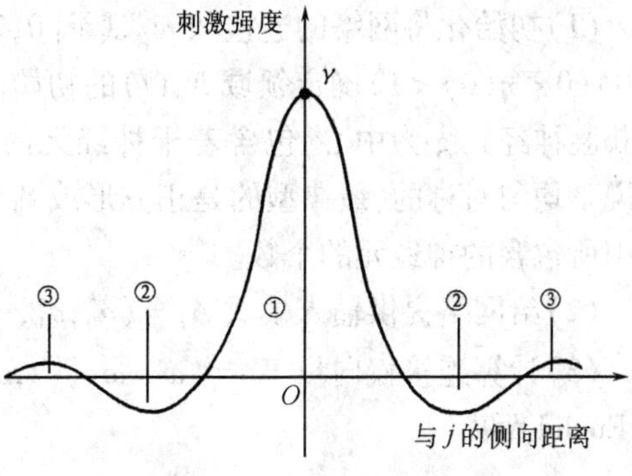

图4.21 墨西哥帽函数

早在20世纪70年代，一些学者就曾根据这些生理学规律研究并提出了各种模拟这些规律的人工神经网络和算法。1981年由芬兰学者 Kohonen 提出了一个比较完整的、分类性能较好的自组织特征映射(Self - Organizing Feature Map)神经网络(简称SOM网络)方案，这种网络有时也称为 Kohonen 特征映射网络。

SOM 网络的结构如图4.22所示，由图可知SOM网络由输入层和竞争层组成。输入层由 N 个输入神经元组成，竞争层由 $m \times m = M$ 个输出神经元组成，且形成一个二维

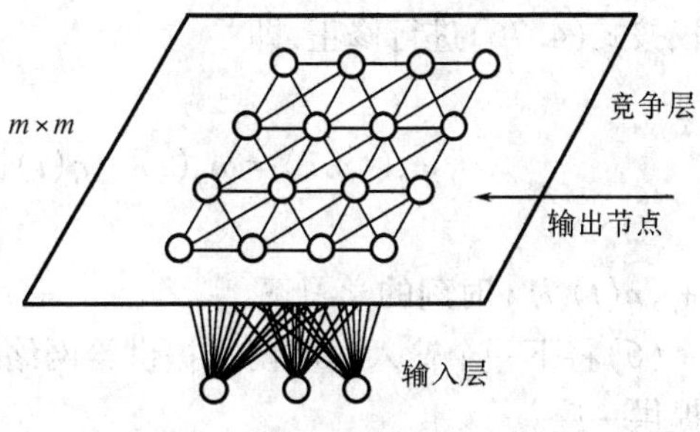

图4.22 SOM网络基本结构

平面阵列。输入层各神经元与竞争层各神经元之间实现全互连接,有时,竞争层各神经元之间也实行相邻神经元侧抑制连接。SOM 根据其学习规则,对输入模式进行自动分类,即在无教师示教的情况下通过输入模式的反复学习,捕捉各个输入模式中所含的模式特征,并对其进行自组织,在竞争层将分类结果表现出来。这种表现方式与其他类型的网络的区别是:它不是以一个神经元或者一个神经元向量来反映分类结果,而是以若干神经元同时反映分类结果。这与若干神经元相连接的连接权向量虽略有差别,但这些神经元的分类作用基本上是并列的,即其中任何一个神经元都可以代表分类结果或近似分类结果。一旦由于某种原因,某个神经元受到损害(在实际应用中,表现为连接权溢出、计算误差超限、硬件故障等)或完全失效,剩下的神经元仍可以保证所对应的信息不会消失。从这一点看,SOM 网络完全模拟了大脑神经细胞对外界信息刺激的反应,克服了所谓"祖母细胞现象"。另外,这种网络之所以被称为特征映射网络,是因为网络对输入学习模式的记忆不是一次性完成的,而是通过反复学习,将输入模式的统计特征"溶解"到各个连接权上的。所以这种网络具有较强的抗干扰能力。

4.5.2 自组织特征映射网络学习、工作规则

设网络的输入模式为 $\boldsymbol{A}_k=(a_0^k,a_1^k,\cdots,a_n^k)$, $k=(1,2,\cdots,p)$;竞争层神经元向量为 $\boldsymbol{B}_j=(b_{j1},b_{j2},\cdots,b_{jm})$, $j=(1,2,\cdots,m)$;其中 $\boldsymbol{A}_k$ 为连续值,$\boldsymbol{B}_j$ 为数字量。网络连接权为 $\{\omega_{ij}\}$,网络的学习、工作规则如下:

(1)初始化将网络的连接权 ω_{ij} 赋予[0,1]区间内的随机值,确定学习率 $\eta(t)$ 的初始值 $\eta(0)$ $(0<\eta(0)<1)$ 确定领域 $N_g(t)$ 的初始值 $N_g(0)$。所谓邻域 $N_g(t)$ 是指以步骤(4)确定的获胜神经元 g 为中心,包含若干神经元的区域范围。这个区域可以是任何形状,但一般来说是均匀对称的,最典型的是正方形或圆形区域。$N_g(t)$ 的值表示在第 t 次学习过程中邻域中所包含的神经元的个数。

(2)给网络提供输入模式 $\boldsymbol{A}_k=(a_0^k,a_1^k,\cdots,a_n^k)$。

(3)计算连接权向量 $\boldsymbol{W}_j=(\omega_{j1},\omega_{j2},\cdots,\omega_{jN})$ 与输入模式 $\boldsymbol{A}_k=(a_0^k,a_1^k,\cdots,a_n^k)$ 距离,即计算 Euclid 距离

$$d_j=\left[\sum_{i=1}^{N}(a_i^k-\omega_{ij})^2\right]^{\frac{1}{2}}\quad j=1,2,\cdots,M \tag{4.74}$$

(4)找出最小距离 d_g,确定获胜神经元 g,即

$$d_g=\min[d_j]\quad j=1,2,\cdots,M \tag{4.75}$$

(5)进行连接权调整。将从输入神经元到 $N_g(t)$ 范围内的所有竞争层神经元之间的连接权按式(4.76)进行修正,即

$$\omega_{ij}(t+1)=\omega_{ij}(t)+\eta(t)[a_j^k-\omega_{ij}(t)]\begin{cases}j\in N_g(t)\\ i=1,2,\cdots,N\\ (0<\eta(0)<1)\end{cases} \tag{4.76}$$

式中,$\eta(t)$ 为 t 时刻的学习率。

(6)将下一个输入学习模式提供给网络的输入层,返回步骤(3),直至 p 个学习模式全部提供一遍。

(7)更新学习率 $\eta(t)$ 及邻域 $N_g(t)$,即

$$\eta(t)=\eta_0\left(1-\frac{t}{T}\right) \tag{4.77}$$

式中,η_0 为学习率的初始值,t 为学习次数,T 为总的学习次数。

设竞争层某神经元 g 在二维阵列中的坐标值为(x_g,y_g),则领域的范围是以点$[x_g+N_g(t),y_g+N_g(t)]$和$[x_g-N_g(t),y_g-N_g(t)]$为有右上角和左下角的正方形。其修正公式为

$$N_g(t)=\mathrm{INT}\left[N_g(0)\left(1-\frac{t}{T}\right)\right] \tag{4.78}$$

式中,$\mathrm{INT}[x]$为取整符号,$N_g(0)$为 $N_g(t)$的初始值,t 的定义和式(4.77)中的定义相同。

(8)令 $t=t+1$,返回步骤(2),直至 $t=T$ 为止。

SOM 网络学习、工作规则的三个主要学习手段:

①寻找与输入模式 $\boldsymbol{A}_k$ 最接近的连接权向量 $\boldsymbol{W}_g=(\omega_{g1},\omega_{g2},\cdots,\omega_{gN})$。

②将连接权向量 $\boldsymbol{W}_g$ 进一步朝与输入模式 $\boldsymbol{A}_k$ 接近方向调整。

③除调整连接权向量 $\boldsymbol{W}_g$ 外,还调整邻域内的各个连接权向量 $\boldsymbol{W}_j,j\in N_g(t)$。并且随着学习次数的增加,邻域 $N_g(t)$逐渐缩小。

这三点体现了上一节所介绍的大脑神经网络信息传递的规律与效果。

4.6 动态递归网络

与前馈神经网络分为全局与局部逼近网络类似,动态递归神经网络也可分为完全递归与部分递归网络。完全递归网络具有任意的前馈与反馈连接,且所有连接权都可进行修正。而在部分递归网络中,主要的网络结构是前馈,其连接权可以修正;反馈连接由一组所谓“结构”(Context)单元构成,其连接权不可以修正。这里的结构单元记忆隐层过去的状态,并且在下一时刻连同网络输入,一起作为隐层单元的输入。这一性质使部分递归网络具有动态记忆的能力。

4.6.1 网络结构

在动态递归网络中,Elman 网络具有最简单的结构,它可采用标准 BP 算法或动态反向传播算法进行学习。一个基本 Elman 网络的结构示意图如图 4.23 所示。

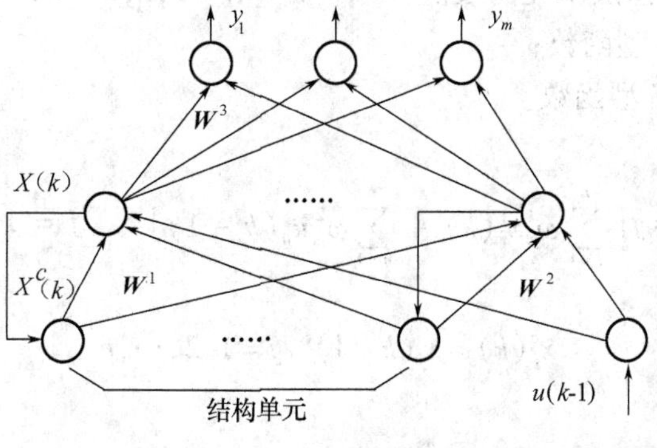

图 4.23 基本 Elman 网络的结构示意图

从图中可以看出，Elman 网络除输入层、隐层及输出层单元外，还有一个独特的结构单元。与通常的多层前馈网络相同，输入层单元仅起信号传输作用，输出层单元起线性加权和作用，隐层单元可有线性或非线性激发函数。而结构单元则用来记忆隐层单元前一时刻的输出值，可认为是一个一步时延算子。因此这里的前馈连接部分可进行连接权修正，而递归部分则是固定的，即不能进行学习修正，因此 Elman 网络仅是部分递归。

具体地说，网络在 k 时刻的输入不仅包括目前的输入值 $u(k-1)$，而且还包括隐层单元前一时刻的输出值 $x^c(k)$，即 $x(k-1)$。这时，网络仅是一个前馈网络，可由上述输入通过前向传播产生输出，标准的 BP 算法可用来进行连接权修正。在训练结束之后，k 时刻隐层的输出值将通过递归连接部分，反传回结构单元，并保留到下一个训练时刻（$k+1$ 时刻）。在训练开始时，隐层的输出值可取为其最大范围的一半，例如当隐层单元取为 Sigmoid 函数时，此初始值可取为 0.5，当隐层单元为双曲正切函数时，则可取为 0。

下面对 Elman 网络所表达的数学模型进行分析。

如图 4.23 所示，设网络的外部输入为 $u(k-1)$，输出为 $y(k)$，若记隐层的输出为 $x(k)$，则有如下非线性状态空间表达式成立：

$$x(k)=f[\boldsymbol{W}^1x^c(k)+\boldsymbol{W}^2u(k-1)]$$
$$x^c(k)=x(k-1)$$
$$y(k)=g[\boldsymbol{W}^3x(k)]$$

其中，$\boldsymbol{W}^1,\boldsymbol{W}^2,\boldsymbol{W}^3$ 分别为结构单元到隐层、输入层到隐层，以及隐层到输出层的连接权矩阵，$f(\cdot),g(\cdot)$ 和分别为输出单元和隐层单元的激发函数所组成的非线性向量函数。

4.6.2 学习算法

为了推导学习算法，定义如下变量：

$y(k)=[y_1(k),y_2(k),\cdots,y_m(k)]$：输出单元的输出值，$m$ 个输出单元。

$y^d(k)=[y_1^d(k),y_2^d(k),\cdots,y_m^d(k)]$：网络的期望输出。

$u(k)=[u_1(k),u_2(k),\cdots,u_r(k)]$：网络的输入，$r$ 个输入单元。

$x^c(k)=[x_1^c(k),x_2^c(k),\cdots,x_n^c(k)]$：结构单元的输出，$n$ 个结构单元。

$\boldsymbol{W}^1$：结构单元与隐层单元的权值，$\boldsymbol{W}^1=[\omega_{jl}^1]$，$j=1,2,\cdots,n$；$l=1,2,\cdots,n$。

$\boldsymbol{W}^2$：输入层单元与隐层单元的权值，$\boldsymbol{W}^2=[\omega_{jq}^2]$，$j=1,2,\cdots,n$；$q=1,2,\cdots,r$。

$\boldsymbol{W}^3$：隐层单元与输出层单元的权值，$\boldsymbol{W}^3=[\omega_{ij}^3]$，$i=1,2,\cdots,m$；$j=1,2,\cdots,n$。

$f()$：输出单元的 S 型函数；

$g()$：隐层单元的 S 型函数。

隐层输出为

$$x_j(k)=f\left[\sum_{l=1}^{n}\omega_{jl}^1x_l^c(k)+\sum_{q=1}^{r}\omega_{jq}^2u_q(k-1)\right]\quad j=1,2,\cdots,n$$

结构单元输出为

$$x_j^c(k)=x_j(k-1)\quad j=1,2,\cdots,n$$

网络输出

$$y_j(k)=g\left[\sum_{i=1}^{n}\omega_{ij}^3x_j(k)\right]\quad j=1,2,\cdots,m$$

考虑如下总体误差目标函数：

$$E = \sum_{p=1}^{N} E_p$$

N 为样本总数，E_p 为

$$E_p = \frac{1}{2}[Y^d(k) - Y(k)]^{\mathrm{T}}[Y^d(k) - Y(k)]$$
$$= \frac{1}{2}\sum_{j=1}^{m}[y_j^d(k) - y_j(k)]^2$$

对隐层到输出层的连接权 $\boldsymbol{W}^3$，按梯度下降法：

$$\Delta\omega_{ij}^3 = -\eta\frac{\partial E_p}{\partial\omega_{ij}^3} = -\eta\frac{\partial E_p}{\partial y_i(k)}\frac{\partial y_i(k)}{\partial\omega_{ij}^3}$$

其中，b_i 为输出层第 i 个单元的输入值，即

$$b_j = \sum_{l=1}^{n} w_{ij}^3 x_j(k) \qquad \frac{\partial E_p}{\partial y_i} = -[y_i^d(k) - y_i(k)]$$
$$\frac{\partial y_i}{\partial b_i} = g'(b_i) \qquad \frac{\partial b_i}{\partial w_{ij}^3} = x_j(k)$$

故

$$\Delta w_{ij}^3 = \eta[y_i^d(k) - y_i(k)]g'(b_i)x_j(k)$$

令

$$\delta_i^0 = [y_i^d(k) - y_i(k)]g'(b_i)$$

故

$$\Delta w_{ij}^3 = \eta\delta_i^0 x_j(k) \quad i = 1,2,\cdots,m, \quad j = 1,2,\cdots,n$$

对输入层到隐层的连接权 $\boldsymbol{W}^2$ 有

$$\Delta w_{jq}^2 = -\eta\frac{\partial E_p}{\partial w_{jq}^2} = -\eta\sum_{i=1}^{m}\left(\frac{\partial E_p}{\partial y_i(k)}\frac{\partial y_i(k)}{\partial w_{jq}^3}\right) = -\eta\sum_{i=1}^{m}\left(\frac{\partial E_p}{\partial y_i(k)}\frac{\partial y_i(k)}{\partial b_i}\frac{\partial b_i}{\partial w_{jq}^2}\right)$$
$$= -\eta\sum_{i=1}^{m}\left(\frac{\partial E_p}{\partial y_i(k)}\frac{\partial y_i(k)}{\partial b_i}\frac{\partial b_i}{\partial x_j}\frac{\partial x_j}{\partial w_{jq}^2}\right)$$
$$= -\eta\sum_{i=1}^{m}\left(\frac{\partial E_p}{\partial y_i(k)}\frac{\partial y_i(k)}{\partial b_i}\frac{\partial b_i}{\partial x_j}\frac{\partial x_j}{\partial c_j}\frac{\partial c_j}{\partial w_{jq}^2}\right)$$
$$= -\eta\sum_{i=1}^{m}\left(\frac{\partial E_p}{\partial y_i(k)}\frac{\partial y_i(k)}{\partial b_i}\frac{\partial b_i}{\partial x_j}\right)f'(c_j)u_q(k-1)$$
$$= -\eta\sum_{i=1}^{m}\{-[y_i^d(k) - y_i(k)]g'(b_i)w_{ij}^3\}f'(c_j)u_q(k-1)$$
$$= \eta\sum_{i=1}^{m}(\delta_i^0 w_{ij}^3)f'(c_j)u_q(k-1)$$

式中，c_j 为隐层单元的输入值，即 $c_j = \sum_{l=1}^{n} w_{jl}^1 x_l^c(k) + \sum_{q=1}^{r} w_{jq}^q u_q(k-1)$；$x_j = f(c_j)$

令

$$\delta_j^h = \sum_{i=1}^{m}\delta_i^o w_{ij}^3 f'(c_j)$$

则

$$\Delta w_{jq}^2 = \eta\delta_j^h u_q(k-1)$$

类似地,对结构单元到隐层的连接权 W^1,我们有

$$\Delta w_{jl}^1 = -\eta \frac{\partial E_p}{\partial w_{jl}^1} = -\eta \sum_{i=1}^{m} \frac{\partial E_p}{\partial y_i(k)} \frac{\partial y_i(k)}{\partial w_{jl}^1} = -\eta \sum_{i=1}^{m} \frac{\partial E_p}{\partial y_i(k)} \frac{\partial y_i(k)}{\partial b_i} \frac{\partial b_i}{\partial w_{jl}^1}$$

$$= -\eta \sum_{i=1}^{m} \frac{\partial E_p}{\partial y_i(k)} \frac{\partial y_i(k)}{\partial b_i} \frac{\partial b_i}{\partial x_j} \frac{\partial x_j}{\partial w_{jl}^1} = -\eta \sum_{i=1}^{m} \frac{\partial E_p}{\partial y_i(k)} \frac{\partial y_i(k)}{\partial b_i} \frac{\partial b_i}{\partial x_j} \frac{\partial x_j}{\partial c_j} \frac{\partial c_j}{\partial w_{jl}^1}$$

其中

$$\frac{\partial c_j}{\partial w_{jl}^1} = x_l^c(k) + \sum_{l=1}^{n} w_{jl}^1 \frac{\partial x_l^c(k)}{\partial w_{jl}^1} = x_l(k-1) + \sum_{l=1}^{n} w_{jl}^1 \frac{\partial x_l^c(k)}{\partial w_{jl}^1}$$

故

$$\Delta w_{jl}^1 = \eta \sum_{i=1}^{m} (\delta_i^o w_{ij}^3) \frac{\partial x_j(k)}{\partial w_{jl}^1}$$

其中

$$\frac{\partial x_j(k)}{\partial w_{jl}^1} = \frac{\partial x_j(k)}{\partial c_j} \frac{\partial c_j}{\partial w_{jl}^1} = f'(c_j)\left[x_l(k-1) + \sum_{i=1}^{n} w_{jl}^1 \frac{\partial x_j(k-1)}{\partial w_{jl}^1} \right]$$

4.7 CMAC 网络

CMAC 是 Cerebellar Model Articulation Controller 的简称,它是 1975 年由 J. Albus 根据小脑的生物模型提出的一种模仿脑连接的控制模型。它与"感知器"相似,从每个神经元来看,其关系是一种线性关系,但是从结构总体看,CMAC 模型可以适合于一种非线性的映射关系,而且这种模型从输入开始就存在一种推广(泛化)的能力。对一个输入样本进行学习后,可对其相邻的样本产生一定的效应,因此在输入空间中,相近的样本在输出空间中也比较相近,其中学习的算法采用了简单的 σ 算法,它的收敛速度要比 BP 算法快得多,特别是它把输入在一个多维状态空间的量,映射到一个比较小的有限区域,只要对多维状态空间中部分样本进行学习,就可达到轨迹学习和控制的解。因此该网络特别适合于机器人的控制、非线性函数映射等领域。它具有自适应作用,虽然初始权值不同,会影响其最后学得的权值,但是并不影响其收敛性。它便于用硬件实现,因此正日益广泛地得到应用。

CMAC 方法的基本思想在于学习系统特征的近似值,然后用它产生合适的控制信号。系统特征的近似值被理解为基于对象输入/输出数据实时观察结果的逐次学习。CMAC 控制器的学习继续进行下去有点像"胜者为王"竞争学习,但是没有强迫权调节的竞争。

4.7.1 CMAC 模型的结构

简单的 CMAC 模型结构如图 4.24 所示。该模型的输入状态空间 S 是一个多维空间,被控对象的维数决定着这个空间的维数,一般输入向量是由 N 个传感器来的信号,输入空间包含了所有可能的输入向量集合。若 N 较多,而且各个分量可能取值有很多时,此集合的数量级非常大,例如 10 个输入,每个可取 100 个不同值,那么输入空间将有 $100^{10}=10^{20}$ 个点。若输入量是模拟量,而 CMAC 的输入对这些模拟量进行了量化,因此是一个量化后的多值量,其精度与量化的级数有关。在 CMAC 中先将这些输入映射到概念记忆空间 A 中的一组 C 个点,就是说,状态空间 S 中的每个点与记忆空间(存储区)A 中 C 个单元相对应。从输入空间 S 映射到 A 上,每个都可找到其对应的值。只要适当地根据所要求的输出 F_0,

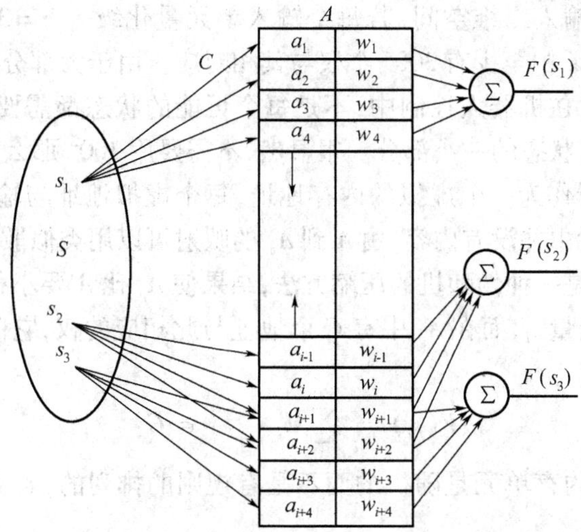

图 4.24 简单的 CMAC 模型结构图

调节权 w_i 的值就可以得到它的正确映射。但是在 A 上,由于每个样本对应于 C 个单元,因此各个样本分散存储在 A 中,在 S 中比较靠近的那些样本在 A 中会出现交叠的现象,如图 4.25 中 s_2 与 s_3,它们有两个权交叠在一起,这使它们的输出值 $F(s_2)$ 和 $F(s_3)$ 也比较相近。如果两个输入向量在 S 中相距足够远,则它们映射到的相应存储单元无重叠,这个性质称为局域泛化,C 为泛化常数,这样做使 CMAC 有泛化能力。如果用汉明距离 H_{ij} 表示在输入空间 S 中两个矢量 s_i 与 s_j 的差异程度,那么在 A 存储区内交叠的单元数近似为 $C-H_{ij}$,如果 $C-H_{ij}<0$,那么在存储区 A 中两个矢量没有交叠;反之,那么就发生交叠。把如果 $C-H_{ij}>0$的那些交叠的区域,称为聚类的领域。这样,输入空间的两个矢量相近,那么,在输出映射时会产生类聚,请注意类聚的范围与 C 的大小有关,C 值大,那么类聚范围就大,还与分辨率有关。

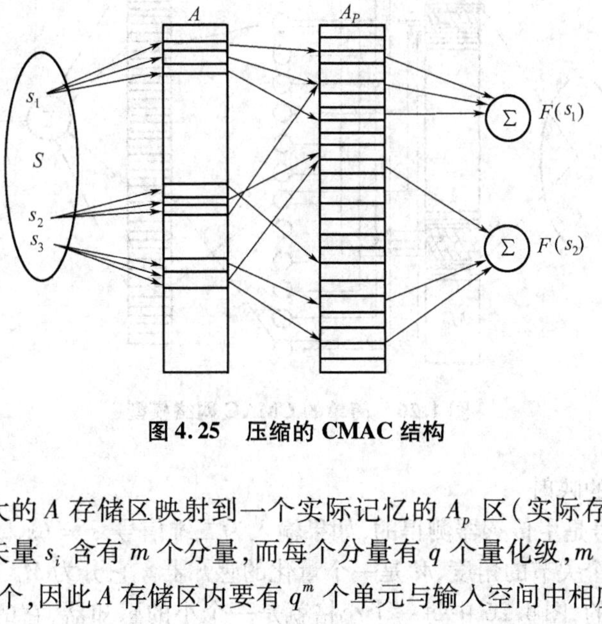

图 4.25 压缩的 CMAC 结构

第二步是把较大的 A 存储区映射到一个实际记忆的 A_p 区(实际存放权的存储区)中去。这是因为输入矢量 s_i 含有 m 个分量,而每个分量有 q 个量化级,m 维输入空间 S 中可能输入的状态有 q^m 个,因此 A 存储区内要有 q^m 个单元与输入空间中相应的量进行映射,这是十分大的量。例如，输入二维空间，若每个输入单元量化级为 $q=300$，那么 S 空间就有 300^2 种可能的组合，在 A 中至少有 300^2 个权与其相对应。由于大部分学习问题不会包含全部可能的输入值，例如，在机器人控制中，不是每个可能的状态都需要学习，因为机器人动作轨迹只是空间中所有状态的一小部分。很显然，不需要用 300^2 那么大的内存单元来存放学习的权。可以把 A 看作为一个虚拟的内存地址，每个虚拟地址与输入空间的点相对应。但是这个虚拟地址单元中并没有内容，由 A 到 A_p 的映射可以用类似散列编码的随机多对一的映射方法，这实际上是一种伪随机的压缩方法，结果使 A_p 比 A 要小得多。在 A 中有 C 个地址对应于某个输入矢量 s_i，而在 A_p 中有 C 个地址与此相应的权，它的累加作为 CMAC 的输出，其值为

$$F(s_i) = \sum_i w_i \qquad i \in C \tag{4.79}$$

请注意，在 A_p 中，C 个内存单元是随机的而不是有规则的排列的，w_i 是可以通过学习得到的，详见图 4.25。

CMAC 的输出是由权的线性叠加而得到的，整个网络不是全部连接，从输入到 A 是 C 个连接，从 A 到 A_p 和 A_p 到 $F(s_i)$ 都是 C 个单元连接。网络的结构是多层前馈式的方式，F 是权的线性叠加，因而 A_p 到 F 和 S 到 A 都是线性变换，从 A 到 A_p 也是一种随机的压缩变换，这些变换的结果使输出达到了非线性映射的目的。

4.7.2 CMAC 网络工作原理的简单分析

图 4.26 是一个二维输入，一维输出的简单的 CMAC 网络模型，S 空间中的 s_i 是由 θ_1 和 θ_2 组成，先把它们进行量化，在 M 的量化空间中，进行组合得到了虚拟地址 A，A 用杂散变换得到 A_p，再从 A_p 得到 $F(s_i)$。对这些过程，作更深的一步分析是必要的。

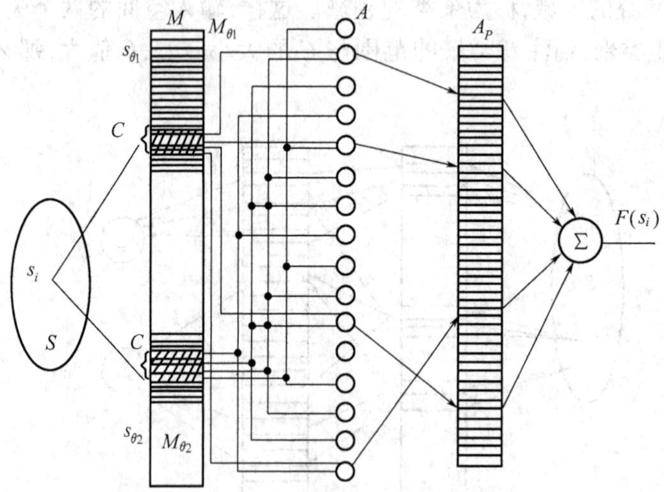

图 4.26　简单的 CMAC 网络模型

(1) 从 S 到 M 的映射

S 空间中的信号是由传感器测得的，如果输入为二维信号，$s_i=(s_{\theta1},s_{\theta2})^{\mathrm{T}}$，其中 θ_1,θ_2 可以代表机器人的两个关节的角度，M 是一个量化的感知器。它分为 $M_{\theta1}$，$M_{\theta2}$ 两组，在 M 中是以量化的格式出现的，图 4.26 中每一个小格就是一个小的感知器，它的个数就是量化的级

数。请注意 $M_{\theta 1}$，$M_{\theta 2}$ 的量化级数可以不相同，它们分别表示对输入模拟量的分辨率。对于任意输入量 θ_1 或者 θ_2 必然会在 $M_{\theta 1}$，$M_{\theta 2}$ 上可以找到它的对应的量化值的感知器。由于综合的需要，在它的对应量化值周围 C 个感知器同时被激励，它的激励情况如表 4.2 所示。若 $C=4$，用 $\mu_a,\mu_b,\cdots,\mu_l$，表示 12 个感知器，其下标 $a,b,\cdots,l$ 表示感知器的序列编号，s_θ 表示输入一个模拟量对应的量化值，由表可见，任何一个被量化的量将会引起 C 个感知器的兴奋输出为"l"，因为 $C=4$，就有 4 个感知器为"1"。对于每个感知器也可以对应于 C 个输入量 s_θ，因为 $C=4$，所以在 μ_θ 感知器上从 $s_\theta=2$ 到 5 为"1"外，其他为"0"；μ_f 由 $s_\theta=3$ 到 6 为"1"，而其他为"0"。M_θ 值为"1"的个数与聚类范围 C 相同。$|m_\theta|=C$，而 C 的大小是由人选定的。

表 4.2 量化值周围 C 个感知器激励情况

s_θ	μ_a	μ_b	μ_c	μ_d	μ_e	μ_f	μ_g	μ_h	μ_i	μ_j	μ_k	μ_l
1	1	1	1	1	0	0	0	0	0	0	0	0
2	0	1	1	1	1	0	0	0	0	0	0	0
3	0	0	1	1	1	1	0	0	0	0	0	0
4	0	0	0	1	1	1	1	0	0	0	0	0
5	0	0	0	0	1	1	1	1	0	0	0	0
6	0	0	0	0	0	1	1	1	1	0	0	0
7	0	0	0	0	0	0	1	1	1	1	0	0
8	0	0	0	0	0	0	0	1	1	1	1	0
9	0	0	0	0	0	0	0	0	1	1	1	1

在实际应用中，C 选得很大，可以从 10 到 100。

为了分析输入 S 空间的矢量为多维时，S 到 M 的映射是怎样实现的，首先还是从一维的情况出发，希望在 S 空间中比较靠近的值，在 M 上也比较靠近。现在将表 4.2 表中 μ_x 为 1 的进行编号，用 $a,b,c,\cdots$ 表示，则表 4.2 可转化为表 4.3。表 4.3 中，S 空间中的模拟量仍然为 1 到 9，相应的 m^* 与四个小写字母编号的感知器对应，$|m^*|=C$。由表 4.3 可见输入空间中比较接近的 s_θ，在输出 m^* 中也比较接近，例如，s_θ 的 1 和 2 比较接近而在输出 m^* 中只有第一位 a 和 e 不同，其他均相同。用 H_{ij} 表示输入空间中两个矢量在量化后的差别，那么有

$$H_{ij} = |\boldsymbol{s}_i - \boldsymbol{s}_j| = |m_i^*| - |m_i^* \cap m_j^*| \tag{4.80}$$

表 4.3 转换结果

s_θ	m^*			
1	a	b	c	d
2	e	b	c	d
3	e	f	c	d

表 4.3(续)

s_θ	m^*			
4	e	f	g	d
5	e	f	g	h
6	i	f	g	h
7	i	j	g	h
8	i	j	k	h
9	i	j	k	l

在一维 S 空间中，如果有两个比较接近的量为 $s_\theta=5$ 和 $s_\theta=4$，那么有

$$H_{ij}=|s_{\theta5}-s_{\theta4}|=1$$

而

$$|m_4^*\cap m_5^*|=\{e,f,g\},|m_4^*\cap m_5^*|=3$$

所以

$$H_{ij}=|m_i^*|-|m_4^*\cap m_5^*|=4-3=1$$

这就是说输入空间比较接近时输出也接近。

在输入并非一维的情况下，必须用组合滚动的方式来进行编号，以二维的情况为例，量化级 $s_{\theta1}$ 为 5 级，$s_{\theta2}$ 为 7 级，它们分别用大写字母和小写字母来表示，如表 4.4 和表 4.5 所示。

表 4.4　大写字母表示

$s_{\theta1}$	$m_{\theta1}^*$
1	$A\ B\ C\ D$
2	$E\ B\ C\ D$
3	$E\ F\ C\ D$
4	$E\ F\ G\ D$
5	$E\ F\ G\ H$

表 4.5　小写字母表示

$s_{\theta1}$	$m_{\theta1}^*$
1	$a\ b\ c\ d$
2	$e\ b\ c\ d$
3	$e\ f\ c\ d$
4	$e\ f\ g\ d$
5	$e\ f\ g\ h$
6	$i\ f\ g\ h$
7	$i\ j\ g\ h$

很明显,用 $C=4$,而 $s_{\theta1}$ 和 $s_{\theta2}$ 的分级量化情况是不同的。如果输入空间的矢量是多维的

$$\boldsymbol{s}_i=(s_{i1},s_{i2},\cdots,s_{in})^{\mathrm{T}} \tag{4.81}$$

那么,从 S 映射到 M 就为

$$S \to M = \begin{cases} s_{i1} \to m_{i1}^* \\ s_{i2} \to m_{i2}^* \\ \quad \vdots \\ s_{in} \to m_{in}^* \end{cases} \tag{4.82}$$

(2)由 M 映射到 A

从 M 到 A 的映射是通过滚动组合得到的,其原则仍然是在输入空间中比较相近的矢量,要求在输出空间也比较相近,由于 A 是以地址形式出现的,如果输入感知器的兴奋元为 C 个,不管它的输入是多少维,在 A 中映射的地址也应为 C 个。这里仍用二维情况讨论,其 $S \to M$ 的映射,还用表 4.4 和表 4.5 所示为例,通过"与"的方法得到如图 4.26 所示。在二维情况下得到 A 的地址如表 4.6 所示。

表 4.6 二维情况下的地址

$s_{\theta2}$	A^*				
7 *i j g h*	*Ai Bj Cg Dh*	*Ei Bj Cg Dh*	*Ei Fj Cg Dh*	*Ei Fj Gg Dh*	*Ei Fj Gg Hh*
6 *i f g h*	*Ai Bf Cg Dh*	*Ei Bf Cg Dh*	*Ei Ff Cg Dh*	*Ei Ff Gg Dh*	*Ei Ff Gg Hh*
5 *e f g h*	*Ae Bf Cg Dh*	*Ee Bf Cg Dh*	*Ee Ff Cg Dh*	*Ee Ff Gg Dh*	*Ee Ff Gg Hh*
4 *e f g d*	*Ae Bf Cg Dd*	*Ee Bf Cg Dd*	*Ee Ff Cg Dd*	*Ee Ff Gg Dd*	*Ee Ff Gg Hd*
3 *e f c d*	*Ae Bf Cc Dd*	*Ee Bf Cc Dd*	*Ee Ff Cc Dd*	*Ee Ff Gc Dd*	*Ee Ff Gc Hd*
2 *e b c d*	*Ae Bf Cg Dd*	*Ee Bb Cc Dd*	*Ee Fb Cc Dd*	*Ee Fb Gc Dd*	*Ee Fb Gc Hd*
1 *a b c d*	*Aa Bb Cc Dd*	*Ea Bb Cc Dd*	*Ea Fb Cc Dd*	*Ea Fb Gc Dd*	*Ea Fb Gc Hd*
	1	2	3	4	5
	A B C D	*E B C D*	*E F C D*	*E F G D*	*E F G H*

在表 4.6 中,A^* 是由 $s_{\theta1}$ 和 $s_{\theta2}$ 组合而成,每个 A^* 中包含 C 个单元,在 A 中同样有 C 个单元细胞被激活,$s_{\theta1}$ 行中有 5 列,$s_{\theta2}$ 列中有 7 行,表 4.6 中已标有数字,以 $s=(1,7)^{\mathrm{T}}$ 为例,组合后的单元用 $A^*=\{Ai\ Bj\ Cg\ Dh\}$ 表示,A^* 是一个由大写字母和小写字母为标记的 C 个细胞单元组成的集合。A^* 可代表 s_θ 所有可能的值,而在输入空间中,比较相近的矢量经过 S 到 A 的映射,得到 A^* 集合的"交"也较相近,在 A 中两个量之间的距离可以用下式表示:

$$d_{ij}=|A^*|-|A_i^* \cap A_j^*| \tag{4.83}$$

在 A 中,A_i^* 与 A_j^* 的交不为空集的部分表示 A_i^* 的一个邻域,在这个领域内,$A_i^* \cap A_j^* \neq \varnothing$ 条件成立。由表 4.6 可见,任何 2×2 方块中对角两个状态 A^* 的距离 d 有时为 1,有时为 2,例如,以 A^* 的左上角 $\{Ai\ Bj\ Cg\ Dh\}$ 来看 A_i 和 D_h 是 A 到 D 差 2;A^* 的中间 $\{Ei\ Fj\ Cg\ Dh\}$ 的对角线 D 和 E 差 1。请注意,A^* 的距离在输入空间中,它们恒等于 2。现

在看表4.6中的 $s_1(4,3)^T$ 和 $s_2(3,4)^T$ 的空间距离为2，而 $d_{ij}=|A^*|-|A_i^*\cap A_j^*|=1$。再看 $s_1(1,1)^T$ 和 $s_2(4,4)^T$ 在 S 空间上的距离为6，而 $d_{ij}=3$，很显然，空间距离大的两个矢量，经过 S 到 A 的映射后，d_{ij} 的值也大，但其范围比输入空间缩小（由6变为3），由此看出 S 到 A 的映射使输入状态空间在邻域内产生了综合，不同邻域的状态空间矢量则产生分类。

任何两个输入样本映射到 A 中的 A_1^*，A_2^* 上，它们之间的交 $A_1^*\cap A_2^*$ 与输入矢量 s_i 和 s_j 间的邻近程度成正比，而与输入矢量的维数没有关系。C 的选择直接影响着邻域的大小。此外，邻域的大小还与输入矢量的分辨率有关。如果 $s_x\to m_x^*$，$s_y\to m_y^*$，若选 m_x^* 为低分辨率，m_y^* 为高分辨率，在 m_x^* 映射到 A_x^* 上使 A_x^* 邻域在 x 方向上拉长（即放大），而 m_y^* 映射到 A_y^* 上使的方向邻域缩小。

请注意在表4.6中，大写字母 $A,B,C,\cdots$ 和小写字母 $a,b,c,\cdots$ 分别表示在 A 存储器的地址前 P_f 的编号和后 P_r 的编号，而 $Ae,Bf,Cg,\cdots$ 表示虚拟的存储地址，在存储器 A 中的 C 个虚拟地址的组合成为 A^*，它代表了 S 空间中的输入矢量，若 S 空间为 m 维，每一维有 q 个量化级，那么 A 中至少有 q^m 个相应的 A^*，它对应于 S 空间的每一个点，在 A 中有相应的 A^* 对应，A^* 占据的存储空间很大，但是对于特定的控制问题，系统并不是历经整个输入空间，这样在 A 中被激励的神经单元是稀疏的，采用杂散技术，可以将 A 压缩到一个比较小的实际空间中去。

(3) A 映射到 A_p

在CMAC网络中使用杂散技术是将分布稀疏、占用较大存储空间的数据作为一个伪随机发生器的变量，产生一个占用空间较小的随机地址，而在这个随机地址内就存放着占用大量内存空间地址内的数据，这就完成了由多到少的映射，前者为 A，后者为 A_p。实现这种压缩的一种最简单的方法是将 A 中 A^* 的地址，除以一个大的质数，得到的余数作为一个伪随机码，表示为 A_p 中的地址，例如，$\{Ae\}$ 可以用二位BCD码表示，第一位为 A 的编号，而另一位为 e 的编号，一个BCD码需要4比特，那么在 A 中就需 2^8 个地址，即256个。如果 A_p 中只有16个地址，那么取17这个质数，A 的地址除以此数（256/17），余数为 A_p 中的地址，这样就可得到由 2^8 的地址映射到16个地址中去的目的。

杂散技术可以将分散数据压缩、集中起来，但会产生在 A 中不同的地址，在 A_p 中却被映射到同一个地址的冲撞现象。若映射的随机性很强，冲撞的概率会减小，但冲撞总是不可避免的。在CMAC算法中，当这种冲撞不是很强烈时，可把它视为一种随机扰动，通过算法的迭代过程逐步减小这种影响，这并不影响其输出。产生冲撞现象有两种可能情况：第一种是在同一个 A^* 中，不同单元的地址映射到 A_p 同一个地址上。另一种是如果在输入空间中，两个矢量 s_i 和 s_j 分得很开，而在 A_p 中产生了交叠现象，因为输出是 A_p 中相应 C 个内存中的权的叠加，那么在 A_p 中的交叠对输出会产生一定影响。在第一种情况中，如果 A^* 中每个单元地址是以等概率落到 A_p 上，$A_p=n$，$|A^*|=C$ 那么同一个 A^* 中的两个或多个单元映射到同一个 A_p 地址中的概率为

$$P=\frac{1}{n}+\frac{2}{n}+\cdots+\frac{C-1}{n}$$

若 $A_p=2\,000$，$C=20$，在 A^* 中的单元有两个或多个映射到同一个 A_p 地址中的概率为

$$P=\frac{1}{2\,000}+\frac{2}{2\,000}+\cdots+\frac{19}{2\,000}=0.1$$

对结果不会产生严重的影响，由于权是可以学习的，对输出影响不大。

对另一种情况，只要适当选择 C 和 $|A_p|$，可以使冲撞概率变得很小。一般情况，C 和 $|A_p|$ 选择较大值时，冲撞概率变小。

(4) A_p 映射到 F

网络的输出为

$$F(s) = \sum_{i \in |A^*|} w_i \tag{4.84}$$

其中，权 w_i 是存在于 A_p 的 $|A^*|$ 个地址中。这是因为由 S 到 A 的变换后，有 $|A^*|$ 个地址被选中，那么在 A_p 中也有 $|A^*|$ 个地址被选中，这只要在 A 中 $|A^*|$ 个地址的排列是有一定规则的，并分散在 A 的虚拟地址中，通过 A 到 A_p 的变换，不考虑冲撞现象，这是可以办到的。由于使用了杂散技术，$|A^*|$ 个地址的位置是随机分布在 A_p 上的，在 $|A^*|$ 个地址的存储单元中存储着权 w_i，而出是这些权的线性叠加。对应于一个输入样本 $s_i, i=1,2,\cdots,p$，总可以通过权 w_i 的调整，找到其正确的映射。

在 CMAC 网络中，$|A^*|$ 的选取对泛化能力（综合能力）起决定作用。当非线性映射关系构成的曲线形状越平滑，泛化能力越强，学习次数可以减少、收敛快、所需存储容量小。非线性映射关系构成的曲线波动大，要求分辨率高，即 $|A^*|$ 选得小一些，$|A^*|$ 的极限为 1，此时其内存很大。

4.7.3　CMAC 网络的学习算法

CMAC 网络中的学习是采用 δ 学习率进行的。通常网络的输出 F 不是一维的，用 $\boldsymbol{F}(s_i)$ 表示多维情况下的输出，F_0 为要求的输出值，它可以通过调节 A_p 中与输出有关的 $|A^*|$ 个地址中的权 w_i 而得到，其公式为

$$F_0 = [\beta \boldsymbol{F}(s_i) + |A^*| \mathrm{d}w]/\beta \tag{4.85}$$

其中，β 为步长；$|A^*| = C$ 为综合聚类神经元数；F_0 为教师；$\boldsymbol{F}(s_i)$ 为网络的实际输出矢量；$\boldsymbol{F}(s_i) = w\boldsymbol{x}_0$，$\boldsymbol{x}_0$ 为 A_p 中的输出矢量，在 $\boldsymbol{x}_0$ 的分量中选中 $|A^*|$ 个单元分量为 1，而其他为零。

如果式(4.85)中 $\beta = 1$，那么权的修改即为

$$\Delta w = [F_0^i - \boldsymbol{F}(s_i)] / |A^*| \tag{4.86}$$

若设计者设定一个误差要求为 ε，如果 $\| F_0 - F \| \leqslant \varepsilon$ 时，对应的权不需要修改；如果范数 $\| F_0 - F \| > \varepsilon$，那么权要按照式(4.86)修改，直到设定的精度满足要求为止。用图 4.27 来说明这种学习算法。

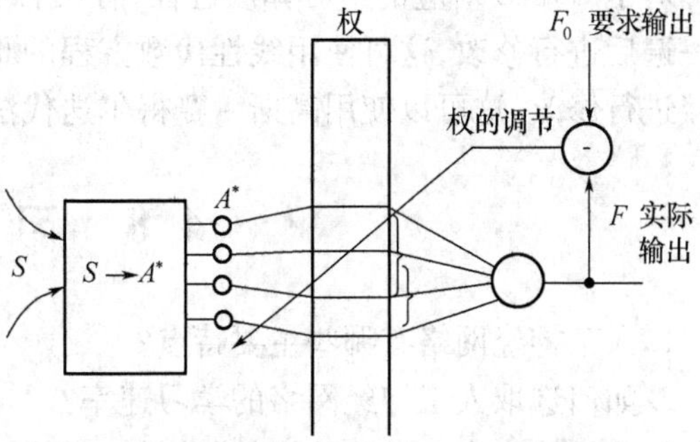

图 4.27　CMAC 网中权调节的示意图

图中 F_0 表示要求输出（期望输出），F 表示实际输出，经过权的调节可以满足精度的要求。

把式(4.86)改写为对每个权的修正公式，为

$$w_{ij}(t+1) = w_{ij}(t) + \beta \frac{\delta_i}{|A^*|} \tag{4.87}$$

式(4.87)中 $\delta_i = F_0^i - F(s_i)$，$F(s_i) = \sum_{j \in A^*} w_{ij}$。由上面的公式可见，在 A^* 中所有的权都是用

同样一个修改值来实行修改。由于在 CMAC 网络中存在综合交叠的情况,因此有必要讨论解的存在性和收敛性。

解的存在性指的是对于多输入、输出目标中有一组训练样本,如果输入空间量化后,不可能存在两个不同训练样本引起同一组相关 A^* 的神经单元活动,只要假定在 $A \to A_P$ 的映射中可以忽略掉冲撞,那么,CNAC 权的解是存在的并且可以达到任何要求的精度。

如果输入样本为 P 个,那么

$$\boldsymbol{C}\boldsymbol{X} = \boldsymbol{D} \tag{4.88}$$

式中,$\boldsymbol{C}$ 是由 C_{ik} 的元素组成的矩阵,它与两个样本在 A^* 上的交叠数有关,其对角线元素为 C_{ii} 其值为最大,其他元的值都比 C_{ii} 小,并且 $\boldsymbol{C}$ 矩阵的元都大于零,$C_{ki} = C_{ki}$,它又是实对称的矩阵,$\boldsymbol{C} \in \boldsymbol{R}^{P \times P}$;式中 $\boldsymbol{X} = \Delta, \boldsymbol{X} \in \boldsymbol{R}^P$。$\boldsymbol{D} = \boldsymbol{F}'_0, D \in R^P$,$\boldsymbol{F}'_0$ 为 n 个样本期望输出的 n 维矢量,$\boldsymbol{F}'_0 \in R^n$,$\Delta$ 是由 $\Delta_k = E_k / |\boldsymbol{A}^*|$ 表示的误差 Δ_k 组成的矢量,$\Delta \in \boldsymbol{R}^n$;这 C_{ik} 是以 i,k 为样本的重叠区域的单元数。

把 $\boldsymbol{C}$ 分解成为

$$\boldsymbol{C} = \boldsymbol{B} + \boldsymbol{E} \tag{4.89}$$

其中 $\boldsymbol{B} \in \boldsymbol{R}^{P \times P}, \boldsymbol{E} \in \boldsymbol{R}^{P \times P}$。那么,式(4.88)可重新写为

$$(\boldsymbol{B} + \boldsymbol{E})\boldsymbol{X} = \boldsymbol{D} \tag{4.90}$$

即

$$\boldsymbol{B}\boldsymbol{X} = \boldsymbol{D} - \boldsymbol{E}\boldsymbol{X} \tag{4.91}$$

迭代公式为

$$\boldsymbol{B}\boldsymbol{X}^{k+1} = \boldsymbol{D} - \boldsymbol{E}\boldsymbol{X}^k \tag{4.92}$$

式中,k 为迭代次数。$k \to \infty$,可求得其解 $\boldsymbol{X}^*$,如果 $\boldsymbol{X}^*$ 是式(4.92)真正的解,有

$$\boldsymbol{B}(\boldsymbol{X}^{k+1} - \boldsymbol{X}^*) = -\boldsymbol{E}(\boldsymbol{X}^k - \boldsymbol{X}^*) \tag{4.93}$$

整理式(4.93),可得

$$\boldsymbol{X}^{k+1} - \boldsymbol{X}^* = \boldsymbol{L}(\boldsymbol{X}^k - \boldsymbol{X}^*) \text{即 } e^{k+1} = Le^k \tag{4.94}$$

式中

$$\boldsymbol{L} = -(\boldsymbol{B}^{-1}\boldsymbol{E})$$

若要考虑收敛,那么有 $L^k \to 0$,这就要求矩阵$(\boldsymbol{B}^{-1}\boldsymbol{E})$的特征值 $|\lambda_j| < 1, j = 1, 2, \cdots, P$。

对于 CMAC 对应的学习算法进程,有两种权修改方法对应的迭代,一种是训练样本循环一遍后进行修改,这可使用线性代数方程的雅可比迭代法;另一种则是每个样本输入后,直接进行修改,这可以使用高斯-赛得尔迭代法。

4.8　习　　题

1. 人工神经网络有哪些主要特点?
2. 如何选取人工神经网络的学习速率?
3. 如何确定人工神经网络的隐层神经元数目?
4. 如何选择训练集和测试集数据?
5. 计算并比较以下转移函数情况下,神经网络的权值调整过程。

设有 4 输入单输出神经元网络,其阈值 $T = 0$,学习率 $\eta = 1$,3 个输入样本向量和初始权向量分别为 $\boldsymbol{X}^1 = (1, -2, 1.5, 0)^{\mathrm{T}}$,$\boldsymbol{X}^2 = (1, -0.5, -2, -1.5)^{\mathrm{T}}$,$\boldsymbol{X}^3 = (0, 1, -1, 1.5)$,$\boldsymbol{W}(0) = (1, -1, 0, -0.5)$。

6. 采用单一感知器神经元解决一个简单的分类问题。

将四个输入矢量分为两类,其中两个矢量对应的目标值为1,另两个矢量对应的目标值为0,即

输入矢量:**P**=[-0.5 -0.5 0.3 0.0; -0.5 0.5 -.5 1.0]

目标分类矢量:**T**=[1.0 1.0 0.0 0.0]

7. 请描述一下 BP 算法的学习过程,给出流程图并编程实现。

8. 请详细阐述 BP 神经网络存在的主要问题。

9. (贷款评估问题)开发 ANN,根据借款申请人的月收入及支出,尝试分析这一借贷申请是否合格。若合格则批准申请,给予贷款,否则给予拒绝,所用数据如表所示:

序号	月收入	生活费	房租水电费	其他支出	合格否
1	90	25	30	0	否
2	100	40	50	0	否
3	200	60	70	20	否
4	300	120	50	10	否
5	400	77	31	0	是
6	500	100	50	10	是
7	600	120	40	20	是
8	700	160	60	20	是
9	800	280	140	70	否
10	900	230	60	20	是
11	1 000	540	180	156	否
12	1 200	300	60	40	是
13	1 400	340	100	60	是
14	1 600	660	180	220	否
15	1 800	900	180	180	否
16	2 000	500	100	60	是

第5章　支持向量机

5.1　引　　言

基于数据的机器学习(Machine Learning)是现代智能技术的重要内容,它主要研究如何从观测数据中发现内在规律,并利用获得的规律对无法观测的数据进行预测。

作为支持向量机(Support Vector Machine,SVM)的奠基者,Vapnik早在20世纪60年代就开始了统计学习理论(Statistical Learning Theory,SLT)的研究。1971年,Vapnik和A. Chervonenkis提出了SVM的一个重要的理论基础——VC维理论。1982年,Vapnik进一步提出了结构风险最小化(Structural Risk Minimization,SRM)原理,堪称为SVM算法的基石。1992年,Boser等人提出了最优边界分类算法,这也是支持向量机算法最初的模型。1993年,Cortes等进一步探讨了非线性情况下的最优边界分类问题,接着Vapnik完整地提出了基于统计学习理论的支持向量机学习算法。1997年,Vapnik等详细介绍了基于支持向量机方法的回归估计方法(Support Vector Regression,SVR)和信号处理方法。

支持向量机是在统计学习理论基础上发展起来的一种新型的机器学习方法。统计学习理论是一种专门研究小样本情况下机器学习规律的理论,它为有限样本的机器学习问题建立了一个良好的理论框架,其核心思想就是学习机器要与有限的训练样本相适应,较好地解决了小样本、非线性、高维和局部极小点等问题。

与其他考虑经验风险最小化(Empirical Risk Minimization,ERM)原则的机器学习算法不同,支持向量机采用结构风险最小化的原则来训练学习机,并用VC维理论来度量结构风险。支持向量机具有直观的几何解释、简洁的数学形式和人为设定参数少等优点,因而便于理解和使用。建立在严格理论基础之上的支持向量机较好地解决了传统机器学习方法中的模型选择和过学习问题,非线性与维数灾难问题,局部极小值等问题。统计学习理论中的VC维理论和结构风险最小化原则的提出都为支持向量机算法打下了坚实的理论基础,使得支持向量机集优化、核、最佳推广能力等特点于一身。

随着对支持向量机研究的深入,许多研究人员提出了一些支持向量机的变形算法,如C-SVM系列,v-SVM系列、one-class SVM、RSVM(Reduced SVM)、WSVM(Weihgted SVM)、LS-SVM(Least-Square SVM)、MCVSVM(Minimum Class Variance Support Vector Machine)、SSVM(Smooth SVM)和半监督支持向量机(Semi-Supervised SVM,S3VM)等算法。

5.2　统计学习理论

现有机器学习方法共同的理论基础之一是统计学,Vapnik的著作的出现是统计学习理论得到正式承认的标志。统计是无需很多先验知识的最基本的、唯一的分析手段。统计学习理论被认为是目前针对小样本统计估计和预测学习的最佳理论。下面具体介绍一些和支持向量机理论密切相关的统计学习理论。

5.2.1 经验风险最小化

机器学习的目的是根据给定的训练样本求出某系统输入输出之间依赖关系的一个估计,使它能够对未知输出 $f(x, \alpha)$ 作出尽可能准确的预测,其中,函数 $f(x, \alpha)$ 由参数 α 控制。给定一个新输入的样本 x_i 和一个特定的参数 α,系统将给出一个唯一的输出 $f(x_i, \alpha)$。确定参数 α 的过程就是所说的学习过程。

所谓的机器学习问题就是根据独立同分布的训练样本 $(x_1, y_1), \cdots, (x_l, y_l)$,其中,$x_i \in R^n$, $i=1,2,\cdots,l$,l 为样本的数目, y_i 为类标在一组函数 $\{f(x, \alpha)\}$ 中找到一个最优的函数 $f(x, \alpha)$ 对依赖关系进行估计使它的期望风险最小,即

$$R(\alpha) = \int L[y, f(x, \alpha) \mathrm{d}F(x,y)] \tag{5.1}$$

其中,$\{f(x, \alpha)\}$ 称作预测函数集,α 为函数的广义参数。$\{f(x, \alpha)\}$ 可以表示任何函数集,$L[y, f(x, \alpha)]$ 为由于使用 $[f(x,\alpha)]$ 对 y 进行预测而造成的损失函数。不同类型的学习问题可以采用不同形式的损失函数。

由于概率测度 $F(x,y)$ 未知,可以利用的信息只有样本,公式(5.1)表示的期望风险无法计算,因此传统的学习方法中更多采用了经验风险最小化准则(Empirical Risk Minimization,ERM),即采用样本误差定义的经验风险。

$$R_{\text{emp}}(\alpha) = \frac{1}{l}\sum_{i=1}^{l} L[y_i, f(x_i, \alpha)] \tag{5.2}$$

一些经典的方法,如回归问题中的最小二乘法、极大似然法、传统的神经网络学习方法都是经验风险最小化原则在特殊损失函数下的应用。

为了从有限的观察中构造学习算法,需要一种渐进理论来刻画学习过程一致性的充分必要条件。所谓学习一致性(Consistency),就是指当训练样本数目趋于无穷大时,经验风险的最优值能够收敛到真实风险的最优值。

5.2.2 学习一致性

学习过程一致性结论是统计学习理论的基础,也是它与经典渐进统计学的基本联系所在。只有满足学习过程一致性条件,当样本无穷大时才能保证在经验风险最小化原则下得到的最优方法趋于使期望风险最小的最优结果。

定理 5.1(学习理论关键定理) 对于有界的损失函数,经验风险最小化学习一致的充分必要条件是经验风险在如下意义上一致地收敛于实际风险,即

$$\lim_{n\to\infty} P\{\sup_{\omega}[R(\omega) - R_{\text{emp}}(\omega)] > \varepsilon\} = 0, \quad \forall \varepsilon$$

其中,p 表示概率,ε 为函数的广义参数,$R_{\text{emp}}(w)$ 和 $R(w)$ 分别表示在 n 个样本下的经验风险和对于同一个 w 的实际风险。

由于这一定理在统计学习理论中的重要性,因此被称作学习理论的关键定理。由式(5.1)及式(5.2)可知学习一致性的问题既依赖于预测函数集,也依赖于样本的概率分布。这一定理可以把学习一致性的问题转化为一致收敛问题,也称为单边一致收敛,与此相对应的是双边一致收敛,即

$$\lim_{n\to\infty} P[\sup_{\omega}|R(\omega) - R_{\text{emp}}(\omega)| > \varepsilon] = 0, \quad \forall \varepsilon$$

5.2.3 VC 维

学习的目的不是用经验风险去逼近期望风险，而是通过求解使经验风险最小化函数来逼近期望风险最小化的函数，因此，其一致性条件比传统统计学中的一致性条件更严格。

为了研究学习过程一致收敛的速度和推广性，统计学习理论定义了一系列有关函数集学习性能的指标，VC 维（Vapnik Chervonenkis Dimension）是其中最重要的一个定义，VC 维是建立在点集被"打散"的概念基础上的。

定义 5.1 设 $Q(z,\alpha)$，$\alpha \in \Lambda$ 是一个指示函数集，记 $Z_m=\{z_1,z_2,\cdots,z_m\}$ 为 Z 中的 m 个点组成的集合。对于 Z_m 中的任何一种二分类方式，Q 总存在一个对应的函数能将其分开，则称 Z_m 被 Q 打散。

定义 5.2 设 $Q(z,\alpha)$，$\alpha \in \Lambda$ 是一个指示函数集，记 $Z_m=\{z_1,z_2,\cdots,z_m\}$ 为 Z 中的 m 个点组成的集合。定义 $Q(z,\alpha)$ 的 VC 维为能被 Q 打散的最大的子集的元素个数，当 Z_m 任意大的子集都能被 Q 打散时，则定义 $\mathrm{VC}_{\dim}(Q)=\infty$。

VC 维可以反映函数集的学习能力，即 VC 维越大则学习机器越复杂，学习能力越强，反之则越简单。遗憾的是，目前为止还没有一种通用的关于计算任意函数集 VC 维的理论。对于比较复杂的学习机器，其 VC 维除了与函数集有关外，还受算法等其他因素的影响，其确定更加困难。如何用理论或实验的方法计算其 VC 维是当前统计学习理论中有待研究的问题。

5.2.4 泛化性的界

统计学习理论从 VC 维出发，系统地研究了各种类型函数集的经验风险和实际风险之间的关系，即泛化性的界。泛化性的界是指对指示函数集中的所有函数，经验风险 $R_{\mathrm{emp}}(w)$ 与实际风险 $R(w)$ 之间以至少 $1-\eta$ 的概率满足如下关系：

$$R(w) \leqslant R_{\mathrm{emp}}(w)+\sqrt{\frac{h[\ln(2l/h+1)]-\ln(\eta/4)}{l}} \tag{5.3}$$

其中，h 是学习机器函数集的 VC 维，l 是样本数。

式(5.3)说明学习机器的期望风险是由两部分组成的：一是经验风险，二是置信范围。学习机器的期望风险和学习机器的 VC 维及训练样本数有关。

式(5.3)可以简单地表示为

$$R(w) \leqslant R_{\mathrm{emp}}(w)+\varphi \frac{h}{l} \tag{5.4}$$

式(5.4)表明，在有限样本下，学习机的 VC 维越高，则置信范围越大，导致真实风险与经验风险之间的偏差就越大，这就是出现过学习现象的原因。因此，在样本数一定的情况下，要想得到最小的期望风险，除了控制经验风险最小外，还要使 VC 维尽量小，才能缩小置信范围，从而取得较小的真实风险，即对未来样本有较好的推广性。

5.2.5 结构风险最小化

结构风险最小化（Structural Risk Minimization，SRM）原则定义了在对给定数据的逼近精度和逼近函数的复杂性之间的一种折中。结构风险最小化原理的基本思想是：如果要求风险最小，就需要同时使经验风险和置信范围共同趋于最小。根据风险估计公式，如果固定训练样本数,则控制风险 $R(w)$ 的参数有两个:经验风险 $R_{emp}(w)$ 和 VC 维 h 。

(1)经验风险的大小依赖于学习机所选定的函数(x,α),这样可以通过控制 α 来控制经验风险。

(2)VC 维依赖于学习机所工作的函数集合。为了获得对 h 的控制,可以将函数集合结构化,建立与各函数子结构之间的关系,通过控制函数的选择来达到控制 VC 维的目的。

图 5.1 给出了真实风险、经验风险和置信范围与 VC 维的变化关系曲线,从图中可以看出,要获得最小的真实风险就需要折中考虑经验风险和置信范围的大小。统计学习理论还给出了合理的函数子集结构应满足的条件,以及在结构风险最小化准则下实际风险收敛的性质。

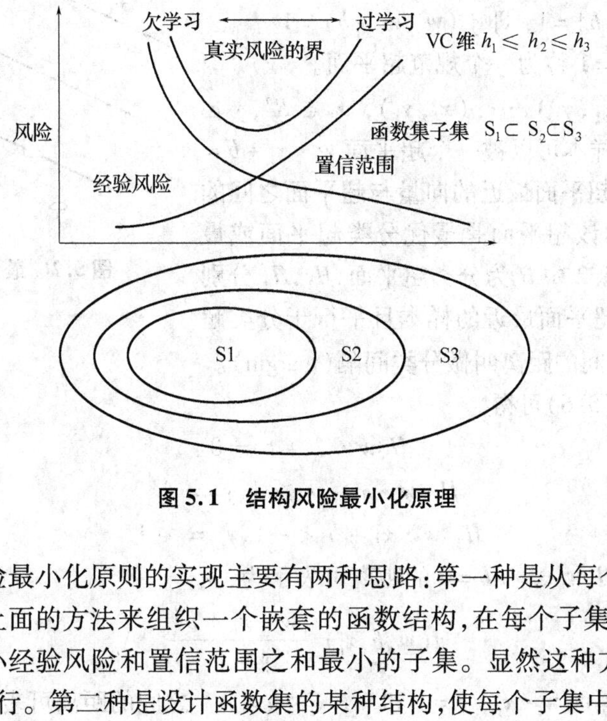

图 5.1 结构风险最小化原理

目前,结构风险最小化原则的实现主要有两种思路:第一种是从每个子集入手,给定一个函数集合,按照上面的方法来组织一个嵌套的函数结构,在每个子集中求取最小经验风险,然后选择使最小经验风险和置信范围之和最小的子集。显然这种方法比较费时,当子集数目很大时不可行。第二种是设计函数集的某种结构,使每个子集中都能取得最小的经验风险,然后选择适当的子集使置信范围最小,再从这个子集中选出使经验风险最小的函数,即最优函数。

5.3 分类支持向量机

分类支持向量机(Support Vector Classification, SVC)是在 SLT 的 VC 维理论和结构风险最小原理的基础上发展起来的一种新的机器学习方法。假设存在样本 $(x_1,y_1),\cdots,(x_l,y_l)$, $y \in \{1,-1\}$,l 为样本数,n 为输入维数,学习的目标就是构造一个决策函数,即

$$f(x) = \operatorname{sgn}(g(x))$$

将测试数据尽可能正确分类,当 $g(x)$ 为线性函数时有 $g(x) = w \cdot x + b$,其中"·"表示向量点积,称为线性分类学习机;当 $g(x)$ 为非线性函数时,称为非线性分类学习机。

5.3.1 线性分类支持向量机

对于线性分类情形,分类的目的就是找到一个超平面将这两类样本完全分开。该超平面可由下式表示:

$$\boldsymbol{w}\cdot x+b=0 \tag{5.5}$$

由该平面分类的结果如下

$$\begin{cases}\boldsymbol{w}\cdot x+b\geqslant 0, & \text{当 } y_i=1\text{ 时}\\ \boldsymbol{w}\cdot x+b<0, & \text{当 } y_i=-1\text{ 时}\end{cases} \tag{5.6}$$

其中,$\boldsymbol{w}$ 表示超平面的法线方向,$\boldsymbol{w}/\|\boldsymbol{w}\|$ 单位法向量,$\|\boldsymbol{w}\|$ 表示欧氏模函数。通过该平面将数据空间分成两个区域,如图 5.2 所示,其中满足

$$\min_i|\boldsymbol{w}\cdot x_i+b|=1,\ \text{即 } y_i(\boldsymbol{w}\cdot x_i+b)=1$$

的超平面 $\boldsymbol{w}\cdot x_i+b=1$ 称为一个规范超平面。

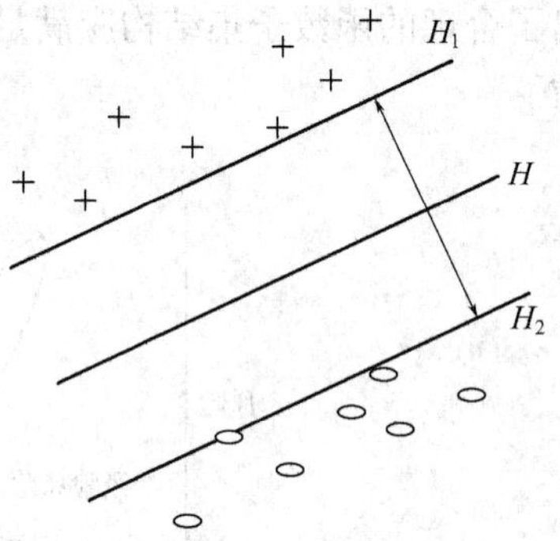

图 5.2 最优分类超平面

给定训练集 $(x_1,y_1),\cdots,(x_l,y_l)$, $x_i\in R^n$, $y\in\{1,-1\}$,假设训练样本可以被一个超平面 $\boldsymbol{w}\cdot x_i+b=0$ 正确分开,如果离超平面最近的向量与超平面之间的距离是最大的,则称该超平面是最优分类超平面或最大间隔超平面。图5.2 中 H 为分类超平面,H_1,H_2 分别为过各类中离分类超平面最近的样本且平行于分类超平面的平面,它们之间的距离叫做分类间隔(margin)。

由式(5.5)、式(5.6)可得

$$H:\boldsymbol{w}\cdot x_i+b=0$$

$$H_1:\boldsymbol{w}\cdot x_i+b\geqslant 1, y_i=1$$

$$H_2:\boldsymbol{w}\cdot x_i+b<-1, y_i=-1$$

点 x 到分类超平面 H: $\boldsymbol{w}\cdot x_i+b=0$ 的距离可表示为:

$$d(\boldsymbol{w},b,x_i)\ \frac{|\boldsymbol{w}\cdot x_i+b|}{\|\boldsymbol{w}\|}$$

支持向量所在的间隔面 $\boldsymbol{w}\cdot x_i+b=1$ 和 $\boldsymbol{w}\cdot x_i+b=-1$ 之间的距离可表示为

$$\rho(\boldsymbol{w},b)=\frac{2}{\|\boldsymbol{w}\|}$$

最优分类超平面就是使得 $\rho(\boldsymbol{w},b)$ 最大的超平面,也即相当于最小化下式:

$$\min_W\frac{\|w\|}{2}$$

同时满足约束条件 $y_i(\boldsymbol{w}\cdot x_i+b)\geqslant 1, i=1,2,\cdots,l$,可转化为求解以下优化问题:

$$\min_W\Phi(\boldsymbol{w})=\frac{\|\boldsymbol{w}\|^2}{2}$$

定理 5.2 若训练集 T 是线性可分的,则最大间隔法求出的最大间隔超平面是唯一的,且此最大间隔超平面能将训练集中的点完全正确划分开。

如果存在一个最大间隔超平面能够划分训练数据集,并且算法是收敛的,则该情况称为线性可分;反之,如果这样的超平面不存在,则称该数据为线性不可分。

对于线性可分问题，最优超平面的求解可归结为如下的二次规划问题：

$$\min_W = \frac{\|w\|^2}{2} \tag{5.7}$$

式(5.7)表示在经验风险为零的情况下使VC维的界最小化，从而最小化VC维，这正是结构风险最小化原理。引入Lagrange函数进行求解该凸规划问题：

$$\max L(w,b,\alpha) = \frac{\|w\|^2}{2} - \sum_{i=1}^{l}\alpha_i[y_i(w\cdot x_i + b) - 1]$$

$$s.t.\ \alpha_i \geqslant 0, i = 1,2,\cdots,l \tag{5.8}$$

上式中，α_i 为对应的Lagrange乘子。一般地，解中只有一部分 α_i 不为零，则 α_i 对应的样本 x_i 称为支持向量(support vector, SV)。因此，w 可以表示为 $w^+ = \sum_{i=1}^{l} y_i\alpha_i^+ x_i$。二次规划(5.8)的对偶问题可表示为

$$\min_\alpha \frac{1}{2}\sum_{i=1}^{l}\sum_{j=1}^{l} y_i y_j \alpha_i \alpha_j (x_i\cdot x_j) - \sum_{j=1}^{l}\alpha_j$$

$$s.t.\ \sum_{i=1}^{l} y_i\alpha_i = 0\alpha_i \geqslant 0,\quad i = 1,2,\cdots,l$$

算法5.1 线性可分支持向量机学习算法

输入：线性可分训练集 $T = \{(x_1,y_1),\cdots,(x_l,y_l)\}$，其中 $x_i \in R^n$，$y_i \in \{-1,1\}$，$i = 1,2,\cdots,l$；

输出：分离超平面和分类决策函数。

(1)构造并求解约束最优化问题

$$\min_\alpha \frac{1}{2}\sum_{i=1}^{l}\sum_{j=1}^{l} y_i y_j \alpha_i \alpha_j (\boldsymbol{x}_i\cdot \boldsymbol{x}_j) - \sum_{j=1}^{l}\alpha_j$$

$$s.t.\ \sum_{i=1}^{l} y_i\alpha_i = 0$$

$$\alpha_i \geqslant 0,\quad i = 1,2,\cdots,l$$

求得最优解 $\alpha^* = (\alpha_1^*,\alpha_2^*,\cdots,\alpha_l^*)^T$。

(2)计算

$$w^* = \sum_{i}^{l}\alpha_i^* y_i x_i \tag{5.9}$$

选择 α^* 的一个正分量 $\alpha_j^* > 0$，计算

$$b^* = y_j - \sum_{i}^{l}\alpha_i^* y_i (x_i\cdot x_j) \tag{5.10}$$

(3)求得分离平面

$$\boldsymbol{w}^*\cdot x + b = 0$$

分类决策函数：

$$f(\boldsymbol{x}) = \mathrm{sgn}(w^*\cdot x + b^*)$$

例5.1 设正例点为 $x_1 = (3,3)^T$，$x_2 = (4,3)^T$，负例点是 $x_3 = (1,1)^T$，试用算法5.1求线性可分支持向量机。

解 根据所给数据,则

$$\min_{\alpha}\frac{1}{2}\sum_{i=1}^{l}\sum_{j=1}^{l}y_iy_j\alpha_i\alpha_j(x_i\cdot x_j)-\sum_{j=1}^{l}\alpha_j$$

$$=\frac{1}{2}(18\alpha_1^2+25\alpha_2^2+2\alpha_3^2+42\alpha_1\alpha_2-12\alpha_1\alpha_3-14\alpha_2\alpha_3)-\alpha_1-\alpha_2-\alpha_3$$

$$s.t.\ \alpha_1+\alpha_2-\alpha_3=0$$

$$\alpha_i\geqslant 0, i=1,2,3$$

解这一最优化问题,将 $\alpha_3=\alpha_1+\alpha_2$ 代入目标函数并记为

$$s(\alpha_1,\alpha_2)=4\alpha_1^2+\frac{13}{2}\alpha_2^2+10\alpha_1\alpha_2-2\alpha_1-2\alpha_2$$

对 α_1,α_2 求偏导并令其为 0,易知 $s(\alpha_1,\alpha_2)$ 在点 $(3/2,-1)^{\mathrm{T}}$ 取极值,但该点不满足约束条件 $\alpha_2\geqslant 0$,所以最小值应在边界上达到。

当 $\alpha_1=0$ 时,最小值 $s(0,\frac{2}{13})=-\frac{2}{13}$;当 $\alpha_2=0$ 时,最小值 $s(\frac{1}{4},0)=-\frac{1}{4}$。于是 $s(\alpha_1,\alpha_2)$ 在 $\alpha_1=\frac{1}{4}$, $\alpha_2=0$ 时达到最小,此时 $\alpha_3=\alpha_1+\alpha_2=\frac{1}{4}$。

这样,$\alpha_1^*=\alpha_3^*=\frac{1}{4}$ 对应的实例点 x_1, x_3 是支持向量。根据式(5.9)和(5.10)计算得

$$w_1^*=w_2^*=\frac{1}{3}$$

$$b^*=-2$$

分离超平面为

$$\frac{1}{2}x^{(1)}-\frac{1}{2}x^{(2)}-2=0$$ 分离决策函数为

$$f(x)=\mathrm{sgn}\left(\frac{1}{2}x^{(1)}-\frac{1}{2}x^{(2)}-2\right)$$

一般地,若训练集线性不可分,任何分类超平面都存在错误分类,所以不能要求所有训练点集都满足约束 $y_i(\boldsymbol{w}\cdot x_i+b)\geqslant 1$。因此,引进松弛变量 $\zeta_i(\zeta_i\geqslant 0)$,把约束条件放松为

$$y_i(\boldsymbol{w}\cdot x_i+b)\geqslant 1-\zeta_i, i=1,\cdots,l$$

显然,当分类错误时,ζ_i 大于零。因此,$\sum_{i=1}^{l}\zeta_i$ 是分类错误向量的上界。因此需要在目标函数中为分类误差添加一个额外的代价函数,引入惩罚项 C,学习问题的最优目标函数和约束条件可表示为

$$\min_{w,b,\zeta}\frac{\|\boldsymbol{w}\|^2}{2}+C\sum_{i=1}^{l}\zeta_i$$

$$s.t.\ y_i(\boldsymbol{w}\cdot x_i+b)\geqslant 1-\zeta_i$$

$$\zeta_i\geqslant 0,\quad i=1,2,\cdots,l$$

其中,C 控制错误分类样本的惩罚程度,目标函数兼顾了经验风险和置信范围。线性不可分情况的最优超平面的对偶问题与线性可分情况下几乎完全相同,只是约束条件有所不同

$$\min\alpha\ \frac{1}{2}\sum_{i=1}^{l}\sum_{j=1}^{l}y_iy_j\alpha_i\alpha_j(x_i\cdot x_j)-\sum_{j=1}^{l}\alpha_j$$

$$s.t.\ \sum_{i=1}^{l}y_i\alpha_i=0$$

$$0 \leqslant \alpha_i \leqslant C, \quad i = 1,2,\cdots,l$$

通过推导,最终所求的决策函数可表示为

$$f(x) = \mathrm{sgn}(\boldsymbol{w} \cdot x + b)$$

算法 5.2 线性支持向量机学习算法

输入:训练集 $T = \{(x_1,y_1),\cdots,(x_l,y_l)\}$,其中 $x_i \in R^n$, $y_i \in \{-1,1\}$, $i=1,2,\cdots,l$;

输出:分离超平面和分类决策函数。

(1)选择惩罚参数 $C>0$,构造并求解约束最优化问题

$$\min_\alpha \frac{1}{2}\sum_{i=1}^{l}\sum_{j=1}^{l} y_i y_j \alpha_i \alpha_j (x_i \cdot x_j) - \sum_{j=1}^{l}\alpha_j$$

$$s.t. \sum_{i=1}^{l} y_i \alpha_i = 0$$

$$0 \leqslant \alpha_i \leqslant C, \quad i = 1,2,\cdots,l$$

求得最优解 $\alpha^* = (\alpha_1^*,\alpha_2^*,\cdots,\alpha_l^*)^T$。

(2)计算。

$$\boldsymbol{w}^* = \sum_{i}^{l} \alpha_i^* y_i x_i$$

选择 α^* 的一个正分量 $0<\alpha_j^*<C$,计算

$$b^* = y_j - \sum_{i}^{l} \alpha_i^* y_i (x_i \cdot x_j)$$

(3)求得分离平面

$$\boldsymbol{w}^* \cdot x + b = 0$$

分类决策函数:

$$f(x) = \mathrm{sgn}(\boldsymbol{w}^* \cdot x + b^*)$$

步骤(2)中,对任一适合条件 $0<\alpha_j^*<C$ 的 α_j^*,都可求出 b^*,但是由于原始问题对的解并不唯一,所以实际计算时可以取在所有符合条件的样本点的平均值。

5.3.2 核函数

学习的目标概念一般不能由简单的线性函数组合来产生,需要寻找观测数据的更抽象的特征与表示形式。核函数通过将观测数据映射到高维空间来增加学习函数的计算能力,提供了另一条解决途径。

支持向量机方法采用不同核函数,可以构造实现输入空间中不同类型的非线性决策的学习机,产生不同的支持向量算法。这一特点解决了可能导致的"维数灾难"问题,在构造判别函数时,先在输入空间比较向量,然后对结果再进行非线性变换。这样,复杂的工作量在输入空间就可以完成,而不需要在高维特征空间中进行。

定义 5.3(核函数) 设 φ 是由空间 X 到特征空间 F 的映射,满足 $\varphi: x \in X \to \varphi(x) \in F$。对所有的 $x,z \in X$,函数 K 满足 $K(x,z) = \varphi(x) \cdot \varphi(z)$,则称函数 $K(\cdot,\cdot)$ 为核函数。

定理 5.3(Mercer 定理) 对称函数 $K(x,z) \in L^2$ 能展开成 $K(x,z) = \sum_{i=1}^{\infty} \alpha_i \varphi_i(x) \cdot \varphi_i(z)$

的充要条件是:对所有满足 $\int g^2(x)\mathrm{d}x < \infty$ 且 $g(x) \neq 0$ 的函数 $g(x)$,都有 $\iint K(x,z)g(x)g(z)\mathrm{d}x\mathrm{d}z \geqslant 0$ 成立。

满足 Mercer 条件的内积函数 $K(x_i,x_j)$ 称为核函数。常用的核函数主要有:

(1)径向基核函数

$$K(x_i,x_j) = \exp\left\{-\frac{\|x - x_i\|^2}{2\sigma^2}\right\}$$

(2)多项式核函数

$$K(x_i,x_j) = [(x \cdot x_i) + 1]^d$$

(3)Sigmoid 核函数

$$K(x_i,x_j) = \tanh[c(x \cdot x_i) + \mathrm{d}]$$

其中,$c>0,d>0$。

(4)Fourier 级数核函数

$$K(x_i,x_j) = \frac{\sin(N + 0.5)(x - x_i)}{\sin[0.5(x - x_i)]}$$

核函数理论研究得比较早,Mercer 定理可以追溯到 1909 年,C. A. Micchelli, D. MacKay, F. Girosi, B. Scholkopf 等人研究过核函数的构造问题。目前,选择核函数的一般方法是根据先验知识来选择其类型和参数,或直接构造新类型,并在训练过程中逐渐优化。但是这些做法都缺乏理论指导,核函数的选择和构造是支持向量机算法研究的一个重要研究方向。

5.3.3 非线性分类支持向量机

当样本线性不可分时,约束条件 $y_i(\boldsymbol{w} \cdot x_i + b) \geqslant 1 - \zeta_i, i = 1,\cdots,l$ 不再成立。针对这种情况,可以采用复杂的超曲面代替分类超平面,即非线性 SVC,处理线性不可分问题。

首先通过某个映射函数 φ,将训练样本从输入空间映射到一高维特征空间 F,使其在高维特征空间线性可分,然后构造最优分类超平面。通过空间变换使运用线性方法求解非线性可分问题的决策函数成为可能,但是空间变换会导致样本的维数发生增加,即高维问题,该问题可以通过核技巧(Kernel Trick)来解决。引入映射函数后,最优化问题的形式(5.8)可变为:

$$\begin{aligned} &\min_{w,b,\zeta} \frac{\|\boldsymbol{w}\|^2}{2} + C\sum_{i=1}^{l}\zeta_i \\ &\text{s.t. } y_i[\boldsymbol{w} \cdot \varphi(x_i) + b] \geqslant 1 - \zeta_i \\ &\zeta_i \geqslant 0, \quad i = 1,2,\cdots,l \end{aligned} \tag{5.12}$$

一般并不直接求解问题(5.12),而是通过求解其对偶问题求解原问题的解

$$\begin{aligned} &\min_\alpha \frac{1}{2}\sum_{i=1}^{l}\sum_{j=1}^{l} y_i y_j \alpha_i \alpha_j K(x_i \cdot x) - \sum_{j=1}^{l}\alpha_j \\ &\text{s.t. } \sum_{i=1}^{l} y_i \alpha_i = 0 \\ &0 \leqslant \alpha_i \leqslant C, \quad i = 1,2,\cdots,l \end{aligned}$$

其中,α_i 为 Lagrange 乘子,$K(x_i \cdot x_j) \in R^n$ 为核函数,且满足 $K(x_i \cdot x_j) = \varphi(x_i) \cdot \varphi(x_j)$,(5.12)是典型的二次规划问题,若 $K(x_i \cdot x_j)$ 为半正定核,则上述问题为凸二次规划。

通过学习得到的构造决策函数为

$$f(x) = \mathrm{sgn}[\sum_{i=1}^{l} \alpha_i^* y_i K(x_i, x_j) + b^*]$$

算法 5.3 非线性支持向量机学习算法

输入:训练集 $T=\{(x_1,y_1),\cdots,(x_l,y_l)\}$,其中 $x_i \in R^n$, $y_i \in \{-1,1\}$, $i=1,2,\cdots,l$;

输出:分离超平面和分类决策函数。

(1)选取适当的核函数 $K(x,z)$ 和适当的参数 C,构造并求解约束最优化问题。

$$\min_\alpha \frac{1}{2}\sum_{i=1}^{l}\sum_{j=1}^{l} y_i y_j \alpha_i \alpha_j K(x_i \cdot x_j) - \sum_{j=1}^{l} \alpha_j$$

$$s.t. \sum_{i=1}^{l} y_i \alpha_i = 0$$

$$0 \leqslant \alpha_i \leqslant C, \quad i = 1,2,\cdots,l$$

求得最优解 $\alpha^* = (\alpha_1^*, \alpha_2^*, \cdots, \alpha_l^*)^T$。

(2)计算。选择 α^* 的一个正分量 $\alpha_j^* > 0$,计算

$$b^* = y_j - \sum_{i}^{l} \alpha_i^* y_i K(x_i \cdot x_j)$$

(3)构造分类决策函数:

$$f(x) = \mathrm{sgn}\left(\sum_{i}^{l} \alpha_i^* y_i K(x_i, x_j) + b^*\right)$$

5.4 回归支持向量机

支持向量机除了应用于模式分类领域外,在非线性回归分析中的应用也很成功。通过构造适当的损失函数,需要在实函数集 $\Omega = \{f(x,\alpha), \alpha \in \Lambda\}$ 中估计样本未知分布 $F(y/x)$,而损失函数描述了在估计过程中的精度。

5.4.1 损失函数

一般情况下,常用的几种损失函数有以下几种。

(1)二次损失函数

$$L_{\mathrm{Quad}}[y, f(x,\alpha)] = [y - f(x,\alpha)]^2$$

(2)Laplace 损失函数

$$L_{\mathrm{Lap}}[y, f(x,\alpha)] - |y - f(x,\alpha)|$$

(3)Huber 损失函数

$$L_{\mathrm{Huber}}[y, f(x,\alpha)] = \begin{cases} \eta\,|y - f(x,\alpha)| - \dfrac{\eta^2}{2}, & |y - f(x,\alpha)| > \eta \\ \dfrac{1}{2}\,|y - f(x,\alpha)|, & |y - f(x,\alpha)| \leqslant \eta \end{cases}$$

(4)ε 不敏感损失函数

V. N. Vapnik 提出的 不敏感(insensitive)损失函数有两个优势:一方面具有很好的鲁棒性;另一方面,用它作为损失函数来求解支持向量时有很好的稀疏解,使这种函数有很好的应用价值。不敏感损失函数的形式为

$$L_\varepsilon[y,f(x,\alpha)]=\begin{cases}0, & |y-f(x,\alpha)|\leqslant\varepsilon\\ y-f(x,\alpha)-\varepsilon, & \text{其他}\end{cases}$$

当 $\varepsilon=0$ 时,函数变为绝对损失函数。

(2)二次 ε - 不敏感损失函数

当 $\varepsilon=0$ 时,函数变为平方损失函数。

5.4.2 回归支持向量机

对于线性回归情况,给定训练集 $\{(x_1,y_1),\cdots,(x_l,y_l)\}\in R^n\times r,i=1,\cdots,l$,采用 ε - 不敏感损失函数,要寻找回归函数 $f(x,\alpha)=\boldsymbol{w}\cdot x+b$ 中的参数 $\bar{w}$ 和 $\bar{b}$, 问题可转化为

$$\min_{w,\zeta}\frac{1}{2}\|w\|^2+C\sum_{i=1}^{l}(\zeta_i+\zeta_i^*)$$
$$s.t.\ (\boldsymbol{w}\cdot x_i+b)-y_i\leqslant\varepsilon+\zeta_i,i=1,\cdots,l$$
$$y_i-(\boldsymbol{w}\cdot x_i+b)\leqslant\varepsilon+\zeta_i^*,i=1,\cdots,l$$
$$\zeta_i,\zeta_i^*,i=1,\cdots,l \tag{5.13}$$

ζ_i,ζ_i^*,为松弛变量,采用 Lagrange 乘子法:

$$L(w,b,\zeta,\zeta^*,\alpha,\alpha^*,\eta,\eta^*)=\frac{1}{2}\|w\|^2+C\sum_{i=1}^{l}(\zeta_i+\zeta_i^*)$$
$$-\sum_{i=1}^{l}\alpha_i(y_i-(\boldsymbol{w}\cdot x_i+b)+\varepsilon+\zeta_i)-\sum_{i=1}^{l}\alpha_i^*((\boldsymbol{w}\cdot x_i+b)-y_i+\varepsilon+\zeta_i)$$

公式中的 Lagrange 乘子满足 $\alpha_i^*\geqslant0,\eta_i^*\geqslant0$,令 L 对 b,w,ζ^* 的偏导数为 0,可以得到问题(5.13)对偶问题,即

$$\min_{\alpha^*\in R^{2l}}\frac{1}{2}\sum_{i,j=1}^{l}(\alpha_i^*-\alpha_i)(\alpha_j^*-\alpha_j)(x_i\cdot x_j)+\varepsilon\sum_{i=1}^{l}(\alpha_i^*+\alpha_i)-\sum_{i=1}^{l}y_i(\alpha_i^*-\alpha_i)$$
$$s.t.\ \sum_{i=1}^{l}(\alpha_i^*-\alpha_i)=0$$
$$0\leqslant\alpha_i,\alpha_i^*\leqslant C,i=1,\cdots,l$$

对于非线性回归情况,首先通过一个非线性映射 φ 把数据映射到一个高维特征空间,然后在高维空间中进行线性回归。用一个核函数 $K(x,y)$ 代替 $\varphi(x)\cdot\varphi(y)$ 就可以实现非线性回归,因此非线性回归的优化问题可表示为

$$\min_{\alpha^*\in R^{2l}}\frac{1}{2}\sum_{i,j=1}^{l}(\alpha_i^*-\alpha_i)(\alpha_j^*-\alpha_j)K(x_i\cdot x_j)+\varepsilon\sum_{i=1}^{l}(\alpha_i^*+\alpha_i)-\sum_{i=1}^{l}y_i(\alpha_i^*-\alpha_i)$$
$$s.t.\ \sum_{i=1}^{l}(\alpha_i^*-\alpha_i)=0$$
$$0\leqslant\alpha_i,\alpha_i^*\leqslant C,i=1,\cdots,l$$

求解出 α_i^* 的值,不为零的 α_i^* 所对应的样本被称为支持向量;$f(x)$的表达式为:

$$f(x)=\sum_{i,j=1}^{l}(\alpha_i^*-\alpha_i)K(x_i\cdot x_j)+b$$

b 的计算公式为下式：

$$b = y_j - \sum_{i,j=1}^{l} (\alpha_i^* - \alpha_i) K(\boldsymbol{x}_i \cdot \boldsymbol{x}_j) + \varepsilon, \alpha_i \in (0, C)$$

$$b = y_j - \sum_{i,j=1}^{l} (\alpha_i^* - \alpha_i) K(\boldsymbol{x}_i \cdot \boldsymbol{x}_j) + \varepsilon, \alpha_i^* \in (0, C)$$

5.5 序列化最小最优化算法

支持向量机的学习问题可以形式化为解凸二次规化问题，它具有全局最优解，并且有许多最优化算法可以求解。但当训练样本很大时，这些算法往往变得低效，以致无法使用。序列化最小最优化算法（Sequential Minimal Optimization，SMO）算法是解决这个问题的一种快速求解算法。

SMO 算法要解如下凸二次规划的对偶问题：

$$\min_{\alpha} \frac{1}{2} \sum_{i=1}^{l} \sum_{j=1}^{l} y_i y_j \alpha_i \alpha_j K(x_i \cdot x_j) - \sum_{j=1}^{l} \alpha_j \tag{5.14}$$

$$s.t. \sum_{i=1}^{l} y_i \alpha_i = 0 \tag{5.15}$$

$$0 \leqslant \alpha_i \leqslant C, i = 1, 2, \cdots, l \tag{5.16}$$

式中，变量是拉格朗日乘子，一个变量 α_i 对应于一个样本点 (x_i, y_i)，变量的总数等于训练样本容量 l。

SMO 算法是一种启发式算法，其基本思想是：如果所有变量的解都满足此最优化问题的 KKT 条件，那么这个最优化问题的解就得到了。因为 KKT 条件是该最优化问题的充分必要条件，否则，选择两个变量，固定其他变量，针对这两个变量构造一个二次规划问题。这个二次规划问题关于这两个变量的解应该更接近原始二次规划问题的解，因此这会使得原始二次规划问题的目标函数值变得更小。重要的是，这时子问题可以通过解析方法救解，这样就可以大提高整个算法的计算速度。子问题有两个变量，一个是违反 KKT 条件最严重的那一个，另一个由约束条件自动确定。如此，SMO 算法将原问题不断分解为子问题并对子问题求解，进而达到求解原始的目的。

子问题的两个变量中只有一个是自由变量。假设 α_1, α_2 为两个变量，$\alpha_3, \alpha_4, \cdots, \alpha_l$ 固定，那么由等式(5.15)约束可知

$$\alpha_1 = -y_1 \sum_{i=2}^{l} \alpha_i y_i$$

如果 α_2 确定，那么 α_1 也随之确定，所以子问题中同时更新两个变量。

5.5.1 两个变量二次规划的求解方法

不失一般性，假设选择两个变量是 α_1，α_2，其他变量 $\alpha_i(i=3,4,\cdots,l)$ 是固定的，于是 SMO 的最优化问题(5.14)至(5.16)的子问题可以写成：

$$\min_{\alpha_1,\alpha_2} \frac{1}{2}K_{11}\alpha_1^2 + \frac{1}{2}K_{22}\alpha_2^2 + y_1 y_2 K_{12}\alpha_1\alpha_2 - (\alpha_1 + \alpha_2) + y_1\alpha_1 \sum_{i=3}^{l} y_i\alpha_i K_{i1} + y_2\alpha_2 \sum_{i=3}^{l} y_i\alpha_i K_{i2} \quad (5.17)$$

$$s.t.\ \alpha_1 y_1 + \alpha_2 y_2 = -\sum_{i=3}^{l} y_i\alpha_i = \zeta \quad (5.18)$$

$$0 \leqslant \alpha_i \leqslant C, i = 1,2 \quad (5.19)$$

其中,$K_{ij} = K(x_i, x_j), i,j = 1,2,\cdots,l$,$\zeta$ 是常数,目标函数式(5.17)中省略了不含 α_1, α_2 的常数项。

不等式约束(5.19)使得(α_1, α_2)在盒子$[0,C]\times[0,C]$内。等式构束(5.18)使得(α_1, α_2)在平行于盒子对角线的直线上,因此要求的是目标函数在一条平行了对角线的线段上的最优值。这使得两个变量的最优化问题成为实质上的单变量的最优化问题,不妨考虑为变量 α_2 的最优化问题。

假设问题(5.17)至(5.19)的初始可行解为(α_1^{old}, α^{old}),最优(α_1^{new}, α_2^{new}),并且假设未加约束时的 α_2 的最优解为 $\alpha_2^{\text{new,unc}}$。

由于 α_2^{new} 需满足不等式构束(5.19),所以最优解 α_2^{new} 的取值范围必须满足条件

$$L \leqslant \alpha_2^{\text{new}} \leqslant H \quad (5.20)$$

其中,如果 $y_1 = y_2$

$$L = \max(0, \alpha_2^{\text{old}} - \alpha_1^{\text{old}})$$
$$H = \min(C, C + \alpha_2^{\text{old}} - \alpha_1^{\text{old}})$$

如果 $y_1 = y_2$

$$L = \max(0, \alpha_2^{\text{old}} + \alpha_1^{\text{old}} - C)$$
$$H = \min(C, \alpha_2^{\text{old}} + \alpha_1^{\text{old}})$$

为了简便,记

$$f(x) = \sum_{i=1}^{l} \alpha_i y_i K(x_i, x) + b$$

令

$$E_i = f(x_i) - y_i = \Big(\sum_{j=1}^{l} \alpha_j y_j K(x_j, x_i) + b\Big) - y_i, i = 1,2 \quad (5.21)$$

E_i为函数 $f(x)$ 对输入 x_i 的预测值与真实输出 y_i 之差。

定理 5.4 最优化问题(5.17)至(5.19)沿约束方向但未加约束条件时的解是

$$\alpha_2^{\text{new,unc}} = \alpha_2^{\text{old}} + \frac{y_2(E_1 - E_2)}{\eta} \quad (5.22)$$

其中

$$\eta = K_{11} + K_{22} - 2K_{12} = \|\varphi(x_1) - \varphi(x_2)\|^2 \quad (5.23)$$

加入约束条件(5.20)后

$$\alpha_2^{\text{new}} = \begin{cases} H, & \alpha_2^{\text{new,unc}} > H \\ \alpha_2^{\text{new,unc}}, & L \leqslant \alpha_2^{\text{new,unc}} \leqslant H \\ L, & \alpha_2^{\text{new,unc}} < L \end{cases}$$

由 α_2^{new} 求得 α_1^{new} 是

$$\alpha_1^{new} = \alpha_1^{old} + y_1 y_2(\alpha_2^{old} - \alpha_2^{new})$$

5.5.2 变量的选择方法

SMO 算法在每个子问题中需要选择两个变量优化，其中至少一个变量是违反 KKT 条件的。

1. 第 1 个变量的选择

SMO 把选择第 1 个变量的过程称为外层循环。外层循环在训练样本中选取违反 KKT 条件最严重的样本点，并将其对应的变量作为第 1 个变量。具体地，检查训练样本点 (x_i, y_i) 是否满足 KKT 条件，即

$$\begin{aligned} \alpha_i &= 0 \Leftrightarrow y_i g(x_i) \geqslant 1 \\ 0 < \alpha_i &< C \Leftrightarrow y_i g(x_i) = 1 \\ \alpha_i &= C \Leftrightarrow y_i g(x_i) \leqslant 1 \end{aligned} \tag{5.24}$$

其中，$g(x_i) = \sum_{j=1}^{l} \alpha_j y_j K(x_i, x_j) + b$。

该检验是在 ε 范围内进行的，在检验过程中，外层循环首先遍历所有满足条件 $0 < \alpha_i < C$ 的样本点，即在间隔边界上支持向量点，检验它们是否满足 KKT 条件。如果这些样本点都满足 KKT 条件，那么遍历整个训练集，检验它们是否满足 KKT 条件。

2. 第 2 个变量的选择

SMO 把选择第 2 个变量的过程为内层循环。假设在外层循环中已经找到每次 1 个变量 α_1，第 2 个变量的选择标准是希望能使 α_2 有足够大的变化。

由式(5.22)和式(5.23)可知，α_2^{new} 是依赖于 $|E_1 - E_2|$ 的，为了加快计算速度，一种简单的做法是选择 α_2，使其对应的 $|E_1 - E_2|$ 最大。因为 α_1 已定，E_1 也就定了。如果 E_1 是正的，那么选择最小的 E_i 作为 E_2；如果 E_1 是负的，那么选择最大的 E_i 作为 E_2。

在特殊情况下，如果内层循环通过以上方法选择的 α_2 不能使目标函数有足够的下降，那么采用以下启发式规则继续选择 α_2。遍历在间隔边界上的支持向量点，依次将其对应的变量作为 α_2 试用，直到目标函数有足够的下降。若找不到合适的 α_2，那么遍历训练数据集；若仍找不到合适的 α_2，则放弃 α_1，重新选择 α_1。

3. 计算阈值和差值

在每次完成两个变量的优化后，都要重新计算阈值 n，当 $0 < \alpha_2^{new} < C$ 时，由(5.24)知

$$\sum_{i=1}^{l} \alpha_i y_i K_{i1} + b = y_1$$

有

$$b_1^{new} = y_1 - \sum_{i=1}^{l} \alpha_i y_i K_{i1} - \alpha_1^{new} y_1 K_{11} - \alpha_2^{new} y_2 K_{21} \tag{5.25}$$

由(5.21)有

$$E_1 = \sum i = 3^l \alpha_i y_i K_{i1} + \alpha_1^{old} y_1 K_{11} + \alpha_2^{old} y_2 K_{21} + b^{old} - y_1$$

代入(5.25)可得

$$b_1^{new} = -E_1 - y_1 K_{11}(\alpha_1^{new} - \alpha_1^{old}) - y_2 K_{21}(\alpha_2^{new} - \alpha_2^{old}) + b^{old}$$

同理，对于 $0 < \alpha_2^{new} < C$，有

$$b_2^{new} = -E_2 - y_1 K_{12}(\alpha_1^{new} - \alpha_1^{old}) - y_2 K_{22}(\alpha_2^{new} - \alpha_2^{old}) + b^{old}$$

如果 $\alpha_1^{new},\alpha_2^{new}$ 同时满足 $0<\alpha_2^{new}<C,i=1,2$，那么 $b_1^{new}=b_2^{new}$。如果 $\alpha_1^{new},\alpha_2^{new}$ 是 0 或 C，那么 b_1^{new} 和 b_2^{new} 以及它们之间的数都是符合 KKT 条件阈值，可选择它们的中点作为 b^{new}。

在每次完成两个变量的优化之后，还必须更新对应的 E_i 值，并将它们保存在列表中。E_i 的更新要用到 b^{new}，以及所有支持向量对应的 α_i，

$$E_i^{new} = \sum_S y_i\alpha_j K(x_i,x_j) + b^{new} - y_i$$

其中，S 是所有支持向量 x_j 的集合。

算法 5.4　SMO 算法

输入：训练集 $T=\{(x_1,y_1),\ldots,(x_l,y_l)\}$，其中 $x_i\in R^n$，$y_i\in\{-1,1\}$，$i=1,2,\cdots,l$，精度 ε；

输出：近似解 $\hat{\alpha}$。

(1)取初值 $\alpha^{(0)}=0$，令 $k=0$；

(2)选取优变量化 $\alpha_1^{(k)}$，$\alpha_2^{(k)}$，解析求解两个变量的最优化问题(5.17)至问题(5.19)，求得最优解 $\alpha_1^{(k+1)}$，$\alpha_2^{(k+1)}$，更新 α 为 $\alpha^{(k+1)}$；

(3)若在精度范围 ε 范围内满足停机条件

$$\sum_{i=1}^{l}\alpha_i y_i = 0$$

$$0 \leqslant \alpha_i \leqslant C, i = 1,2,\cdots,l$$

$$y_i g(x_i) = \begin{cases} \geqslant 1, & \{x_i \mid \alpha_i = 0\} \\ = 1, & \{x_i \mid 0 < \alpha_i < C\} \\ \leqslant 1, & \{x_i \mid \alpha_i = C\} \end{cases}$$

其中

$$g(x_i) = \sum_{i=1}^{l}\alpha_i^* y_i K(x_i,x_j) + b$$

则转(4)；否则令 $k=k+1$，转(2)；

(4)取 $\hat{\alpha}=\alpha^{k+1}$。

5.6　支持向量机的应用

目前，支持向量机的应用已逐渐成为各国研究者的研究重点，支持向量机算法潜在的应用价值吸引了国际上众多的研究学者的目光，其在工程中的应用也日益广泛。

5.6.1　生物信息处理

SVM 很有前途的应用领域，有一方面就是应用到生物信息处理，这是因为 SVM 的许多特性适合于基因表达分析。这些特性有以下几点：

(1)SVM 具有解的稀疏性的特性；

(2)SVM 具有灵活选择相似性函数的特性；

(3)SVM 有识别异常样本的能力的特性。基于这些特点，它已被广泛用于识别 DNA 序列中基因片段、癌变基因、蛋白质折叠基因和蛋白质分析有关的模型选择以及血细胞图像的分割。与其他机器学习方法比较，经过实验验证，SVM 效果较优。

5.6.2 模式识别

SVM 自出现以来,在模式识别方面应用领域越来越广,分类问题的研究也较为成熟。应用领域如 3D 目标识别、图像直方图分类、信号处理、超光谱(hyperspectral)数据分类、遥感图像分类等。国内关于应用的文献较多,如手写汉字识别、软测量建模、多用户检测、入侵检参数优化、故障诊断、遥感图像分类、雷达目标分类识别、人脸识别等。

5.6.3 数据挖掘

由于 SVM 是通过引入映射把非线性分类问题转换成线性分类问题,这样就使得传统数据挖掘算法中尽管训练集误差较小但是测试集误差较大的问题得以解决,并且算法的效率和精确度都得以较大幅度的提高。所以近年来 SVM 方法逐渐发展成为构造数据挖掘分类器的一项重要的技术,在很多方面都得到很好的应用,比如在分类和回归模型中的应用。

5.7 习 题

1. 叙述支持向量机方法的基本思想。

2. 简述支持向量机分类的原理。

3. 支持向量机采用核函数输入空间变换到高维空间,变换了以后的空间一般来说维数太高,计算量太大,简述避免或者减少这种情况的方法。

4. 支撑向量机比神经网络的优越性体现在哪几个方面?

5. 简述 VC 维的定义,并计算平面空间中 4 个点的 VC 维。

6. 简单叙述结构风险最小化原则。

7. 考虑下面的优化问题:

$$\min_{w,\zeta} \frac{1}{2}\| w \|^2 + C_1 \sum_{i=1}^{l} \zeta_i + C_2 \sum_{i=1}^{l} \zeta_i^2$$

$$s.t.\ (w \cdot x_i + b) \geqslant 1 - \zeta_1, i = 1, \cdots, l$$

$$y_i - (w \cdot x_i + b) \leqslant \varepsilon + \zeta_i^*, i = 1, \cdots, l$$

$$\zeta_i, i = 1, \cdots, l$$

试讨论参数 C_1 和 C_2 变化产生的影响。

第6章 进化计算

6.1 遗传算法

. 遗传算法(Genetic Algorithms,GA)是一种基于自然选择和基因遗传学原理的优化搜索方法。遗传算法的创立过程有两个研究目的:一是抽象和严谨地解释自然界的适应过程;二是为了将自然生物系统的重要机理运用到工程系统、计算机系统或商业系统等人工系统的设计中。遗传算法在计算机上模拟生物的进化过程和基因的操作,并不需要对象的特定知识,也不需要对象的搜索空间是连续可微的,它具有全局寻优的能力。一些用常规的优化算法有效解决的问题,采用遗传算法寻优技术往往能得到较好的结果。人们常把它用于许多领域的实际问题,如函数优化、自动控制、图像识别、机器学习等。目前,遗传算法正在向其他学科和领域渗透,正在形成遗传算法、神经网络和模糊控制相结合,从而构成一种新型的智能控制系统整体优化的结构形式。本节讨论遗传算法的基本原理、操作、模式理论和计算机实现问题。

6.1.1 什么是遗传算法

1. 遗传算法的生物遗传学基础

遗传算法是 John. H. Holland 根据生物进化的模型提出的一种优化算法。自然选择学说是进化论的中心内容。根据进化论,生物的发展进化主要有三个原因,即遗传、变异和选择。

遗传是指子代总是和亲代相似。遗传性是一切生物所共有的特性,它使得生物能够把它的特性、性状传给后代。遗传是生物进化的基础。

变异是指子代和亲代有某些不相似的现象,即子代永远不会和亲代完全一样。它是一切生物所具有的共同特征,是生物个体之间相互区别的基础。引起变异的原因主要是生活环境的影响、器官使用的不同及杂交。生物的变异性为生物的进化和发展创造了条件。

选择是指具有精选的能力,它决定生物进化的方向。在进化过程中,有的要保留,有的要被淘汰。自然选择是指生物在自然界的生存环境中适者生存,不适者被淘汰的过程。通过不断的自然选择,有利于生存的变异就会遗传下去,积累起来,使变异越来越大,逐步产生新的物种。

生物就是在遗传、变异和选择三种因素的综合作用过程中,不断向前发展和进化。选择是通过遗传和变异起作用的,变异为选择提供资料,遗传巩固与积累选择的资料,而选择则能控制变异与遗传的方向,使变异和遗传向着适应环境的方向发展。这样,生物就会从简单到复杂、从低级到高级不断地向前发展。

进化论的自然选择过程蕴涵着一种搜索和优化的先进思想。遗传算法正是吸取了自然生物系统“适者生存,优胜劣汰”的进化原理,从而使它能够提供一个在复杂空间中进行鲁棒搜索的方法,为解决许多传统的优化方法难以解决的优化问题提供了新的途径。

2. 遗传算法的特点

遗传算法是基于自然选择和基因遗传学原理的搜索算法，它将“优胜劣汰，适者生存”的生物进化原理引入待优化参数形成的编码串群体中，按照一定的适配值函数及一系列遗传操作对各个个体进行筛选，从而使适配值高的个体被保留下来，组成新的群体。新群体包含上一代的大量信息，并且引入了新的优于上一代的个体，这样周而复始，群体中各个个体适应度不断提高，直至满足一定的极限条件。此时，群体中适配值最高的个体即为待优化参数的最优解。正是由于遗传算法独具的工作原理，使它能够在复杂空间进行全局优化搜索，并且具有较强的鲁棒性；另外，遗传算法对于搜索空间，基本上不需要什么限制性的假设（如连续、可微及单峰等）。常规的优化算法，如解析法，只能得到局部最优而非全局最优，且要求目标函数连续光滑及可微信息；枚举法虽然克服了这些缺点，但计算效率太低，对于一个实际问题常常由于搜索空间太大而不能将所有的情况都搜索到，即使很著名的动态规划法，也遇到“指数爆炸”问题，它对于中等规模和适度复杂性的问题，也常常无能为力；遗传算法通过对参数空间编码并用随机选择作为工具来引导搜索过程朝着更高效的方向发展。同常规优化算法相比，遗传算法有以下特点：

（1）遗传算法是对参数的编码进行操作，而非对参数本身。遗传算法首先基于一个有限的字母表，把最优化问题的自然参数集编码为有限长度的字符串。例如，一个最优化问题：在整数区间[0,31]上求函数 $f(x)=x^2$ 的最大值。若采用传统方法，我们可能会不断调节 x 参数的取值，直到得到最大的函数值为止。而采用遗传算法，优化过程的第一步是把参数 x 编码为有限长度的字符串，常用二进制字符串。设参数 x 的编码串长度为5，“00000”代表0，“11111”代表31，区间[0,31]上的数与二进制编码之间采用线性映射方法，随机生成 n 个这样的字符串组成初始群体，对群体中的字符串进行遗传操作，直至满足一定的终止条件；求得最终群体中适配值最大的字符串对应的十进制数，其相应的函数值则为所求解。可以看出，遗传算法是对一个参数编码群体进行操作，这样提供的参数信息量大，优化效果好。

（2）遗传算法是从许多点开始并行操作，而非局限于一点，因而可以有效地防止搜索过程收敛于局部最优解。

（3）遗传算法通过目标函数来计算适配值，而不需要其他推导和附加信息，从而对问题的依赖性较小。

（4）遗传算法的寻优规则是由概率决定的，而非确定性的。

（5）遗传算法在解空间进行高效启发式搜索，而非盲目地穷举或完全随机搜索。

（6）遗传算法对于待寻优的函数基本无限制，它既不要求函数连续，也不要求函数可微，既可以是数学解析式所表达的显函数，又可是映射矩阵甚至是神经网络等隐函数，因而应用范围较广。

（7）遗传算法具有并行计算的特点，因而可通过大规模并行计算来提高计算速度。

（8）遗传算法更适合大规模复杂问题的优化。

（9）遗传算法计算简单，功能强。

下面我们将通过讨论遗传算法的工作过程及理论基础，更深刻地理解遗传算法的上述特点。

3. 遗传算法的基本操作

Holland 的遗传算法，通常称为简单遗传算法。操作简单和作用强大是遗传算法的两个主要特点。一般的遗传算法都包含三个基本操作：

(Ⅰ)复制(Reproduction Operator);

(Ⅱ)交叉(Crossover Operator);

(Ⅲ)变异(Mutation Operator)。

(1)复制

①复制(又称繁殖),是从一个旧种群中选择生命力强的个体位串(或称字符串)(Individual String)产生新种群的过程,或者说,复制是个体位串根据其目标函数f(即适配值函数)拷贝自己的过程。直观地讲,可以把目标函数看作是我们期望的最大效益或好处的某种量度。根据位串的适配值拷贝位串意味着,具有较高适配值的位串更有可能在下一代中产生一个或多个子孙。显然,这个操作是模仿自然选择现象,将达尔文的适者生存理论运用于位串的复制。在自然群体中,适配值是由一个生物为继续生存而捕食、在生长和繁殖后代过程中克服障碍的能力决定的。在我们的复制操作过程中,目标函数(适配值)是该位串被复制或被淘汰的决定因素。

复制操作的初始种群(旧种群)的生成往往是随机产生的。例如,我们可以通过掷硬币20次,可产生维数$n=4$的初始种群如下(正面="1",背面="0"):

01101

11000

01000

10011

显然,上述通过抛一个均匀的硬币20次得到的初始种群,可以看成是一个长度为五位的无符号二进制数。将其编号成四个位串:

位串1: 01101

位串2: 11000

位串3: 01000

位串4: 10011

位串1~4可分别解码为如下十进制的数:

位串1: $0\cdot2^4+1\cdot2^3+1\cdot2^2+0\cdot2^1+1\cdot2^0=13$

位串2: $1\cdot2^4+1\cdot2^3+0\cdot2^2+0\cdot2^1+0\cdot2^0=24$

位串3: $0\cdot2^4+1\cdot2^3+0\cdot2^2+0\cdot2^1+0\cdot2^0=8$

位串4: $1\cdot2^4+0\cdot2^3+0\cdot2^2+1\cdot2^1+1\cdot2^0=19$

通过一个五位无符号二进制数,我们可以得到一个从0到31的数值x,它可以是系统的某个参数。取目标函数或适配值$f(x)=x^2$,可得计算结果如表6.1所示。对四个位串的适配值求和,结果为1 170。种群全体的适配值的比例也示于表6.1中。

表6.1 种群的初始位串及对应的适配值

编号	位串(x)	适配值$f(x)=x^2$	占总数的百分比(%)
1	01101	169	14.4
2	11000	576	49.2
3	01000	64	5.5
4	10011	361	30.9
总和(初始种群整体)		1 170	100.0

遗传算法的每一代都是从复制开始的。复制操作可以以多种算法的形式实现，一种较为简单的方法是使用轮盘赌的转盘上的成比例的一块区域。依表6.1可绘制出如图6.1所示的轮盘赌转盘。

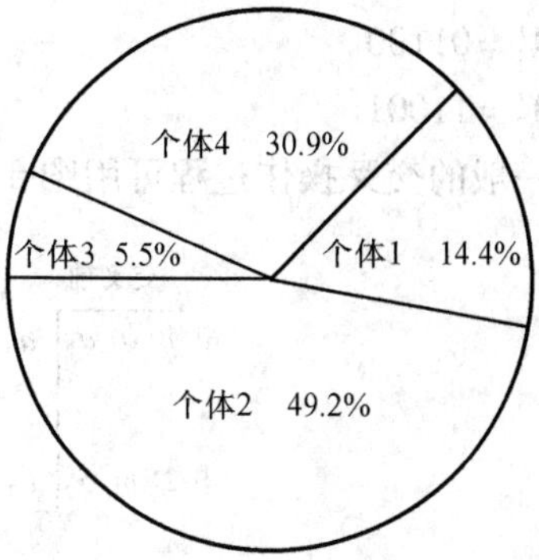

图6.1 按适配值所占比例划分的轮盘

复制时，只是简单地转动这个按权重划分的转盘4次，从而产生4个下一代的种群。例如，对于表6.1中的位串1，其适配值为169，为总适配值的14.4%。因此，每转动一次轮盘，指向位串的概率为0.144。每当我们需要另一个后代时，就简单地转动一下这个按权重划分的转轮，产生一个复制的候选者。这样位串的适配值越高，在其下一代中产生的后代就越多。当一个位串被选中时，此位串将被完整复制，然后将复制位串送入匹配池中。旋转4次轮盘即产生4个位串。这4个位串是上一代种群的复制，有的位串可能被复制一次或多次，有的可能被淘汰。在本例中，位串3被淘汰，位串4被复制一次。如表6.2所示，适配值最好的有较多的拷贝，平均的折中，而最差的被淘汰。

表6.2 复制操作之后的各项数据

串号	随机生成的初始种群	x值（无符号数）	$f(x)=x^2$	选择复制的概率 $f_i/\sum f_i$	期望的复制数 $f_i/\bar{f}_i$	实际得到的复制数
1	01101	13	169	0.14	0.58	1
2	11000	24	576	0.49	1.97	2
3	01000	8	64	0.06	0.22	0
4	10011	19	361	0.31	1.23	1
总计			1170	1.00	4.00	4
平均值			293	0.25	1.00	1
最大值			576	0.49	1.97	2

（2）交叉

简单的交叉操作分两步实现：在由等待配对的位串构成的匹配池中，第一步是将新复制产生的位串个体随机两两配对；第二步是随机地选择交叉点，对匹配的位串进行交叉繁殖，产生一对新的位串。具体过程如下：

设位串的字符长度为l，在$[1,l-1]$的范围内，随机地选取一个整数值k作为交叉点。将两个配对位串从位置k后的所有字符进行交换，从而生成两个新的位串。例如，在表6.2中的两个初始配对个体位串为A_1和A_2

$A_1=0110|1$

$A_2=1100|0$

位串的字符长度$l=5$，假定在1和4之间随机选取一个值k（$k=4$，如分隔符“|”所示），

经交叉操作后产生了两个新的字符串，即

$A_1' = 01100$

$A_2' = 11001$

一般的交叉操作过程可用图 6.2 所示的方式进行

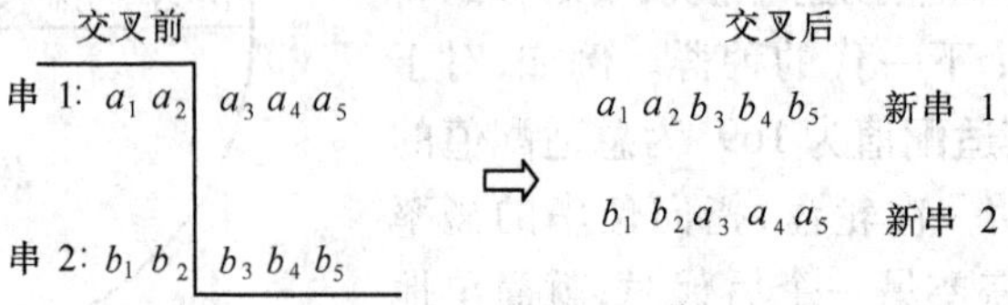

图 6.2　交叉操作

遗传算法的有效性主要来自复制和交叉操作，尤其是交叉在遗传算法中起着核心的作用。例如，人们在社会生活中的思想交流、学术交流、多学科交汇形成的交叉学科等，本质上都是观念和思想上的交叉，而这种交叉是富于成果的。新的思想、观念、发明或发现正是来源于此。若把一个位串看成一个完整的思想，则这个位串上的不同位置中的不同的值的众多有效排列组合，形成了一套表达思想的观点。位串交叉就相应于不同观念的重新组合，而新思想就是在这种重新组合中产生的，遗传搜索的威力也正在于此。

表 6.3 列出了交叉操作之后的结果数据。从表 6.3 中可以看出交叉操作的具体过程。首先，随机地将匹配池中的个体配对，位串 1 和位串 2 配对，位串 3 和位串 4 配对；然后，随机地选取交叉点，设位串 1(0110|1)和位串 2(1100|0)的交叉点为 $k=4$，二者只交换最后一位，从而生成两个新的位串，即(01100)和(11001)。位串 3(11|000)和位串4(10|011)的交叉点为$k=2$，二者交换后三位，结果生成两个新的位串，即(11011)和(10000)。

表 6.3　交叉操作之后的各项数据

新串号	复制后的匹配池 （“|”为交叉点）	配对对象 （随机选择）	交叉点（随机选择）	新群体	x 值	$f(x)=x^2$
1	0110|1	2	4	01100	12	144
2	1100|0	1	4	11001	25	625
3	11|000	4	2	11011	27	729
4	10|011	3	2	10000	16	256
总　计						1 754
平　均						439
最 大 值						729

(3)变异

尽管复制和交叉操作很重要，在遗传算法中是第一位的，但不能保证不会遗漏一些重要的遗传信息。在人工遗传系统中，变异用来防止这种不可弥补的遗漏。在简单遗传算法中，变异就是某个字符串某一位的值偶然的（概率很小的）随机改变，即在某些特定位置上简单地把1变成0或反之。变异沿着位串字符空间随机移动,当它有节制地和交叉一起使用时,它就是一种防止过度成熟而丢失重要概念的保险策略。例如,随机产生的一个种群,如表6.4所示:

表6.4 随机种群

编号	位　串	适配值
1	01101	169
2	11001	625
3	00101	25
4	11100	784

在表6-4所列种群中,无论怎样交叉,在位置4上都不可得到有1的位串。若优化的结果要求该位置是1,显然仅靠交叉是不够的,还需要有变异,即特定位置上的0和1之间的转变。变异在遗传算法中的作用是第二位的,但却是必不可少的。变异操作可以起到恢复位串字符位多样性的作用,并能适当地提高遗传算法的搜索效率。根据经验,为了取得好的结果,变异的频率为每一个千位的传送中只变异一位,即变异的概率为0.001。在表6-3的种群中共有20个字串符号(每个位串的长度为5个字符位)。期望的变异串位数为$20\times0.001=0.02$(位),所以在此例情况下无串位值的改变。

例6.1　求使函数$f(x)=x^2$在[0,31]上取得最大值的点x_0。

(1)在区间[0,31]上的整参数x可用一个5位的二进制位串进行编码,x的值直接对应二进制位串的数值:

$$x=0 \quad \Leftrightarrow \quad 00000$$
$$x=31 \quad \Leftrightarrow \quad 11111$$

(2)用抛硬币的方法随机产生一个由4个位串组成的初始种群,见表6-1。

(3)计算适配值及选择率:

①对初始种群中的各个个体位串解码,得到相应的参数x的值;

②由参数值计算目标函数值$f(x)=x^2$;

③由目标函数值得到相应个体位串的适配值(直接取目标函数值);

④计算相应的选择率(选择复制的概率);

$$P_{\text{select}}=\frac{f_{\mathrm{i}}}{\sum\limits_{i}f_{\mathrm{i}}}$$

⑤计算期望的复制数$f_{\mathrm{i}}/\bar{f}_{\mathrm{i}}$,计算结果见表6.1。

(4)复制。操作结果见表6.2。

(5)交叉。操作结果见表6.3。

(6)变异。取变异概率$P_m=0.001$,则平均每1 000位中才有一位变异。由4个位串组成的种群共有$4\times5=20$位,则变异的期望值为$20\times0.001=0.02$(位)。事实上,在我们的这个单代遗传的实验中没有变异发生。

(7)对比表6.2和表6.3可以看出,虽然仅经历了一代遗传,第二代的平均值及最大值

却比第一代的平均值及最大值有了很大提高,即

均值:　　　　293→437

最大值:　　　　576→729

这说明经过这样的一次遗传算法步骤,问题的解便朝着最优解的方向前进了一步,只要这个过程一直进行下去,最终将走向全局最优解,而每一步的操作却是非常的简单,而且对问题的依赖性小。

通过上面一个简单的例子可以看到,遗传算法与多数常规的最优化和搜索方法的区别主要表现在以下几个方面:

(1)遗传算法只对参数集的编码进行操作,而不是对参数本身进行操作。

(2)遗传算法是从许多初始点开始并行操作,而不是在一个单点上进行寻优,因而可以有效地防止搜索过程收敛于局部最优解。

(3)遗传算法通过目标函数来计算适配值,而不需要其他的推导和附属信息,从而对问题的依赖性小。

(4)遗传算法使用随机转换规则而不是确定性规则来工作,即具有随机操作算子。

图6.3是遗传算法的工作示意图。

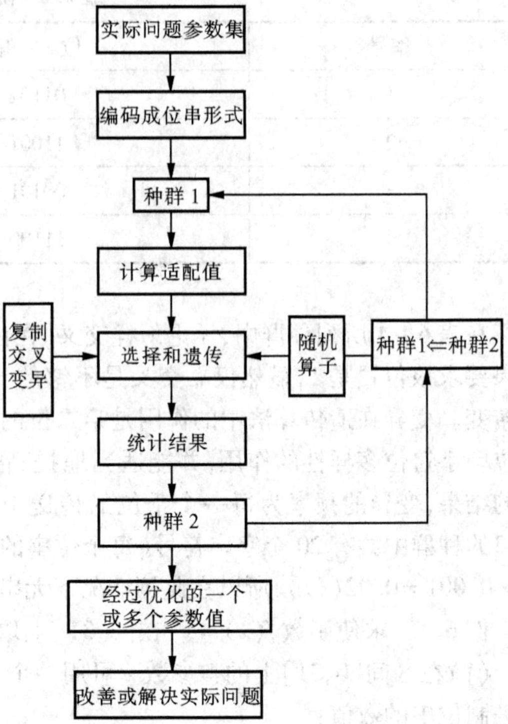

图6.3　遗传算法工作示意图

6.1.2　遗传算法的理论基础

在以上简单遗传算法的操作中,我们可以看到寻优问题的性能是朝着不断改进的方向发展的。但是我们怎么能知道对某一特定问题使用遗传算法会得到优化或接近优化的解呢?或者说,在仅仅利用适配值进行的搜索过程中,遗传算法到底是利用了包括在种群中多数位串及其相应的目标函数中的什么信息来引导和改善它的搜索呢?以下将进一步分析遗传算法的工作机理。

(1)模式

一个模式(Schemata)就是一个描述种群中在位串的某些确定位置上具有相似性的位串子集的相似性模板(Similarity Template)。

在表6-2中有以下情况:

位串	适配值
01101	169
11000	576
01000	64
10011	361

在上列种群里的各位串之间,我们能发现具有某种相似性和这种相似性与高适配值之间具有某种因果关系。例如,凡是以“1”开始的位串,其适配值就高;以“0”开始的位串的适配值就低。这种相似性正是遗传算法有效工作的因素。根据对种群中高适配值位串之间的相似性的分析,Holland提出了遗传算法的模式理论。

为了描述一个模式,在用以表示位串的两个字符的字母表{0,1}中加入一个通配符“*”,就构成了一个表示模式用的三个字符的字母表{0,1,*}。因此用三元素字母表{0,1,*}可以构造出任意一种模式。我们称一个模式与一个特定位串相匹配是指:该模式中的1与位串中的1相匹配,模式中的0与位串中的0相匹配,模式中的“*”可以匹配位串中的0或1。例如,模式00*00匹配了两个位串,即(00100,00000);模式*111*,可以和(01110,01111,11110,11111)中的任何一个位串匹配;模式0*1**则匹配了长度为5、第一位为0、第三位为1的8个位串,即

00100
00101
00110
00111
01100
01101
01110
01111

模式的思路为我们提供了一种简单而有效的方法,使我们能够在有限字母表的基础上讨论有限长位串的严谨定义的相似性。应强调的是,“*”只是一个元符号,即是代表其他符号的一个符号。它不能被遗传算法直接处理,只不过是允许用来描述特定长度和特定字母表的位串的所有可能相似性的符号元件。计算出所有可能的模式是一种非常有启迪性的工作。

一般地,假定字母表的基数是k,例如{0,1}的基数是2,则定义在该字母表上的长度为l的位串中所有可能包含的最大模式数为$(k+1)^l$,原因是在l个位置中的任何一个位置上都可以取k个字符中的任何一个及通配符“*”,即共有$k+l$个不同的表示,则l个位置的全排列数为$(k+1)^l$。例如,对长度$l=5$,$k=2$(对应0,1),则会有$3\cdot3\cdot3\cdot3\cdot3=3^5=243=(k+1)^l$种不同的相似模板,而位串的数量仅为$k^l=2^5=32$。可见,模式的数量要大于位串的数量。

对于任一长度为l的给定位串,其中所含模式数为2^l个。因为在l个位置中的任一位置上除取其确定值外,还可以取“*”,即任一位置上都有两种不同表示,故有2^l个不同模式。因此,对于大小为n的种群,则包含有$2^l\sim n\cdot2^l$种模式。

从以上的讨论可以看出,之所以重视种群中位串之间的众多的相似性,正是为了利用这种信息来引导遗传算法有效搜索。因为即便是一个规模不大的种群,也包含了丰富的$2^l\sim n\cdot2^l$个有关这种相似性的信息,这些相似性和适配值之间的相关性正是使遗传算法能够进行有效搜索的根本所在。

为论述方便,首先定义一些名词术语。不失一般性,考虑在二进制字母表$V=\{0,1\}$上构造位串的表示。用大写字母表示一个位串,如$A=1010011$。一个长度为l的位串的表达式为

$$A=a_1\,a_2\,a_3\cdots a_{l-1}\,a_l$$

这里的 $a_i(i=1,2,\cdots,l)$ 代表一个二值特性，a_i 又可称为基因。相应地，一个模式是定义在 $V+=\{0,1,*\}$ 之上的，用大写字母 H 表示，如 $H=10**11*$。

在第 t 代的种群用 $A(t)$ 表示，种群中的个体位串分别用 $A_j(j=l,2,...,n)$ 表示。

为了区分不同类型的模式，对模式 H 定义两个量：模式位数（Order）和模式的定义长度（Defining Length）分别表示为 $O(H)$ 和 $\delta(H)$。$O(H)$ 是 H 中有定义的非"$*$"位的个数，如 $H=00*1*0$，则 $O(H)=4$。模式的定义长度 $\delta(H)$ 是指 H 中最两端的有定义位置之间的距离。例如，$H=011*1**$，则 $\delta(H)=5-1=4$；若 $H=**11***$，则 $\delta(H)=4-3=1$；又若 $H=********$，则 $\delta(H)=0$。这两个量为分析位串的相似性及分析遗传操作对重要模式（称为建筑块（Building Blocks）的模式）的影响提供了基本的手段。

(2) 复制对模式的影响

设在给定时间（代）t，种群 $A(t)$ 包含有 m 个特定模式 H，记为

$$m=m(H,t)$$

在复制过程中，$A(t)$ 中的任何一个位串 A_i 以概率 $P_i=f_i/\sum f_i$ 被选中并进行复制。假如选择是有放回地抽样，且两代种群之间没有交叠（即若 $A(t)$ 的规模为 n，则在产生 $A(t+1)$ 时，必须从 $A(t)$ 选 n 个位串进匹配池），可以期望在复制完成后，在 $t+1$ 时刻，特定模式 H 的数量为

$$m(H,t+1)=m(H,t)nf(H)/\sum f_i$$

式中，$f(H)$ 是在 t 时刻对应于模式 H 的位串的平均适配值，因为整个种群的平均适配值 $\bar{f}=\sum f_i/n$，则上式又可写为

$$m(H,t+1)=m(H,t)\frac{f(H)}{\bar{f}} \tag{6.1}$$

可见，经过复制操作后，下一代中特定模式的数量 H 正比于所在位串的平均值与种群平均适配值的比值。$f(H)>\bar{f}$ 时，H 的数量将增加；$f(H)<\bar{f}$ 时，H 的数量将减少。种群 $A(t)$ 中的任一模式 H 在复制中都将按式(6.1)的规律变化，即适配值高于种群平均值的模式在下一代中的数量增加，而低于平均适配值的模式在下一代的数量将减少。这种所有模式的增减在复制中是并行进行的，遗传算法中隐含的并行机制就在于此。差分方程(6.1)即是复制操作对模式 H 数量影响的定量描述。

为了进一步分析高于平均适配值的模式数量的增长，假设 $f(H)-\bar{f}=c\bar{f}$（c 是一个大于零的常数），则式(6.1)可重写为

$$m(H,t+1)=m(H,t)\frac{\bar{f}+c\bar{f}}{\bar{f}}=(1+c)m(H,t) \tag{6.2}$$

从原始种群开始（$t=0$），并假定是一个稳定的值，则有

$$m(H,t+1)=m(H,0)(1+c)^t$$

可见，对于高于平均适配值的模式的数量将呈指数形式增长（$c>0$）。

从对复制的分析可以看到，虽然复制过程成功地以并行方式控制着模式数量以指数形式增减，但由于复制只是将某些高适配值个体全盘复制，或是淘汰某些低适配值个体，而决不会产生新的模式结构，因而性能的改进是有限的。

(3)交叉对模式的影响

交叉过程是位串之间有组织的而又是随机的信息交换。交叉操作对一个模式 H 的影响和模式的定义长度 $\delta(H)$ 有关。$\delta(H)$ 越大,模式 H 被分裂的可能性就越大,因为交叉操作要随机选择出进行匹配的一对位串上的某一随机位置进行交叉。显然 $\delta(H)$ 越大,H 的跨度就大,随机交叉点落入其中的可能性就越大,从而 H 的存活率就降低。例如,位串长度 $l=7$,有如下的包含两个形式的位串 A:

$$A=0111000$$

$$H_1=*1****0, \qquad \delta(H_1)=5$$

$$H_2=***10**, \qquad \delta(H_2)=1$$

随机产生的交叉位置在3和4之间,则

$$A=011|1000$$

$$H_1=*1*|***0 \qquad P_d=5/6$$

$$H_2=***|10** \qquad P_d=1/6$$

模式 H_1 比模式 H_2 更容易被破坏,即 H_1 将在交叉中被破坏,显然被破坏的可能性正比于 $\delta(H_1)$。模式 H_1 定义长度 $\delta(H_1)=5$,如果交叉点始终是随机地从 $l-1=7-1=6$ 个可能的位置选取,那么模式 H_1 被破坏的概率为

$$P_d=\delta(H_1)/(l-1)=5/6$$

它的存活概率为

$$P_s=1-P_d=1/6$$

类似的,模式 H_2 的定义长度 $\delta(H_2)=1$,它被破坏的概率为 $P_d=1/6$,存活概率为 $P_s=1-P_d=5/6$。推广到一般情况,可以计算出任何模式的交叉存活概率的下限为

$$P_s \geqslant 1-\frac{\delta(H)}{l-1}$$

在上面的讨论中,我们均假设交叉的概率为1。若交叉的概率为 P_c(即在选出进匹配池的一对位串上发生交叉操作的概率),则存活率由下式表示

$$P_s \geqslant 1-P_c\frac{\delta(H)}{l-1}$$

结合式(6.1),在复制、交叉操作之后,模式 H 的数量为

$$m(H,t+1)=m(H,t)\frac{f(H)}{\bar{f}}P_s$$

即

$$m(H,t+1)=m(H,t)\frac{f(H)}{\bar{f}}\left[1-P_s\frac{\delta(H)}{l-1}\right] \tag{6.3}$$

因此,在复制和交叉的综合作用之下,模式 H 的数量变化取决于其平均适配值的高低($f(H)>\bar{f}$ 或 $f(H)<\bar{f}$)和定义长度 $\delta(H)$ 的长短,$f(H)$ 越大,$\delta(H)$ 越小,则 H 的数量就越多。

(4)变异对模式的影响

变异是对位串中的单个位置以概率 P_m 进行随机替换,因而它可能破坏特定的模式。一个模式 H 要存活,意味着它所有的确定位置都存活。因此,由于单个位置的基因值存活

的概率为 $1-P_m$（保持率），而且由于每个变异的发生是统计独立的，因此，一个特定模式仅当它的 $O(H)$ 个确定位置都存活时才存活，即 $(1-P_m)$ 自乘 $O(H)$ 次，从而得到经变异后，特定模式的存活率为

$$(1-P_m)^{O(H)}$$

由于一般情况下 $P_m \ll 1$，H 的存活率可以表示为

$$(1-P_m)^{O(H)} \approx 1-O(H)P_m$$

综合考虑复制、交叉和变异操作的共同作用，则模式 H 在经历了复制、交叉、变异操作之后，在下一代中的数量可表示为

$$m(H,t+1) = m(H,t)\frac{f(H)}{\bar{f}}\left[1-P_s\frac{\delta(H)}{l-1}\right]\left[1-O(H)P_m\right]$$

上式也可近似表示为

$$m(H,t+1) = m(H,t)\frac{f(H)}{\bar{f}}\left[1-P_s\frac{\delta(H)}{l-1}-O(H)P_m\right] \tag{6.4}$$

由上述分析可以得出结论：定义长度短的、确定位数少的、平均适配值高的模式数量将随着代数的增加呈指数增长。这个结论称为模式理论（Schema Theory）或遗传算法的基本定理（The Fundamental Theorem of Genetic Algorithms）。

根据模式理论，随着遗传算法的一代一代地进行，那些定义长度短的、位数少的、高适配值的模式将越来越多，因而可期望最后得到的位串（即这些模式的组合）的性能越来越得到改善，并最终趋向全局的最优点。

（5）遗传算法有效处理的模式数量

根据前面的分析可知，当位串长度为 l 时，一个包含 n 个位串的种群中含有的模式个数在 $2^l \sim n\cdot 2^l$ 之间。由于定义长度较长，确定位数较多的模式存活率较低，那么如何估计在新的一代的产生过程中经历了复制、交叉和变异之后被有效处理的模式的个数呢？

在有 n 个长度为 l 的位串的种群中，我们仅考虑存活率大于 P_s（一个给定的常数）的模式，即死亡率 $\varepsilon<1-P_s$。若变异概率很小，可忽略变异操作，则经过交叉操作，某一模式 H 的死亡率 $P_d=\delta(H)/l-1$。

为了保证其存活率大于 P_s，有 $P_d<\varepsilon$，即

$$\frac{\delta(H)}{l-1}<\varepsilon$$

或为

$$\delta(H)<\varepsilon(l-1)$$

所以模式 H 的长度 l_s（为定义长度加 1，即 $\delta(H)+1$）应满足下式

$$l_s<\varepsilon(l-1)+1<\delta(H)+1$$

下面计算在一个长度为 l 的位串中，模式长度 $\leqslant l_s$ 的模式个数。假设 $l=10$，$l_s=5$，有如下位串

1011100010

先计算确定位处在前 5 个位置上的模式：

$\boxed{10111}$ 00010

即形如

$$\boxed{\%\%\%\%\%}\ *\ *\ *\ *\ *$$

的模式个数,其中%表示该位置要么取原位串的值(0或1),要么是*。显然,共有2^{l_s}个该模式,然后将框架向右移一位,计算下5个位置上的模式:

$$1\ \boxed{01110}\ 0010$$

即形如

$$*\ \boxed{\%\%\%\%\%}\ *\ *\ *\ *$$

的模式,亦有2^{l_s}个。如此一共计算$l-l_s+1$次,故总的模式数为$2^{l_s}(l-l_s+1)$,但是在这些模式中,有近一半是重复的。

对于n个位串的种群,总模式数的上限为$n2^{l_s-1}(l-l_s+1)$,但一般达不到这个数量。确定位数少的模式在一个较大的种群中会有重复。为了能较准确地估计,我们选取一个适当的种群规模$n-2^{l_s/2}$。之所以这样做,是因为我们期望确定位数$\geqslant l_s/2$的模式不多于一个。在一个长度为l_s的模式中,确定位数$<l_s/2$的模式数和确定位数$>l_s/2$的模式数是一样多的。

若我们仅计算确定位数$\geqslant l_s/2$的模式数(确定位数少的模式重复的可能性大),且根据$n=l_s/2$假设,可得总模式数的下限值n_s为

$$n_s \geqslant n2^{l_s-1}(l-l_s+1)/2$$

即

$$n_s \geqslant n(l-l_s+1)\cdot 2^{l_s-2}$$

将$n=2^{l_s/2}$代入,且取等号,有

$$n_s=\frac{l-l_s+1}{4}n^3$$

即

$$n_s=cn^3 \tag{6.5}$$

所以在产生新的一代的过程中,遗传算法处理的模式数的数量级为$O(n^3)$,这是遗传算法的一个重要特性。

尽管我们只完成了正比于种群规模n的计算量,但处理的模式数却正比于种群规模的立方。这就是遗传算法隐含的并行机制,或者说是遗传算法在计算上的并行性。

遗传算法是通过定义长度短、确定位数少、适配值高的模式反复抽样、组合来寻找最佳点的。称这些使遗传算法有效工作的模式为建筑块。

6.2 遗传规划

6.2.1 遗传算法的局限性

从前面的讨论可以看到,遗传算法对字符串进行操作,可解决一系列的复杂问题,许多研究人员在此基础上提出的理论和方法,极大地丰富了遗传算法的内容。但是,正是由于遗传算法直接对字符串进行操作,因此遗传算法中对问题的描述将显得至关重要。然而,用编码方法特别是定长字符串方法描述问题,将极大地限制遗传算法的应用范围。遗传算法的主要缺点如下:

(1)不能描述层次化的问题。有许多问题,其解答的自然描述往往是一种层次化的计

算机程序,而不是一种定长的字符串形式。例如,常用的函数表达式 $f(x)=A_0+A_1x+A_2x^2+A_3x^3$,事实上可看成一个具有层次化结构的计算机程序,图 6.4 直观地描述了该层次化结构。在许多情况下,这种层次化的计算机程序的结构和大小在问题获得解决之前往往无法了解。例如,对图 6.5 所示的数据进行拟合时,究竟选下列哪一个函数进行拟合事先是无法精确了解的例如:

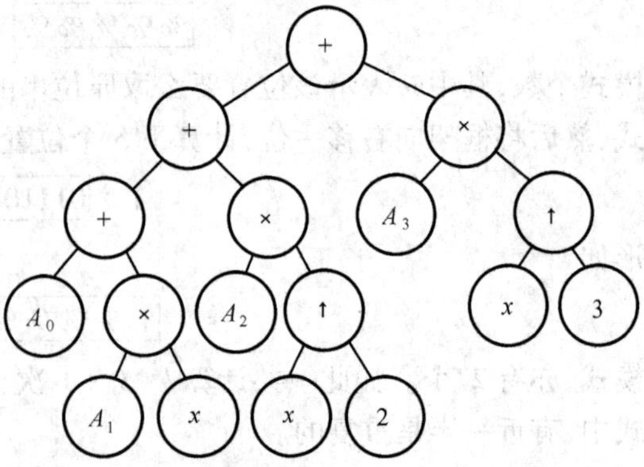

图 6.4　函数表达式 $f(x)$ 的层次化结构

$$f(x)=A_0+A_1x+A_2x^2+A_3x^3$$
$$f(x)=A_0\log(A_1x+A_2x^2+A_3x^3)$$
$$f(x)=A_0+\exp(A_1x)+\log(A_2x^2)+\sin(A_3x^3)$$
$$\cdots$$

因此,这种程序在随机确定其初态后,应具有根据所在环境的状况修改其结构和大小的能力。显然,用定长字符串方法来描述这种变化的计算机程序是困难的。例如,用定长的字符串描述上述函数表达式就相当困难,特别是当这些函数表达式的数学函数形式未定、最高阶次未定、系数动态变化(相当于图 6.4 描述的层次结构局部发生动态变化)时更难描述。

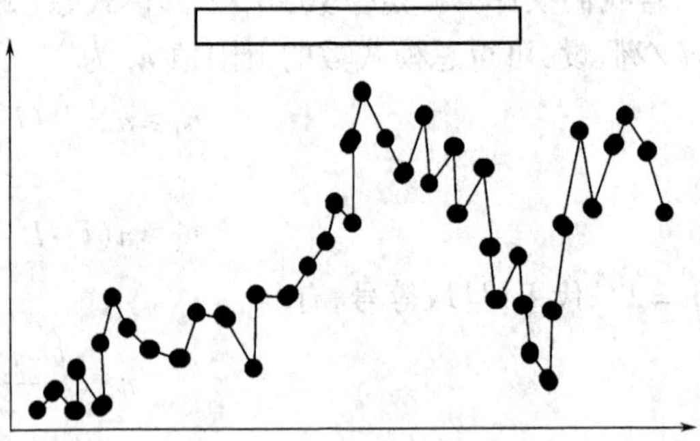

图 6.5　事件的实测数据

(2)不能描述计算机程序。即使计算机程序已经确定,定长的字符串方法也不能方便地描述这种计算程序,如样本数据回归、方程求解以及包含有递归、迭代等过程的算法等。例如,用定长的字符串方法描述图 6.6,求 $n!$ 的递归程序是不可能的。

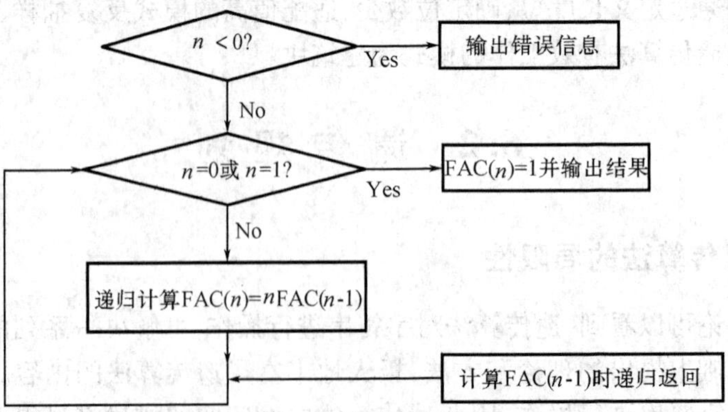

图 6.6　求 $n!$ 的递归程序

(3)缺少动态可变性。定长的字符串描述方法不具备动态可变性,字符串长度一旦确定,就很难改变系统的内部状态及系统的所作所为。

由此可见,遗传算法这种对问题解答的结构和大小的预确定极大地限制了它在许多方面的应用,如人工智能、机器学习和符号处理等领域。

鉴于遗传算法的缺陷,促使人们不断探讨对问题进行描述的新方法。1989 年,John R. Koza 提出了一种重要的问题描述方法,这就是遗传规划(Genetic Programming)。

6.2.2 遗传规划基本知识

遗传规划提出了一种全新的结构描述方法,其实质是用广义的层次化计算机程序描述问题。这种广义的计算机程序能根据环境状况动态改变其结构和大小,在工程中具有广泛的代表性,因为许多工程问题可归结为对特定的输入产生特定的输出的计算机程序。例如,考虑如下例子:

某地 10 月份降雨量预报因子的实测数据如表 6.5 所示。要解决的问题是该地降雨量(用 y 表示)与预报因子(用 x 表示)之间的关系,以便对以后的降雨量状况做出预测。假定降雨量 y 与预报因子 x 之间的关系有如下几种:

表 6.5 某地 10 月份降雨量预报因子之间的关系

年号	1	2	3	4	5	6	7	8	9	10	11	12	13	14	15	16	17
预报因子	97	47	95	84	96	113	24	16	47	37	42	14	23	35	27	85	96
降雨量实测值	34	17	28	25	31	52	8	6	14	9	13	3	14	10	9	36	48

(1) $y_1 = A + Bx$

(2) $y_2 = A\exp(Bx)$

(3) $y_3 = A + B\log(x)$

(4) $y_4 = Ax^B = Ax \uparrow B$

这四种函数的层次化计算程序描述如图 6.7 所示。

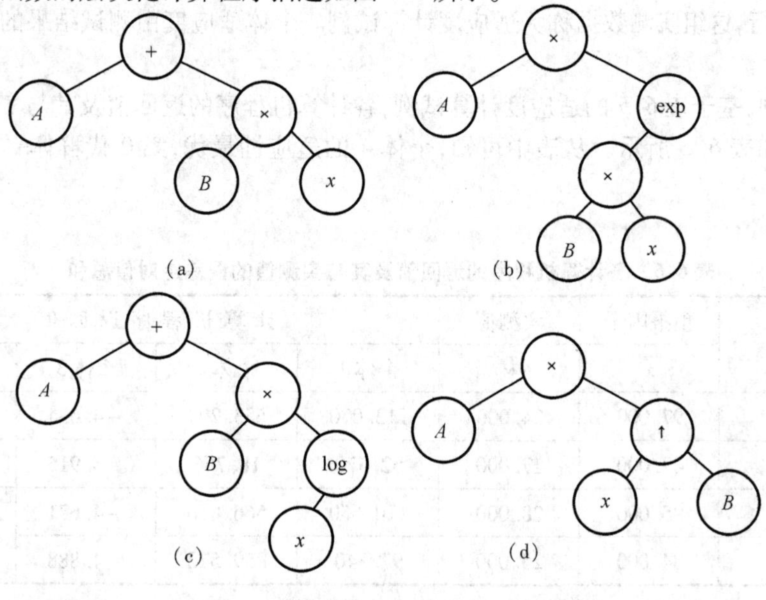

图 6.7 4 种函数的层次化计算程序描述

于是,对于特定的输入(预报因 x),利用上述不同的函数关系,便产生特定的输出(降雨量 y)。遗传规划的目的就是利用上述4种不同的函数关系,找到一种函数关系能最好地拟合表6-5中的数据。拟合好坏的尺度为拟合方差最小为最佳。

由此可见,遗传规划的任务就是要发现能反映问题实质的计算机程序。因此,在遗传规划中,解决问题的过程就是在由许多可行的计算机程序组成的搜索空间中,寻找出一个具有最佳适应度的计算机程序,遗传规划恰好提供了一套寻找具有最好适应度的计算机程序的方法。

在遗传规划中,群体由成千上万个计算机程序组成。进化过程遵从优胜劣汰、适者生存的自然法则。这一过程包括复制、交换及突变等若干个进化方式。子代计算机程序通过自然选择和遗传机制而产生。

1. 初始群体的形成

遗传规划的初始群体由随机产生的计算机程序组成,这些计算机程序又由函数和变量组成。在上述例子中,描述问题的变量为预报因子 x 和常量 A、B(降雨量 y 认为是计算机程序返回值,故不作为问题的变量),描述问题的函数为标准的算术运算符 +、×、exp、log、↑。初始群体为变量 x、A、B 和函数 +、×、exp、log、↑ 随机构成的复杂数学函数。如

$$A+B\times x\ ,A\times\exp(B\times x)\ ,A+B\times\log(x)\ \ ,A\times x\uparrow B$$

等等。通过对常量 A、B 初值的随机选取,可得:

$$(\text{第 0 代群体})\begin{cases}\text{个体 1}:-4.3+1.21\times x\\ \text{个体 2}:0.667\times\exp(0.071\times x)\\ \text{个体 3}:-12.72+1.77\times\log(x)\\ \text{个体 4}:1.242\times x\uparrow 0.76\end{cases}$$

它们便构成了第0代初始群体。

2. 个体适应性测度

群体中的个体(即单个计算机程序)的适应程度取决于其逼近真实解的好坏程度,这种测度称为适应度。适应度的取值随具体问题不同而异。个体通常在一组实测数据(如表6.5中的数据)中运行,这组实测数据称为适应度计算试例。个体适应度由测试结果的总和或平均值表示。

对于上例,基于表6.5的适应度计算试例,各计算机程序的返回值及其与实测值的误差绝对值之和如表6.6所示。从表中可知,个体4的适应性最优,第0代群体平均适应度为1 613。

表6.6　各计算机程序的返回值及其与实测值的误差绝对值总和

年　号	预报因子	实测值	计算机程序返回值			
	x	y	个体1	个体2	个体3	个体4
1	97.000	34.000	113.070	653.299	-4.634	40.185
2	47.000	17.000	52.570	18.766	-5.915	23.169
3	95.000	28.000	110.650	566.816	-4.671	39.554
4	84.000	25.000	97.340	259.572	-4.888	36.022

表 6.6(续)

年　号	预报因子	实测值	计算机程序返回值			
	x	y	个体 1	个体 2	个体 3	个体 4
5	96.000	31.000	111.860	608.523	-4.652	39.870
6	113.000	52.000	132.430	2034.560	-4.364	45.130
7	24.000	8.000	24.740	3.666	-7.103	13.902
8	16.000	6.000	15.060	2.077	-7.819	10.215
9	47.000	14.000	52.570	18.766	-5.915	23.169
10	37.000	9.000	40.470	9.226	-6.337	19.318
11	42.000	13.000	46.520	13.158	-6.113	21.271
12	14.000	3.000	12.640	1.802	-8.055	9.230
13	23.000	14.000	23.530	3.415	-7.178	13.460
14	35.000	10.000	38.050	8.005	-6.436	18.519
15	27.000	9.000	28.370	4.536	-6.894	15.204
16	85.000	36.000	98.550	278.672	-4.867	36.348
17	96.000	48.000	111.860	608.523	-4.652	39.87
误差绝对值总和			753.280	5123.380	457.493	118.518

3. 复制和交换操作

一般情况下，在随机生成的初始群体中，大量个体具有较低的适应度（如上例中的个体2、1）。但是，仍然有一些适应度较好的个体（如上例中的个体4、3），这种适应度差别在以后的遗传进化中将得到改善。与遗传算法类似，达尔文的优胜劣汰、适者生存的自然法则和遗传规律在遗传规划中将用于产生新一代的群体。

在遗传规划中复制操作是根据适应度 - 比例原则（即个体适应度越好，参与复制的可能性越大）从当代群体中选择优良个体使之自我复制繁衍成新一代的过程。交换操作也是根据这一原则从当代群体中选择双亲个体进行交配使之繁衍成新一代的过程。不同的是，在交换中，双亲个体可能具有不同的结构和大小，新生的子代也会大不相同。这样一来，交换操作使群体更具有多样性。

对于上例，根据适应度 - 比例原则，个体 2 被淘汰，参与复制的个体为 4 号，复制份数为 2。于是，复制后的第一子代群体变为：

$$
\text{（复制后的第 1 代群体）}\begin{cases}\text{个体 1}: -4.3 + 1.21 \times x \\ \text{个体 2}: -12.72 + 1.77 \times \log(x) \\ \text{个体 3}: 1.242 \times x \uparrow 0.76 \\ \text{个体 4}: 1.242 \times x \uparrow 0.76\end{cases}
$$

复制操作完成后，交换操作开始。根据适应度 - 比例原则，个体适应度越好，进行交换的概率越大。假定进行交换的个体为 2、3 和 1、4，交换后的新群体为：

$$
（交换后的第1代群体）\begin{cases} 个体1：-4.3+1.21\times x\uparrow 0.76 \\ 个体2：-12.72+1.77\times x\uparrow 0.76 \\ 个体3：1.242\times \log(x) \\ 个体4：1.242\times x \end{cases}
$$

直观上看，如果双亲个体在解决问题时较为有效的话，那么它们的某些部分很可能有重要价值。通过这些有价值部分的随机组合，我们就很可能获得具有更高适应度的新生个体。当某代的群体完成复制和交换后，新生群体就取代了旧群体。于是，利用一组计算试例，重新对新生代群体中的个体进行适应性评价。这一过程可不断重复，经过许多代后，个体的平均适应度不断增长。而且，这些个体能快速有效地适应环境的变化。

对于上例，基于表6.5的适应度计算试例，第1代群体各计算机程序的返回值及其与实测值的误差绝对值之和如表6.7所示。从表中可知，许多个体适应性改善很大，如个体2的适应度从457.493提高到98.908。第1代群体平均适应度（327）与第0代群体平均适应度（1 613）相比，也大为改善。这一过程可不断重复，直到取得满意结果。

表6.7 各计算机程序的返回值及其与实测值的误差绝对值总和

年号	预报因子	实测值	计算机程序返回值			
	x	y	个体1	个体2	个体3	个体4
1	97.000	34.000	34.850	44.471	5.682	120.474
2	47.000	17.000	18.273	20.254	4.782	58.374
3	95.000	28.000	34.235	43.572	5.656	117.990
4	84.000	25.000	30.794	38.546	5.503	104.328
5	96.000	31.000	34.543	44.022	5.669	119.232
6	113.000	52.000	39.667	51.507	5.871	140.346
7	24.000	8.000	9.244	7.065	3.947	29.808
8	16.000	6.000	5.652	1.818	3.444	19.872
9	47.000	14.000	18.273	20.254	4.782	58.374
10	37.000	9.000	14.520	14.772	4.485	45.954
11	42.000	13.000	16.423	17.552	4.642	52.164
12	14.000	3.000	4.692	0.415	3.278	17.388
13	23.000	14.000	8.813	6.435	3.894	28.566
14	35.000	10.000	13.742	13.635	4.416	43.470
15	27.000	9.000	10.512	8.918	4.093	33.534
16	85.000	36.000	31.111	39.009	5.518	105.570
17	96.000	48.000	34.543	44.022	5.669	119.232
误差绝对值总和			75.314	98.908	276.225	857.676

4. 遗传规划的重要特征

总的看来，遗传规划求解问题时的重要特征如下：

(1)产生的结果具有层次化的特点；

(2)随着进化的延续，个体不断朝问题答案的方向动态发展；

(3)不需事先确定或限制最终答案的结构或大小，遗传规划将根据环境自动确定。这样，系统观测物理世界的窗口得以扩大，最终导致找到问题的真实答案。

(4)输入、中间结果和输出是问题的自然描述，无需或少需对输入数据的预处理和对输出结果的后处理。由此而产生的计算机程序便是由问题自然描述的函数组成。

必须指出，在遗传规划中，个体结构变化是主动的，它们并不是对问题答案的被动式编码，这一点完全不同于遗传算法。个体结构在遗传时能从当前状态主动地改变其结构和大小进化成新的、更优的状态。

5. 遗传规划的一般方法步骤

遗传规划通过下列步骤获得问题的真实答案：

(1)随机产生初始群体，即产生众多由函数和变量随机组成的计算机程序；

(2)运行群体中的每一个计算机程序(个体)，根据其解决问题的好坏赋予一适应度；

(3)依据下列两个主要步骤生成新的计算机程序群体：

①把当前一代计算机程序复制成新一代计算机程序，被复制的个体依据其适应度随机选定；

②通过在双亲个体随机选定的部位进行交换产生新的计算机程序，双亲个体也依据适应度随机选定。

(4)迭代执行(2)(3)，直到终止准则满足为止。

在任一代产生的最好个体被认为是遗传规划潜在的结果，该结果有可能成为问题的正确答案。

图6.8是遗传规划的流程图，图中M表示群体中的个体数，变量i表示一个个体，变量gen是当前代的代号。标有“群体中每个个体的适应度评价”的方框的含义将在以后的章节中进行详细解释。该流程图通常包含一外循环，用来控制多次独立运行。

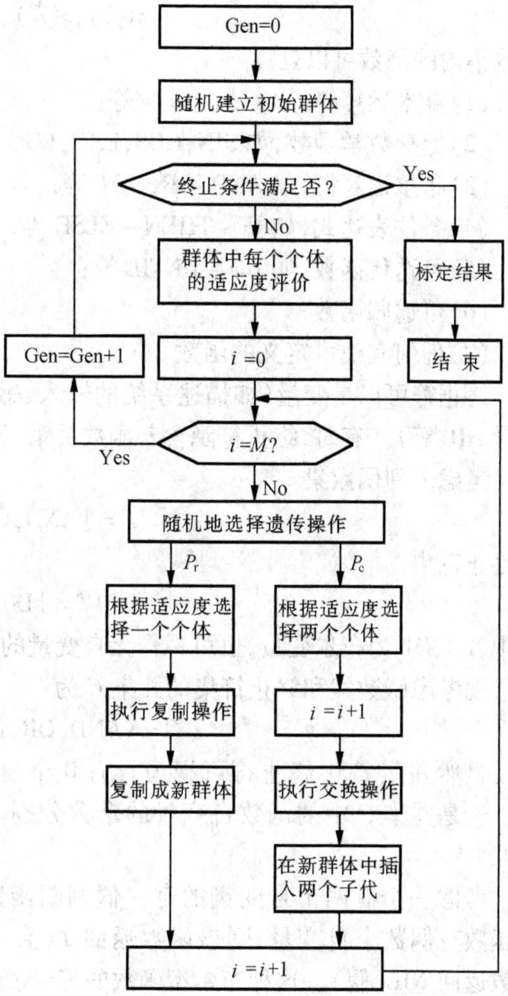

图6.8 遗传规划的基本流程

6.2.3 遗传规划基本原理

6.2.2 节讨论了遗传规划的基本概况。本节将进一步对遗传规划作详细讨论。在进化过程中,个体为了能更好地适应环境,其结构将会发生变化。遗传算法中讨论了关于进化的一般观点,本节将利用这些观点描述遗传规划的一般原理。

1. 个体的描述方法

在遗传规划中,首先所要解决的问题是如何用一系列可行的函数对个体进行描述,而这种函数能反复地由 N_f 个函数

$$F=\{f_1,f_2,\cdots,f_{N_f}\}$$

和 N_{term} 个终止符

$$T=\{a_1,a_2,\cdots,a_{N_{\text{term}}}\}$$

组合而成。函数集 F 中每个特定的函数 f_i 假定有 $z(f_i)$ $(i=1,2,\cdots,N_f)$ 个自变量,则对函数 $f_1,f_2,\cdots,f_{N_f}$ 来说,相应的自变量个数分别为

$$z(f_1),z(f_2),\cdots,z(f_{N_f})$$

函数集内的函数可以是:

(1)算术运算符,如+,-,×,/等;

(2)标准数学函数,如SIN,COS,EXP,LOG等;

(3)布尔运算符,如AND,OR,NOT等;

(4)条件表达式,如IF-THEN-ELSE等;

(5)可迭代函数,如DO-UNTIL等;

(6)可递归函数;

(7)任何其他可定义的函数。

终止符可以是变量(如描述系统的输入、感触器、识别器、状态变量等)或常量(如布尔常量NIL等)。有时,终止符隐含着函数关系,为简化起见,将它视为无自变量的函数。

考虑下列函数集

$$F=\{\text{AND},\text{OR},\text{NOT}\}$$

和终止符集

$$T=\{\text{D0},\text{D1}\}$$

式中,D0、D1为布尔变量,也可视作无自变量的函数。

现考虑函数集和终止符集的并集 C 为

$$C=\{\text{AND},\text{OR},\text{NOT},\text{D0},\text{D1}\}$$

显然并集 C 中终止符可视为具有0个自变量的函数。于是并集 C 中的函数自变量的个数分别为:2,2,1,0,0。

考虑一个有两个自变量的奇-偶判断函数例子:若该函数有偶数个自变量,则该函数返回 T(真);否则,该函数返回NIL(假)。这种布尔型函数的符号表达式为

(NOT (D0) AND NOT (D1)) OR (D0 AND D1)

图6.9描述了上述符号表达式的层次化结构(树)。树中5个内结点为函数集 F 中的函数元素(OR,AND,

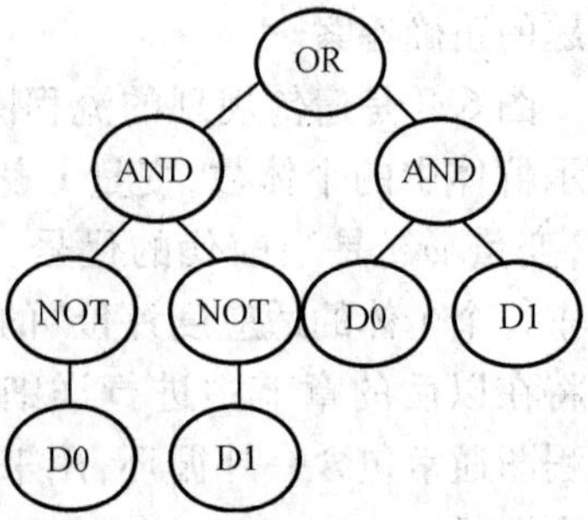

图6.9 奇-偶判断函数的算法树

AND,NOT,NOT);4 个外结点(叶子)为终止符集 T 中的布尔变量(D0,Dl,D0,Dl);根为符号表达式中的一个函数,即 OR。该树即为数据结构理论中著名的算法树数据结构,这种算法树数据结构非常便于表达式求值。

2. 初始群体生成

初始群体由众多初始个体组成,初始个体为所要解决问题的各种可能的符号表达式(算法树),它通过随机方法产生。

开始时,在函数集 F 中按均匀分布随机地选出一个函数作为算法树的根结点。我们把根结点的选择限制在函数集 F 中是为了生成一个层次化的复杂结构;相反,若从终止符集 T 中随机选取根结点,则生成只有一个终止符的退化结构;图 6.10 描述了以函数"+"(具有 2 个自变量)为根结点的算法树,函数"+"是随机地从函数集 F 中选出的。一般情况下,从函数集 F 中选出的函数 f 如果具有 $z(f)$ 个自变量,那么就要从结点发出 $z(f)$ 条线。然后,对于每条从结点发出的线,从函数集 F 和终止符集 T 的并集 $C=F\cup T$ 中再按均匀分布随机地选出一个元素作为该条线的尾结点。如果此时选出的是一个函数,则重复执行上述过程。例如,若函数"×"从并集 C 中被选出,则函数"×"将作为非根内结点,如图 6.11 中的点 2 所示。由于函数"×"具有两个自变量,则从结点"×"发出两条线。如果从并集 C 中被选出的是终止符,它作为从结点中发出线的尾结点,则该分支上的树就终止生长。例如,在图6.12中,恰巧终止符 A、B、C 分别从并集 C 中被选出,并作为树中各分支的尾结点,这时整个算法树生成过程终止。

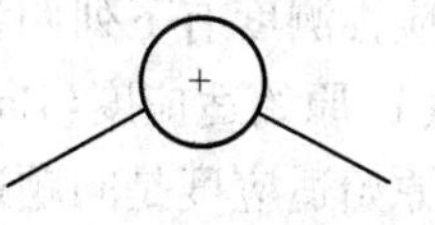

图 6.10 具有函数"+"根结点的算法树(第一次选择)

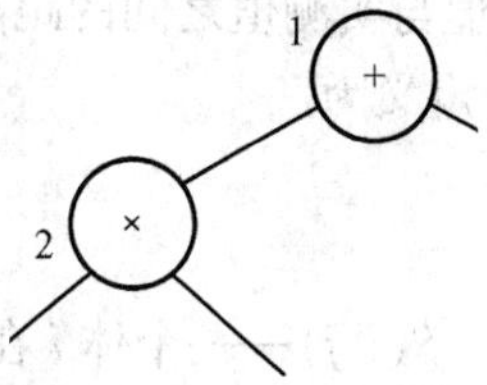

图 6.11 具有函数"×"非根内结点的算法树(第二次选择)

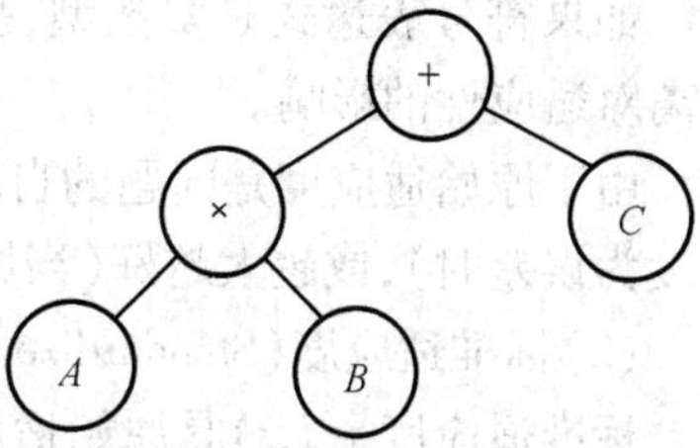

图 6.12 终止符 A、B、C 被选出作为叶子的算法树(第三~五次选择)

上述过程从上到下、从左到右不断重复,直到一棵完整的树生成为止。

初始个体的生成可采用不同的方法,不同的方法将产生不同的初始个体。常用的方法有三种,即完全法、生长法和混合法。

(1)完全法。用完全法产生的初始个体,每一叶子的深度都等于给定的最大深度(叶子的深度是指叶子距树根的层数,如图 6.12 的树深度为 3)。其实现方法是:若待定结点的深度小于给定的最大深度,则该结点的选择将限制在函数集内;若待定结点的深度等于给定的最大深度,则该结点仅从终止符集内选取。

(2)生长法。用生长法产生的初始个体具有不同的形态,每一叶子的深度不一定都等于给定的最大深度。其实现方法是:若待定结点的深度小于给定的最大深度,则该结点的选择将限制在函数集与终止符集组成的并集内;若待定结点的深度等于给定的最大深度,则该结点仅从终止符集内选取。

(3)混合法。混合法是完全法和生长法的综合。其实现方法是:初始个体的深度在 2 至给定的最大深度之间均匀选取,这时每一种深度下的初始个体数所占百分比 n 为:

$$n=100/(\text{给定的最大深度}-2+1)$$

在每一种深度中,50%的初始个体用完全法产生,另外50%的初始个体用生长法产生。

3. 适应性度量

适应性是遗传规划中自然选择的驱动力。利用适应性来控制群体中结构改变的过程。度量适应性的方法有多种:一种是显式方法,另一种是隐式方法。而显式方法最常用,本书仅讨论这种方法。

在显式方法中,借助于具体问题的显式估值方法,对个体赋予一适应性测度值。常见的适应性测度有下列四种:原始适应度、标准适应度、调整适应度、归一化适应度。

(1)原始适应度(Raw Fitness)

原始适应度是问题适应性自然描述的一种度量。例如,人工蚂蚁问题中研究蚂蚁吃掉的食物块数,吃掉的食物块数越多越好,原始适应度便是被蚂蚁吃掉的食物块数。

当原始适应度定义为误差时,也就是在一组适应度计算试例中,个体返回值与实测值之间的距离总和。如果符号表达式是整数型或浮点型,那么距离之和表现为符号表达式的返回值与实测值之间的距离绝对值的总和。在群体中,子代 t 及某一个体 i 的原始适应度 $r(i,t)$ 定义为

$$r(i,t) = \sum_{j=1}^{N_c} |S(i,j) - c(j)|$$

式中 $S(i,j)$——个体 i 在适应度计算试例 j 下的返回值;

N_C——适应度计算试例数;

$c(j)$——适应度计算试例 j 的实测值或正确值。

如果符号表达式是布尔型或字符型,那么距离之和表现为符号表达式的返回值与实测值之间的符号不匹配的个数。

如果符号表达式是实数型,那么距离之和可用其平方和的平方根来代替,这样可增加距离对适应性的影响。

由于原始适应度是问题的自然表达,因此原始适应度的最佳值为越小越好(当原始适应度为误差时),或越大越好(当原始适应度为吃掉的食物块数时)。

(2)标准适应度(Standardized Fitness)

标准适应度 $s(i,t)$ 是原始适应度又一描述,即标准适应度总是表现为数值越小适应性越好。于是有两种情况发生:

①对于某些问题,若原始适应度越大越好(如人工蚂蚁问题,若使人工蚂蚁吃掉的食物块数越多越好,则原始适应度越大越好),则标准适应度可定义如下:

$$s(i,t) = r_{\max} - r(i,t)$$

式中,$r_{\max}$ 为原始适应度所能达到的最大值。

②对于另外一些问题,若原始适应度越低越好(如对于最优控制问题,若使控制成本越小越好,则原始适应度越低越好),则标准适应度即为原始适应度,即

$$s(i,t) = r(i,t)$$

(3)调整适应度(Adjusted Fitness)

子代 t 中个体 i 的调整适应度 $a(i,t)$ 由标准适应度计算而得,即

$$a(i,t) = \frac{1}{1 + s(i,t)}$$

通常,$s(i,t) \leqslant 0$,则 $a(i,t) \in [0,1]$,且调整适应度值越大,个体越优良。当标准适应度

接近于0时,调整适应度具有扩大标准适应度值微小差别的好处。这一情况常常出现在进化的最后几代中。随着群体的不断进化,着重点就要放在区分好的和更好的个体上,他们的差别往往很小。特别是当接近一个正确答案时,标准适应度接近0,这时调整适应度的扩张能力就显得特别有效。例如,当标准适应度取值介于为0(最佳)和64(最差)之间时,标准适应度为64、63的两个较差个体的调整适应度分别为0.0 154、0.0 156,其差别为0.000 2。但是,标准适应度为4、3的两个优良个体的调整适应度分别为0.2、0.25,其差别为0.05。

(4)归一化适应度(Normalized Fitness)

归一化适应度$n(i,t)$由调整适应度计算而得,即

$$n(i,t) = \frac{a(i,t)}{\sum_{k=1}^{M} a(k,t)}$$

式中,M为群体中的个体数目。

归一化适应度有三个理想的特征,即

①$n(i,t) \in [0,1]$;

②适应度值越大,个体越优良;

③$\sum_{k=1}^{M} n(k,t) = 1$。

如果个体选择方法是基于适应性－比例适应度原则,那么归一化适应度直接可作为个体选择的概率。

顺便指出,适应度通常用一组适应度计算试例进行估值。该组计算试例是群体中每一个体(符号表达式)适应性估值的基础,它反映了众多有代表性的环境,从而能够有效地获得不同个体的适应性估值。显然,该组计算试例仅仅是问题的整个值域空间中一些典型取样,而该空间通常很大或无限。然而,对于自变量不多的一些问题(如布尔函数)来说,适应度计算试例可取自变量的所有可能组合。此时,该组适应度计算试例即是整个值域空间的代表。

4. 基本算子

本节将讨论遗传规划中两个基本算子,即复制和交换。可能用到的其他辅助算子将在下一节介绍。

(1)复制

当复制操作发生时,一个亲代个体繁殖一个后代个体。复制过程由两部分组成:首先,根据适应度按照不同的选择方法从群体中选出一个亲代个体;其次,被选出的亲代个体在未经过任何变化的条件下从当前代复制到新一代中。

根据适应度,有许多不同的亲代选择方法。

①适应度－比例选择法。该选择法是一种最常用的选择方法,其含意是个体适应度越高,被选中的概率越大。如果$f(s_i(t))$是个体$s_i(t)$在第t代的适应度,那么该个体被选中进行复制的概率P为

$$P = \frac{f(s_i(t))}{\sum_{j=1}^{M} f(s_j(t))}$$

式中,M为群体中的个体数目。特别地,当$f(s_i(t))$是归一化适应度$n(s_i(t))$时,个体$s_i(t)$

被选中进行复制的概率就为 $n(s_i(t))$

②贪婪选择法。当群体中的个体数超过 1 000 时,进化过程消耗的计算时间特别长,有必要偏袒适应度较高的优良个体,优先选择它们,以缩短计算时间。为此,将个体按归一化适应度从大到小排序,将群体分为Ⅰ、Ⅱ两组。Ⅰ组由归一化适应度较高的优良个体组成,余下的归为Ⅱ组。进行个体选择时,80%的时间在Ⅰ组中选择,20%的时间在Ⅱ组中选择。Ⅰ组个体在归一化适应度所占的百分比随群体中个体总数的变化情况如表 6.8 所示。对于这种选择方法,个体 $s_i(t)$ 被选中进行复制的概率即为归一化适应度 $n(s_i(t))$。

表 6.8　Ⅰ组个体在归一化适应度所占的百分比随个体总数的变化情况

个体总数	1 000	2 000	4 000	8 000
Ⅰ组个体数在归一化适应度所占的百分比%	32	16	8	4

③级差选择法。这种方法将个体按适应度的大小分成许多个级别,个体根据群体中个体适应度的级别(而不是适应度)进行选择。于是,适应度较高的个体具有适当的选择优势,从而降低适应度特高的个体被优先选择的可能性。与此同时,级差选择法可扩大适应度值相差不大的个体间的差别,利用分级线的位置使较优的个体能较多地被选中。

④竞争选择法。这种方法是:首先从群体中随机选出一组个体,然后在该组个体中选出一个具有较高适应度的个体。

有必要指出,亲代个体在选择完成后仍留在当前代群体中,而且亲代个体可被多次选中参与复制。由于被复制的个体在结构上未发生变化,因此这些个体的适应度无需重新计算,这样可节省许多计算时间。

(2)交换

在遗传规划中,交换是生成新个体的活动。新个体通过亲代个体提供不同组成部分而产生。交换时,两个亲代个体产生两个子代个体。

①交换操作的实现方法。与复制过程相类似,第一个亲代个体根据上述的某种选择方法从群体中选出,第二个亲代个体也采用同样的选择方法从群体中选出,但两者选择过程独立。这样一来,所选出的两个亲代个体结构和大小可能均不相同。交换时,在每个亲代个体的算法树上分别按均匀概率分布随机选择一个交换点,于是产生一棵以交换点为根的子树,该子树包括交换点以下的所有子树,具有这样特点的一棵子树称为一个交换段。有时,一个交换段仅是上个叶子。

为了生成第一个子代个体,第一个亲代个体删掉其交换段后,将第二个亲代个体的交换段插入到它的交换点处,这样第一个子代个体便产生了。同样,第二个子代个体也是通过第二个亲代个体删掉其交换段后,将第一个亲代个体的交换段插入到它的交换点后而形成。例如,考虑如图 6.13 所示的两个亲代个体算法树,在这两个符号表达式中出现的函数是布尔函数 AND、OR 和 NOT。终止符为树中的叶子,即布尔变量 D0 和第 D1。

上述两个亲代个体的符号表达式为

NOT (Dl) OR (D0 AND Dl)

(D1 OR NOT (D0)) OR (NOT (D0) AND NOT (Dl))

假设树的结点按深度优先、从左到右的方式编号。假定第一棵树的第 2 个结点被随机

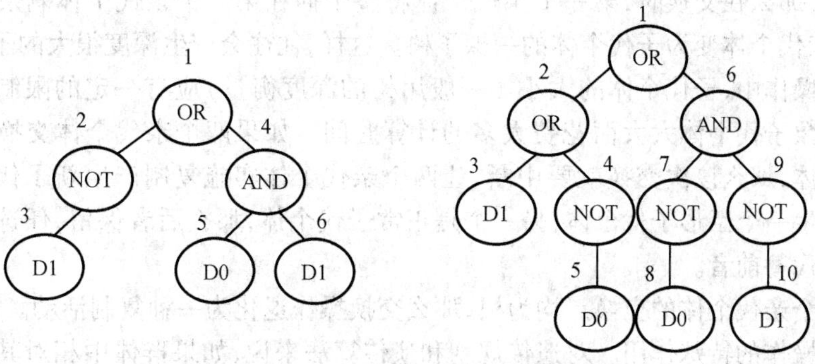

图 6.13 两个亲代个体(符号表达式)

选定为交换点,即交换点为 NOT 函数。假定第二棵树的第 6 个节点被随机选定为交换点,即交换点为 AND 函数。第一棵树的交换段是以结点 2 为根的子树,遗留部分称为剩余段;第二棵树的交换段是以结点 6 为根的子树。图 6.14 描述了两个交换段,图 6.15 描述了交换后的两个子代个体。第一个子代个体符号表达式为

(NOT (D0) AND NOT (D1)) OR (D0 AND Dl)

它恰为奇-偶判断函数。第二个子代的符号表达式为

(Dl OR NOT (D0)) OR NOT (Dl)

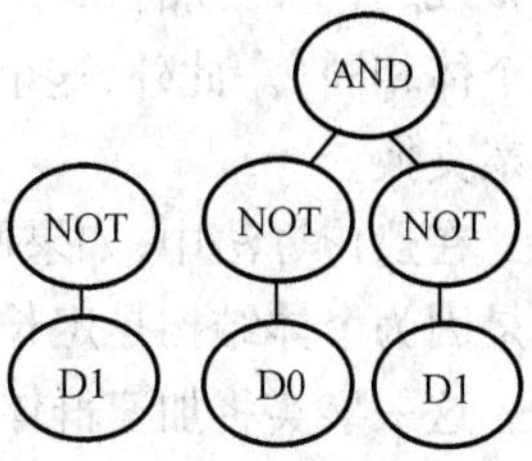

图 6.14 两个由亲代个体产生的交换段

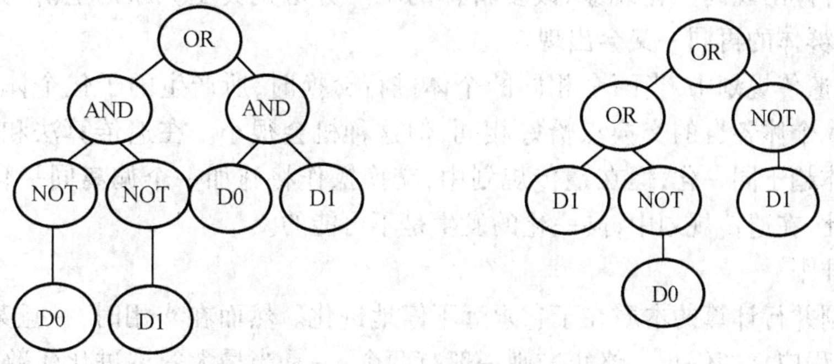

图 6.15 两个由亲代个体产生的子代个体

②交换操作的一般特征。由于交换时整个子树被交换,因此不管亲代个体和交换点如何选择,交换所产生的新的(子代)符号表达式总是语法上合法的表达式。

如果一个亲代个体的交换段恰为一个终止符(叶子),而另一个亲代个体的交换段为一棵子树,那么在交换时,第一个亲代个体的这个叶子(交换段)将插在第二个亲代个体剩余段的交换点处,第二个亲代个体的子树(交换段)将插在第一个亲代个体剩余段的交换点处,这样,交换操作往往会产生深度较大的子代个体。

如果两个亲代个体的交换段均为终止符(叶子),那么交换操作仅表现为两棵树之间的叶子交换,这相当于一棵树的叶子发生突变。因此,点突变是交换操作的一种退化表现。

如果一个亲代个体的交换段恰为整个树(即交换点为根),而另一个亲代个体的交换段

为一棵子树,那么在交换时,第一个亲代个体将整个插在第二个亲代个体剩余段的交换点处,第一个亲代个体变为子代个体的一棵子树。这样,往往会产生深度很大的子代个体。

在交换操作中,子代个体的大小(一般用树的深度衡量)应有一定的限制。这种限制将防止因少数子代个体太大而花费太多的计算时间。如果两个亲代个体交换后产生两个巨形子代个体,那么该次交换就要中断,让两个亲代个体实施复制产生新子代个体。如果交换后仅产生一个巨形子代个体,另一个是正常子代个体,那么后者保留,任选一个亲代个体实施复制代替前者。

如果两个亲代个体的交换点均为根,那么交换操作退化为一种复制活动。

③交换操作的特殊作用。对遗传规划和遗传算法来说,如果群体中相对其他个体来说有一个适应度特别好的个体,复制将促使该个体延续许多代,即使该个体在搜索空间中就整体来讲特别平庸也是如此。例如,如果某个体发生复制的概率(与适应度成比例)为10%,那么下一代的20%将是这个特殊的全体。这个事实将导致群体趋于同一(即群体中的个体相同)。此外,这个特殊的个体及其复制体将频繁地被选择参加交换,许多交换将是近亲交换。

在遗传算法中,如果两个相同的个体进行交换,那么所产生的子代个体将是相同的。这是因为个体结构是定长字符串,两个亲代个体的交换点选择相同,因此子代个体完全一样。这一事实将加速群体过早趋于同一化。如果群体同一地趋于一个次最优解,那么这种同一化称为早熟同一化。当一个平庸的次最优解个体恰好是群体中相对其他个体来说适应度特别好的个体时,早熟同一化就会发生。在这种情况下,遗传算法不能找到全局最优解。当然,如果遗传算法找到了全局最优解,那么很可能整个群体同一地趋于这个全局最优解。一旦群体出现同一化现象,改变群体的唯一办法是突变。原则上讲,突变能导致多样性,但随后群体的再同一又会出现。

相反,在遗传规划中,当两个相同的个体进行交换时,所产生的子代个体一般不相同,除非两个亲代个体各自的交换点恰好相同,但这种机会很小。在遗传算法和遗传规划中,复制都使群体趋于同一化,但在遗传规划中,交换操作将施加一个偏离同一化趋势的反平衡作用。因此,在遗传规划中,同一化的发生是不可能的。

5. 终止准则

遗传规划并行计算的本质在于它永远不停地进化。然而在实用时,一旦某个终止准则满足,进化过程应立即停止。终止准则一般有两个:一是当最大容许进化代数 G 满足时,进化过程立即停止;二是当预先设定的问题求解成功条件满足时(例如,群体中的某个体标准适应度达到0),进化过程立即停止。对于一些无法判明其答案的问题(如最优化问题)或一些无法获得精确答案的问题(如根据有噪声的数据发现数学模型的问题),通常采用一些近似的成功判断条件来终止进化。对于一些难以建立成功判断条件的问题,常常在进化 G 代后,通过分析其结果来决定是否终止进化。

6. 结果标定

结果标定的第一种方法是找出一个全局最佳个体,该最佳个体在进化中的任一代群体中都会出现。为此,在每一代进化完后,若这一代的最佳个体优于前一代,则将它送入计算机缓冲区,取代前一代的最佳个体;否则前一代的最佳个体仍保留。一旦终止准则满足,进化停止时,计算机缓冲区的个体就作为整个进化过程的结果。于是,全局最佳个体就从计算机缓冲区中输出而得。

另一个可选用的结果标定方法是在进化停止时标定出群体中的一个最佳个体(即末代最佳个体)。该方法不需计算机缓冲区,其结果通常与上一种标定方法相同,因为全局最佳个体一般就在进化终止时的群体中,即最后一代的末代最佳个体就是全局最佳个体。

第三种方法是将整个群体按与适应度成比例选定的一个子群作为最佳结果,子群大小视具体情况而定。在这种情况下,最佳结果不是一个而是一组可供采用的答案(即混合策略)。

6.2.4 辅助算子

除了复制和交换这两个主要的遗传算子外,还有下列五个辅助遗传算子:突变、排列、编辑、封装、自残,这些算子仅根据需要偶然使用。

1. 突变(Mutation)

突变能使群体中个体结构发生变化。在遗传算法中,突变有利于形成群体结构的多样性,可防止过早出现同一化趋势。突变仅在单个亲代个体上实施,选择该亲代个体的概率与归一化适应度成正比例,突变后产生一个子代个体。

产生突变的方法是:首先在符号表达式的算法树上随机选定一个结点,该结点称为突变点,突变点可以是树的内节点(即函数),也可以是树的叶子(终止符);然后删掉突变点和突变点以下的子树,用随机方式产生一棵新子树(方法同初始个体的产生)插入到该突变点处。该新子树由参数控制,控制参数主要是子树的大小(用深度表示)。

例如,图6.16中点3(即D0)被选定为突变点,随机生成的子树为NOT(D1),突变后的树如图6.16(b)。

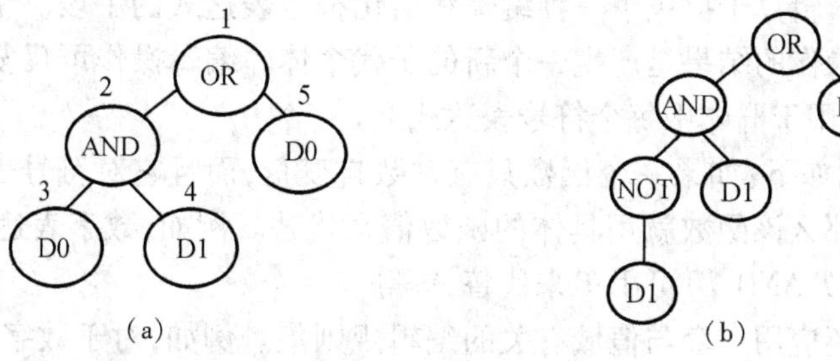

图6.16 个体的突变

突变的一个特例是在突变点插入一个叶子,这种点突变与两个交换点均是叶子的交换结果相同。

2. 排列(Permutation)

遗传规划中的排列算子是遗传算法的倒序算子的一种推广。遗传算法的倒序算子是对单个个体的字符串在两个选择点之间的所有字符进行逆排序的一种操作。倒序操作可使一些特征字符靠得更近,另一些特征字符离得更远。当对具有相对高适应度的个体进行倒序操作时,有可能在优良特征字符之间建立一种更紧密的遗传联系。这些具有优良特征的字符群很可能一直保留下去,因为它们不大可能因交换而被瓦解。

遗传规划中,排列操作也在单个个体上进行,该个体的选择原则仍同于复制和交换。排列操作的结果是产生一个新的子代个体。

排列操作方法是:首先选定一个个体的算法树的内节点(即函数点),如果在选定点的

函数有 k 个自变量,那么可从 $k!$ 种可能排列中选出一种;然后对选定点的函数的自变量进行随机排列。例如,图 6.17(a)中点 4(即/)被选定为排列点,其自变量为 B(点 5)和 C(点 6),排列后的树为图 6.17(b)。如果选定点的函数满足交换律(如函数 +、× 等),那么排列操作对树的符号表达式的函数值无任何影响。

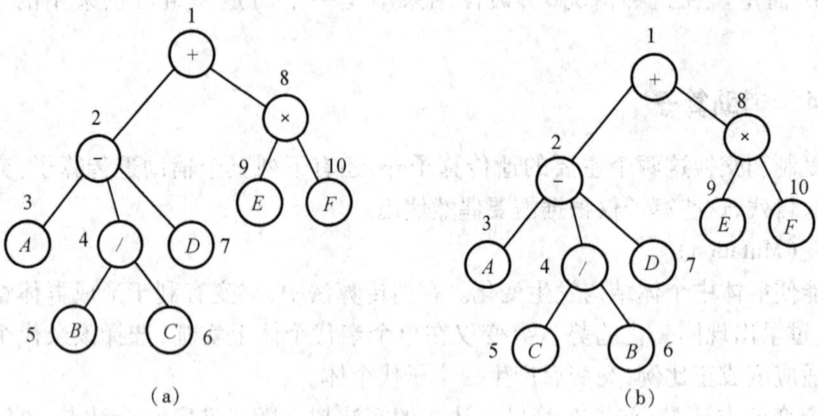

图 6.17　排列操作方法

遗传规划的排列算子与遗传算法中的倒序算子不同,不同之处在于排列算子允许有 $k!$ 种排列方式供选择,而倒序算子仅允许进行一种逆排序操作。

3. 编辑(Editing)

在遗传规划中,编辑算子提供了一种编辑和简化符号表达式的手段。编辑操作仅在单个个体上进行,编辑操作的结果是产生一个新的子代个体。编辑操作可反复地将预先建立起来的编辑规则集应用于群体中每个符号表达式上。

一般的编辑规则如下:如果一个函数只有常数自变量,而且它对符号表达式中其他内容不产生负面影响,那么该函数就用具体的函数值来代替。例如,数字表达式 1 +2 可用 3 来代替,布尔表达式(T AND T)可用 T 来代替,等等。

此外,编辑操作还应用一套与值域有关的编辑规则集。例如,对于数字值域问题,一个可能的编辑规则为:当一个子表达式自身相减时,则该子表达式用零代替。对于布尔值域问题,可能的编辑规则为

$$X \text{ AND } X \rightarrow X,\ X \text{ OR } X \rightarrow X,\ \text{NOT (NOT) } X \rightarrow X$$

编辑操作有两种使用方法:(1)编辑操作完全在外部执行,与遗传规划的运行独立。这样在输出结果中既可观看编辑后的个体,也可观看编辑前的个体,从而可更好地了解个体结构的演变情况;(2)编辑操作在进化过程中运行,这样在输出的结果中只可观看编辑后的个体。编辑操作由一频率参数控制,以确定是否以及如何对每一代实施编辑操作。例如,频率参数 $f_{ed}=1$,则表示对每一代实施编辑操作;$f_{ed}=0$ 则表示对每一代不实施编辑操作;$f_{ed}>1$ 则表示每隔 f_{ed} 代实施一次编辑操作。

编辑操作能否通过降低一些个体因交换而产生的繁杂,进而改进群体进化素质是一件有争议的事。例如,当将下列繁杂的个体:

$$\text{NOT (NOT (NOT (NOT } X)))$$

简化时,得到精简的个体 X,该个体对交换来说变得强壮得多,不易因交换而产生完全相反

的结果 NOT(X)。但在另一方面,编辑操作可能因过早地降低现有结构的多样性而使群体进化素质发生退化。每一次编辑操作对进化所产生的影响现在还不清楚,强壮性的产生对问题求解是有益还是有害这一问题还难以回答。

4. 封装(Encapsulation)

封装算子用于标明潜在有用的子树,并给它命名以便能在以后得到引用。封装操作仅在单个个体上进行,该个体的选择原则仍同于复制和交换,其结果是产生一个新的封装函数。封装操作方法是,随机选定一个个体的算法树的内节点(即函数点),从原树上将该子树复制下来(但原树仍不变),将该子树定义成一棵可被引用的新函数。这个新的封装函数可当作终止符看待,其形状为一棵原来位于选择点的子树,而且在产生时便命以不同的名称,如 $E_0, E_1, E_2, \cdots$,等等。

调用封装函数是将其插入树的选择点处。问题的终止符集随后被增广成包含这些封装函数的终止符集,于是,当实施突变操作时,在突变点处能容纳新的封装函数。例如,考虑下列符号表达式:

$$A + B \times C$$

在图 6.18,点 3 被选为封装操作点,则形成的无自变量的封装函数 E_0 为 $E_0 = B \times C$。在原函数中,子树($B \times C$)即被新的封装函数 E_0 代替,产生的结果为 $A + E_0$。

图 6.19 描绘了这个新的字符表达式,该新树用封装函数(E_0)代替了子树($B \times C$)。事实上,封装函数(E_0)已成为树的不可分的叶子。

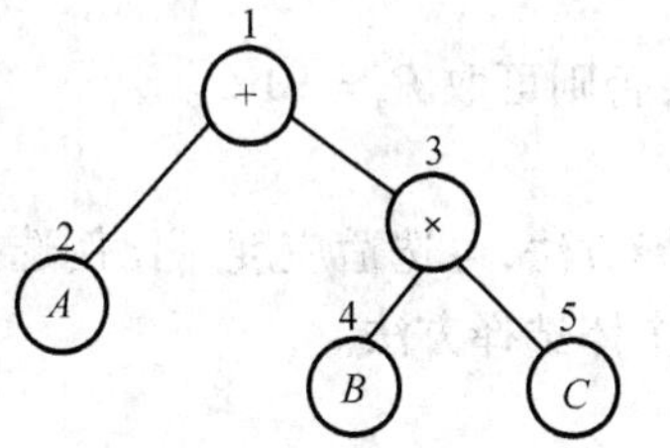

图 6.18 点 3 被选为封装操作点

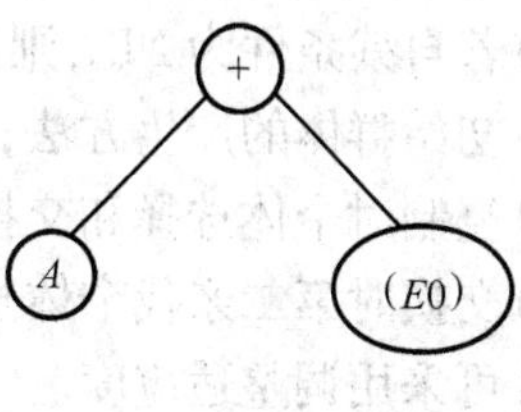

图 6.19 新的字符表达式

封装操作的作用在于:被选为封装函数的子树在新生成的个体中不再因交换操作而被瓦解,因为它已成为不可分的原子(叶子或终止符)。事实上,封装函数是一个潜在的构筑块,可供将来新生代引用。

5. 自残(Decimation)

对于一些复杂的问题,初始群体适应度的分布可能非常偏倚,大部分的个体具有较低的适应度(如,原始适应度为 0)。为此,需要对个体的适应度实施一些惩罚,否则大量计算时间要被用去处理这些低适应度的个体。而且,当适应度分布高度偏倚时,少数具有较好适应度的个体马上在群体中占优,使群体多样性下降。在遗传规划中,虽然交换操作可使群体具有多样性,然而参与交换操作的个体选择是基于个体适应度的,因此,交换操作将集中在具有较好适应度的少数个体中。

自残操作提供了一种快速应付这种形势的方法。自残操作由两个参数控制:一是百分比;二是进行自残操作的时间。例如,自残百分比为 10%,时间为第 0 代。这时,当初始代个体适应度一计算完,马上就有 10% 的个体被消灭。自残操作中的个体选择是基于适应度的随机选择,不允许某一个体多次被选择以使剩余群体的多样性达到最大。

6.2.5 控制参数

遗传规划中,进化过程由17个参数控制。

(1)群体内个体数M,可取$M=500$。

(2)最大进化代数G,可取$G=51$(初始代为第0代,其他代为1~50)。

(3)复制概率P_r,可取$P_r=0.10$,即群体中的10%个体参加复制;如群体$M=500$,则每代有50个个体实施复制。

(4)交换概率P_c,可取$P_c=0.90$,即群体中的90%个体参加交换,如群体$M=500$,则每代有450个个体(225对)实施交换。

(5)交换点选择时,树的内结点(函数点)选择概率为P_{ip},可取为$P_{ip}=0.90$;树的外结点(终止符点)选择概率为P_{tp},可取$P_{tp}=0.10$。这种概率分配可促进较大的个体结构重组;若所有结点均按均匀分布进行选择,将会导致一些交换退化为点突变操作(即在终止符之间的相互换位),而不是一些小的子结构或构筑块的重组。

(6)交换或其他次要操作时个体算法树最大深度$D_{created}$,可取$D_{created}=17$

(7)初始代的个体算法树的最大深度$D_{initial}$,可取$D_{initial}=6$。

(8)突变概率P_m,可取$P_m=0.001$。

(9)排列概率P_p,可取$P_p=0.001$。

(10)编辑频率f_{ed},可取$f_{ed}=3$。

(11)封装概率P_{en},可取$P_{en}=0.001$。

(12)若自残条件为NIL,则自残百分比$P_d=0.0$;否则可取$P_d=10\%$。

(13)初始群体的产生方法,可选混合法。

(14)复制时个体选择和交换时第一亲代个体选择方法,可选适应度-比例选择法。

(15)交换时第二亲代个体选择方法同第一亲代个体选择方法。

(16)可采用调整适应度。

(17)低于500个个体时不使用贪婪选择法,高于1 000个个体时使用贪婪选择法。

6.2.6 模式理论

1. 模式的基本定义

遗传规划中模式的含义与遗传算法大致相同,其定义是:模式是群体中含有一个或多个特定子树的所有个体(树)的集合。也就是说,一个模式是一个具有某些共同特征的符号表达式的集合。例如,图6.20(a)(b)个体中具有一个相同的子树,如图6.21所示,该子树就是模式的共同特征,诸个体属于同一模式。

假设某个共同特征是一个由s个特定点组成的子树,即在该子树内没有不定点(即遗传算法中的*点),则该子树用下式表达:

$$H=\{a_1,a_2,\cdots,a_s,\zeta\}$$

式中 H——由s个特定点组成的子树,即模式的共同特征;

a_i——特定结点i,$i=1,2,\cdots,s$;

ζ——子树的结构关系。

具有某个共同特征的个体的集合也就是一个包含同一特定子树的所有树的集合。假设用$T(g,H)$表示包含共同特征为H、结点数为g的树,一般情况下这样的树的个数是无限

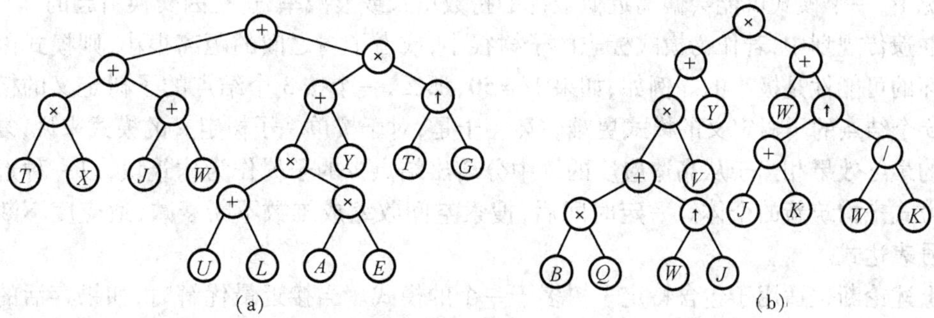

图 6.20 具有相同子树(如图 6.21)的算法树

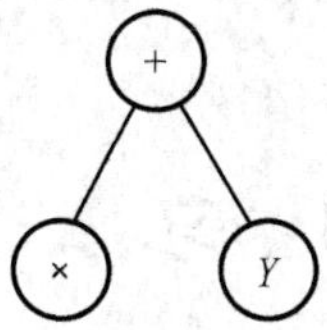

图 6.21 一个模式的共同特征

的,即

$$T = \{T_1(g_1, H), T_2(g_2, H), \cdots\}$$

然而在实际中,我们要限制其数目和其形态大小。比如说,我们可限制一棵树的形态大小为 W(用最大结点数表示),一旦 W 给定,那么由所有不超过 W 个结点且包含特定子树的树的集合是有限的,即

$$T_N = \{T_1(g_1, H), T_2(g_2, H), \cdots, T_N(W, H)\}, g_i \leqslant W$$

在遗传规划中,模式的平均适应度 $f(H,t)$ 简单地定义为该模式中所有个体适应度的平均值,即

$$f(H,t) = \frac{1}{N}\sum_{i=1}^{N} f(T_i(g_i, H))$$

式中 N——具有共同特征 H 的个体数;

$f(T_i(g_i, H))$——个体 i 的适应度。

2. 模式理论

在遗传规划中,模式因进化而出现的数目增长或衰减取决于模式的平均适应度与群体平均适应度的比值。即

$$m(H, t+1) \geqslant \frac{f(H,t)}{\bar{f}(t)} m(H,t)(1-\delta)$$

式中 $\bar{f}(t)$——群体平均适应度;

$f(H,t)$——子代 t 模式 H 的平均适应度;

$m(H,t)$——子代 f 属于模式 H 的个体数;

δ——模式破坏的概率。

这与遗传算法完全一致。例如,如果某个体的适应度是群体平均适应度的 2 倍,那么,复制将产生 2 个这样的个体。这样,该个体所在模式拥有的个体数目 $m(H,t)$ 要增加,于是每个模式的个体数因复制而呈指数增长或衰减方式,这一点与遗传算法也完全一致。在某

些情况下，一个模式可能会偏离近似最优的指数增长或衰减率，这是因交换引起的。

在遗传规划中，若作为模式标志的子树很小，或者子树之间的距离很小，则模式因交换而破坏的可能性是极小的。例如，如果 $W=50$，那么，一个按 3 个结点的子树定义的模式要比按 6 个结点的子树定义的模式更难破坏。于是，对于按单一子树定义的模式来说，复制和交换的最终效果相当于从高适应度的树中分离出结点少的子树作为构筑块，以一种近似最优的方式来构筑新的个体。一定时间后，搜索空间收缩成维数不断衰减、适应度不断增加的符号表达式。

上述论断也适用于包含特定子树多于一个的模式。当接近最优解时，如果存活的模式中不但该模式的子树结点数相当少，而且该模式的诸子树的距离也相当小，那么复制和交换的最终效果相当于从具有高适应度的树中分离出小而近的子树作为构筑块，并以一种近似最优的方式来构筑新的个体。

6.3 习　题

1. 简单描述一下遗传算法的基本原理及应用。
2. 试述遗传算法的特点有哪些?
3. 遗传算法的一般过程是什么?
4. 遗传算法的模式定理是什么?
5. 试述遗传算法的编码表示方法有哪些，各有何优、缺点?
6. 试述轮盘赌选择方法的基本思想。
7. 什么是交叉运算，交叉运算有哪些基本方法，交叉算子有何作用?
8. 什么是变异运算，变异运算有哪些基本方法，变异算子有何作用?
9. 设计一个遗传算法求解 30 个城市的 TSP 问题。
10. 求下列函数的最大值

$$f(x)=10\sin(5x)+7\cos(4x),x\in[0,10]。$$

11. 求 $f(x)=x+10\sin(5x)+7\cos(4x)$ 的最大值，其中 $0\leqslant x\leqslant 9$。
12. 在 $-5\leqslant x_i\leqslant 5$，$i=1,2$ 区间内，求解

$$f(x_1,x_2)=-20\exp(-\sqrt{0.5((x_1^2+x_2^2))})-\exp(0.5\cos(2\pi x_2))+22.71282$$

的最小值。

13. 请设计遗传算法的 C 语言程序实现。

第7章　免疫算法

7.1　免疫算法基本架构

免疫算法大多将T细胞、B细胞、抗体等功能合而为一，主要模拟生物免疫系统中的有关抗原处理的核心思想，包括抗体的产生、自体耐受、克隆扩增、免疫记忆等。人工免疫系统是由免疫学理论和观察到的免疫功能、原理和模型启发而生成的适应性系统。

7.1.1　免疫算法的基本概念

为了便于更好地理解免疫算法的算法结构和作用机制，先介绍一下免疫算法中的一些基本概念。

定义 7.1　人工免疫系统是由免疫学理论和观察到的免疫功能、原理和模型启发而生成的适应性系统，可通过免疫算法进行人工免疫系统的计算和控制。

定义 7.2　抗原是指所有可能错误的基因，即非最佳个体的基因。在免疫算法中，抗原显示了要解决的问题。

定义 7.3　抗体是指根据疫苗修正某个个体的基因所得到的新个体。在免疫算法中，抗体显示了最佳解向量。

定义 7.4　抗体和抗原的亲和力是指抗体对抗原的识别程度。两者的亲和力显示了大方向上面的抗体和抗原两者彼此有多大的机会可以实现在一起的情况。

定义 7.5　抗体和抗体的亲和力是指两抗体之间的相似度。两者的亲和力显示了最后解情况有多大的机会能够实现在一起的情况。

7.1.2　免疫算法的基本流程

从不同的角度对生物免疫系统的原理和机制进行模拟可以形成不同的免疫算法。在解决实际问题时，首先需要将问题描述与免疫系统的相关概念及原理对应起来，然后建立这些免疫元素相应的数学表达模型，最后根据相关免疫原理和机制设计出相应的人工免疫算法如图7.1所示。

(1)定义抗原：通常是将待解决的问题或可以达到的最优处理结果抽象成为人工免疫算法的抗原，抗原识别则对应为问题的求解。

(2)定义抗体：将抗体的群体定义为问题的解，可以将待求解问题的解空间中的一个点对应为人工免疫算法的一个抗体。

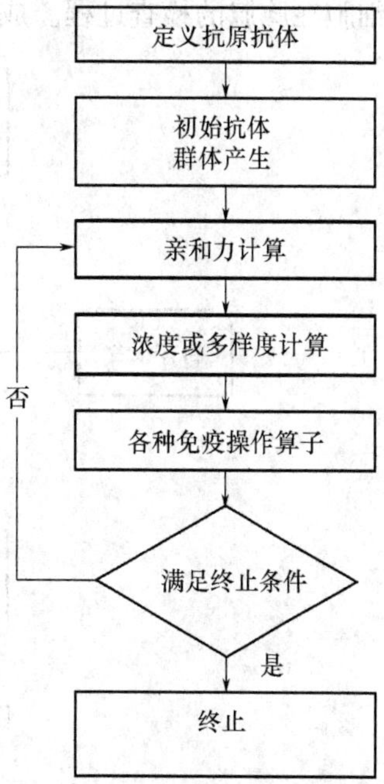

图 7.1　人工免疫算法基本流程

(3)生成初始抗体群体:一般采用和遗传算法类似的方法,随机产生初始抗体群体。

(4)计算亲和力:亲和力包括抗体对抗原的亲和力,以及抗体和抗体之间的亲和力两种类型。亲和力是反映抗体优劣程度的一种评价值,也是指导抗体进化发展的重要指标。

(5)计算浓度或多样度:抗体的浓度或多样度主要用于评估群体中模式的丰富程度,为算法后续的免疫行为提供指导依据。

(6)各种免疫操作:这些免疫操作主要包括选择、克隆变异、自体耐受、抗体补充等。其中,选择操作通常是指从群体中选出一个或一些抗体进入下一步的免疫操作或进入下一代的抗体群体。克隆变异通常是人工免疫算法产生新抗体的主要方式。自体耐受则是对抗体的存在合理性进行判断的过程。抗体补充则是补充群体模式的辅助手段。

(7)终止条件检查:判断抗体群体是否已经达到亲和力成熟,成功识别抗原目标。若不能满足终止条件,则转向第(4)步,重新开始。若满足终止条件,则当前的抗体群体则为问题的最佳解。

7.2 基于群体的免疫算法

7.2.1 否定选择算法

否定选择算法是 Forrest 等提出的,该算法基于免疫系统的自体－非自体识别原理。否定选择算法是对免疫细胞的成熟过程的模拟,主要包括了两个阶段:耐受和检测。耐受阶段主要负责成熟检测器的产生。检测阶段主要负责检测受保护的系统以发现变化。该算法通过随机产生的检测器删除能检测出自体的检测器,从而使保留的检测器能检测任何非自体。

耐受过程:根据生物免疫系统的否定选择原则,产生有效检测器集合。这一过程模拟了 T 细胞在胸腺的检查过程。成熟检测器产生过程如图 7.2 所示。

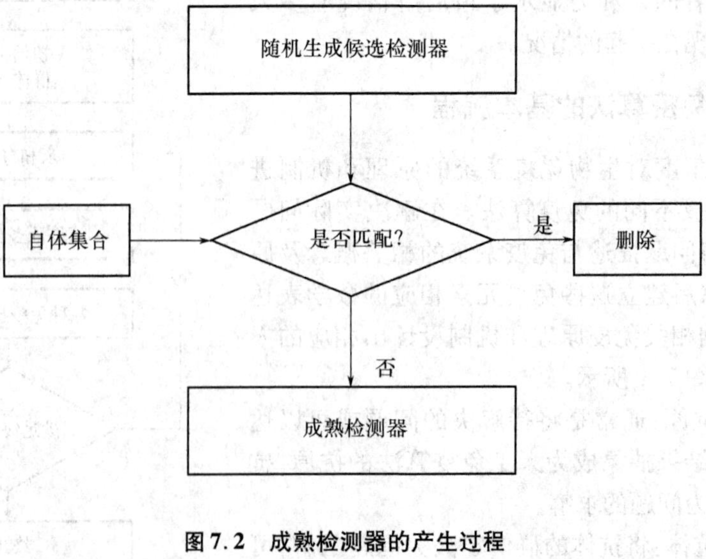

图 7.2 成熟检测器的产生过程

检测过程:检测器集一旦产生,即可用来检测"自体"集合是否发生变化。检测阶段是利用成熟检测器来检测数据的变化:不断地将成熟检测器与待检测数据相比较,如果检测器与待检测数据相匹配,则可以判断数据发生了变化。如图7.3所示,这个过程模拟了生物免疫系统T细胞的非自体识别过程。

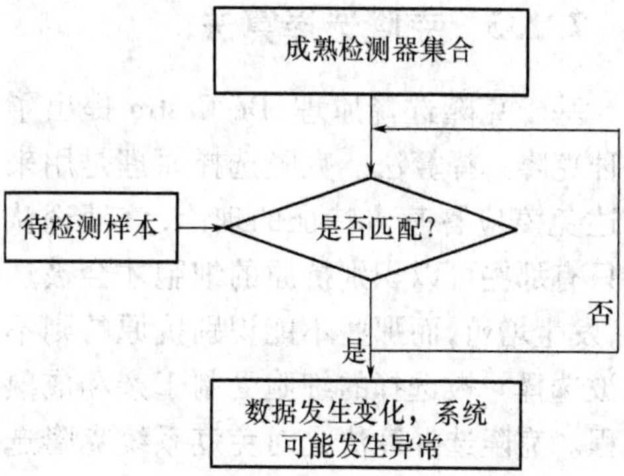

图7.3 异常检测过程

在最初的算法描述中,候选的检测器是随机产生的,然后测试以删除与自身字串相匹配的检测器,该过程重复进行,直到产生所需数量的检测器。通常用概率分析方法来估算为了满足一定的可靠性所应有的检测器的数目。该算法所依赖的3个重要原则是:每种检测算法是唯一的;检测是概率性的;一个鲁棒性的系统应能随机性地检测外来的活动而非搜索已知的模式。

7.2.2 肯定选择算法

那些能识别出自体MHC分子的T细胞能被激活,是依赖于T细胞自身的肯定选择。这个过程产生MHC限制,是一种T细胞属性。Seiden据此提出了一种细胞自动机模型,来实现计算机对免疫系统的模拟,展示了肯定选择算法的应用概况。肯定选择算法与否定选择算法非常类似,其作用刚好相反。对否定选择算法来说,与自体匹配的免疫细胞必须清除,而在肯定选择算法中则刚好被保留。

肯定选择算法如图7.4所示,具体步骤包括如下几个部分:

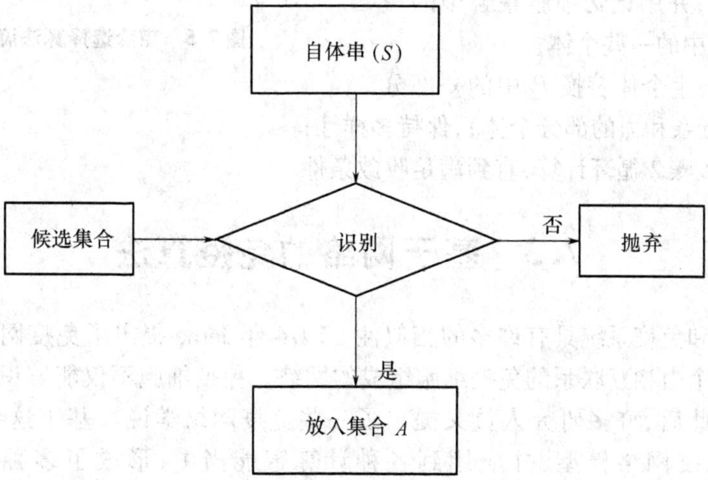

图7.4 肯定选择算法

(1)初始化:产生一个T细胞候选集合 P。

(2)计算亲和力:通过自体集合 S,计算候选集合 P 中所有元素与自体 S 的亲和力。

(3)产生可用集合:如果 P 中某个元素与 S 中某个元素的亲和力大于或等于给定阈值,即这个T细胞能识别这个MHC分子,则它肯定被系统选用,放入集合 A,否则删除它。

7.2.3 克隆选择算法

基于克隆选择原理，De Castro 提出了一种克隆选择算法。克隆选择原理是用来描述免疫应答基本特征的理论，该理论认为只有那些可以识别抗原的细胞才会被选择，发生增殖，而那些不能识别抗原的则不会被选择。被选择的细胞受制于亲和成熟过程。克隆选择算法是对免疫系统克隆选择过程的模拟，如图 7.5 所示，

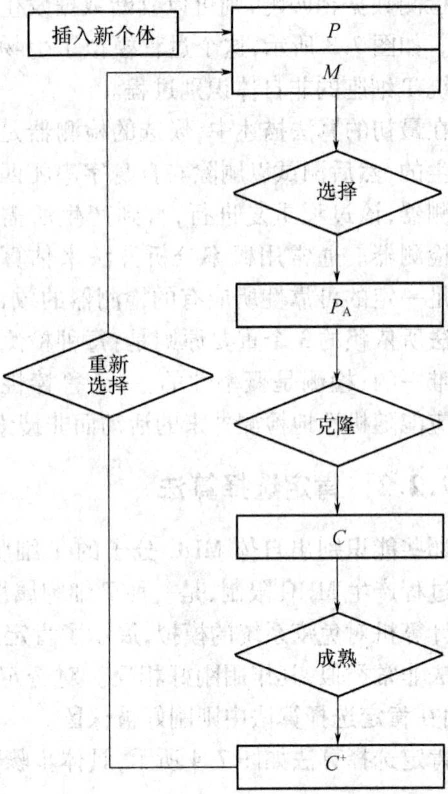

图 7.5 克隆选择算法流程图

其具体步骤如下：

(1) 生成初始群体 P，由记忆细胞 M 和剩余群体 P_r 组成，即 $P=M+P_r$；

(2) 根据亲和力的计算结果选出群体 P 中最优的 n 个体 P_n；

(3) 对 P_n 进行克隆扩增，生成临时克隆群体 C，克隆规模是与抗原亲和力的递增函数；

(4) 对克隆群体 C 进行变异，生成一个成熟的抗体群体 C^*；

(5) 从 C^* 选出最好的 m 个个体加入记忆细胞集合，并用记忆细胞集合中的一些个体替换 P 中的一些个体；

(6) 随机产生个体替换 P 中的一部分个体(一般是低亲和力的部分个体)，保持多样性；

(7) 返回步骤 2 循环计算，直到满足收敛条件。

7.3 基于网络的免疫算法

神经系统和免疫系统具有许多的相似性。1974 年 Jerne 提出了免疫网络理论，认为免疫系统就是一个由相互联系的免疫细胞组成的网络。免疫细胞不仅能够识别外来抗原，也能相互识别。此后，许多研究人员又提出了一些免疫网络学说。基于这些理论，人们建立起了各种免疫网络模型，并应用到各种计算智能当中，形成了多种免疫网络学习算法。

目前应用最多的是基于 Jerne 的网络思想：免疫系统中的免疫细胞通过相互识别而联系起来；当免疫细胞受到抗原或免疫细胞刺激时，即被其他抗原、免疫细胞识别时，该免疫细胞被激活；当免疫细胞被其他免疫细胞识别时，它将被抑制。因此每个免疫细胞都有一个刺激水平，来自于网络中免疫细胞的刺激和抑制以及抗原的刺激，则有

$$S = N_{st} - N_{sup} + A_s$$

其中，S 表示刺激水平；N_{st} 表示网络刺激；N_{sup} 表示网络抑制；A_s 表示抗原刺激。免疫网络算

法的基本框架如图 7.6。

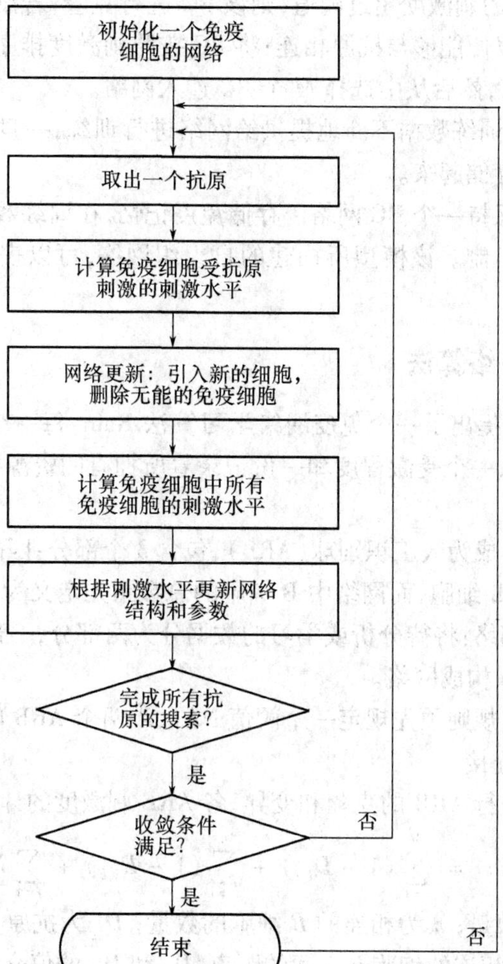

图 7.6 免疫网络算法的基本框架

7.3.1 Cooke 网络算法

Cooke 等提出了一种人工免疫网络系统，并将它应用于机器学习。该系统用到的免疫系统机制包括 B 细胞、B 细胞的刺激度、免疫网络理论、基因序、变异以及适于分类问题的抗体串。

该系统是一个 B 细胞网络（BC），网络中，如果两个 BC 之间的亲和力超过某一给定阈值，它们之间就建立相互连接。每个 BC 由 4 个要素组成：匹配规则、基因库、许多中间 DNA 序列、该 BC 的刺激度。系统中的抗原就是待学习的数据的编码表达。最初，随机选择一组训练数据构成 BC 网络，其余的数据作为抗体训练集。

该算法的基本步骤如下：

（1）取抗原群体，随机选取 BC 群体，构成网络；

（2）从抗原集合中随机选取一个抗原，随机选取网络中的一点将抗原插入；

（3）选取一定比例的 BC 作为与抗原接触的 BC，对每一个 BC，确定是否能够与抗原相连以及相应 BC 的刺激度；

(4)如果某一 BC 的刺激度超过阈值,则该 BC 进行克隆;若没有一个能够与抗原结合,则产生一个新的 BC,以便能够与抗原相连;将 BC 按照刺激度排序,并删除其中最弱的 BC;重新产生 N 个新的 BC,然后从中选择 M 个 BC 连入网络。

基于上述步骤,将训练数据不断地提供给网络进行训练,一旦达到终止条件,即停止训练过程并将结果网络存储起来。

该模型的核心为保持一个 BC 网络以存储免疫记忆,在训练数据及网络邻居的刺激下,运用克隆和变异操作机制。该模型所构建的自组织网络,可以表达被学习的数据,并对非训练数据进行分类。

7.3.2 Rain 网络算法

Timmis 于 2000 年提出了一个免疫网络学习算法 Rain,每一个网络元素对应着一个细胞 B,它包括一种抗体、一个受激程度和一份记录着所拥有的资源数量的记录。Rain 网络算法的描述如下：

(1)网络的基本组成为人工识别球(ARB),包含 3 个部分:匹配规则、数据项和刺激度。ARB 代表一组同类的 B 细胞,而网络中 B 细胞的总数预先定义为一个固定的数值。

(2)抗原及初始网络:将待分析或学习的数据分为两部分,一部分作为抗原用来训练网络,另一部分为 ARB 来构成网络。

(3)网络中的互连规则预先规定一个阈值 NAT,当两个 ARB 的亲和力小于该阈值时就发生互连,否则,就不连接。

(4)根据刺激度进行 ARB 的克隆和变异,各 ARB 刺激度的计算公式为

$$s_i = \sum_{j=1}^{M}(1 - D_{i,j}) + \sum_{k=1}^{n}(1 - D_{i,k}) + \sum_{j=1}^{n} D_{i,j}$$

其中, M 表示抗原的数量; n 为相连的 B 细胞的数量; $D_{i,j}$为抗原 j 和 B 细胞 i 之间的距离;$D_{i,k}$为 B 细胞 i 和与之相连的细胞 k 之间的距离;$D_{i,j}$和 $D_{i,k}$的值介于 0 与 1 之间; $(1 - D_{i,k})$ 表示 B 细胞与抗原或者网络中其他 B 细胞的亲和力,可以看出亲和力与距离成反比。

(5) 在训练时,当网络出现稳定结构后就结束训练学习。

受激程度用来决定哪些细胞被选来进行克隆扩增,哪些被删除掉。为了决定哪些细胞被网络保留,网络使用了一种资源分配机制。这个过程将循环执行,直到一个固定数量的迭代完成或者网络达到一个稳定状态,即在一个给定的时间里,网络中 B 细胞的数量保持不变。

7.3.3 aiNet 网络模型算法

2000 年,DeCastro 等提出了 aiNet 网络模型。简单地说,aiNet 是一个边界加权图,无需全部连接,由称为细胞的节点集合组成,节点对集合称为边界。每一个连接的边界具有一组分配的权或连接强度。系统的目的就是给定一个抗原集合训练数据集合,$X = \{x_1, x_2 \cdots x_N\}$,其中每个 $x_i(i = 1,2,\cdots,N)$ 都是一个长度为 L 的抗原,找出这个数据集合中冗余的数据,进行数据压缩。

由于基于群体内的遗传变异和选择,依靠进化策略控制网络的动态性和可塑性,因此 aiNet 是进化的。此外需要定义一个连接强度矩阵度量网络细胞之间的亲和力,因此它也是

连接的。网络中聚类用做内影像,映射数据集合中的聚类到细胞网络聚类。像免疫网络一样,存在的细胞要对抗原进行竞争识别,竞争成功的细胞会引导网络活化和细胞扩增、克隆选择;而竞争失败的细胞会被清除。

aiNet 模型算法首先随机地产生一些网络中的抗体作为最初的网络节点,它们都是用一定长度的串表示,然后把训练集合中所有的数据抗原都提呈给网络学习,每次一个数据。在每一次的学习过程中,选中的数据和网络中的所有节点接触,并且计算它们之间的亲和力,一定数量亲和力高的抗体被选中,并根据它们之间的亲和力进行克隆,克隆的数目与亲和力成正比。

每个被刺激的抗体的克隆数目 通过式(7-1)计算得来,即

$$N_c = \sum_{i=1}^{n} \mathrm{round}(N - D_{ij})$$

其中,N 是网络中的抗体数目,D_{ij}是抗体 i 和抗原 j 之间的距离,round( )表示四舍五入的取整函数。克隆产生的抗体会经历一个变异的过程:亲和力越低,变异率越高。最后,在这个最后克隆集合里,选择亲和力高的抗体成为记忆抗体,加入到原来的网络中。

新的网络还需要进行一些调整,即删除太相近的数据。另外,还需要随机产生一些新的抗体加入到网络中。网络的输出可以看作是一个抗体集合 $Ab_{(m)}$ 和一个亲和力矩阵 $\boldsymbol{S}$,其中抗体矩阵就是数据的压缩形式,而 $\boldsymbol{S}$ 决定网络中各个抗体之间的联系。算法可以在许多条件下结束:可以是预先定义的步数,也可以是网络中的细胞达到预先定义的数目,还可以通过评估抗原和记忆克隆体之间的误差,误差达到一定值时停止。

7.4 免疫模型

人工免疫模型抽象出免疫系统的计算机制,试图获得免疫的分布式、自学习、自适应等良好的计算能力,并能够解决实际的应用问题。基于免疫系统仿生机理开发的 AIS 模型主要有两大类,一类是基于免疫系统理论的免疫系统模型,另一类是基于免疫网络理论的免疫网络模型。前一类代表性的模型有形态空间模型、ARTIS 模型等;后一类代表性的模型有基本的独特型网络模型、人工免疫系统二进制模型等。

7.4.1 免疫系统模型

1. 形态空间模型

(1)模型描述

为了定量地描述免疫细胞分子和抗原之间的相互作用,Perelson 和 Oster 于 1979 年提出了形态空间模型。

形态空间是指受体和与之结合的分子之间的结合强度。如图 7.7 所示,在形态空间内有一个体积为 V 的区域,其中含有抗体决定基(用 · 表示)和抗原决定基(用□表示)形状互补区域。假设一个抗体识别所有在其周围体积 $V\varepsilon$ 范围内的互补的抗原决定基。由于通过互补区域来衡量抗体抗原的相互作用,抗原决定

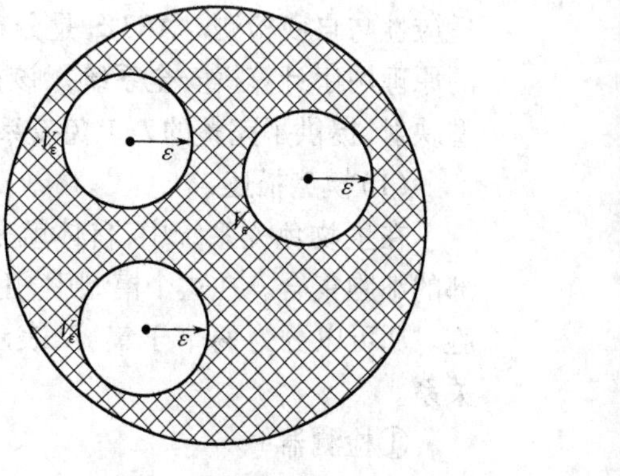

图 7.7 形态空间

基或独特型也通过泛化空间来表现其特点，该空间的互补应该在同一个体积为 V 的空间内。如果抗体决定基和抗原决定基形状不能恰好互补，这两个分子仍然可以结合，但是亲和力较低。假设每一个抗体决定基特异地与所有抗原决定基在其周围较小的区域内相互作用，用 ε 来表示，该区域称为识别区(Recognition Region)，用 $V\varepsilon$ 表示。因为每一个抗体能够识别在识别区内的所有抗原决定基，以及一个抗原可以表现不同种类的抗原决定基，有限数量的抗体就可以几乎识别无数进入 $V\varepsilon$ 的点。

(2)抗体抗原的表示法以及它们之间的亲和力

抗体抗原 $Ag-Ab$ 表示法用于计算它们相互作用(互补)程度的距离测量。利用数学概念定义一个分子 m 的泛化形态，用一个实数坐标集合 $M=(m_1,m_2,m_3,...,m_l)$ 表示抗体或抗原，看做 L 维实数空间中的一个点 $M\in S^L\subseteq R^L$，其中 S 表示形态空间，L 表示其维数。那么一个抗体和一个抗原之间的亲和力与它们之间距离有关，通过两个字符串(或向量)之间的任意距离测量估测抗体与抗原之间的亲和力，比如欧几里得距离(简称欧氏距离)或者曼哈坦距离。在欧氏距离情况下，假设一个抗体的坐标由$(ab_1,ab_2,...,ab_i)$给定，一个抗原的坐标由$(ag_1,ag_2,...,ag_i)$给定，那么它们之间的距离用公式(7.2)表示，公式(7.3)表示曼哈坦距离的情况。

$$D=\sqrt{\sum_{i=1}^{L}(ab_i-ag_i)^2} \tag{7.2}$$

$$D=\sqrt{\sum_{i=1}^{L}|ab_i-ag_i|^2} \tag{7.3}$$

实数坐标下根据公式测量距离的形态空间为欧几里得形态空间，采用公式测量距离的形态空间称为曼哈坦形态空间。

另一个可取代欧几里得形态空间的是海明形态空间，其中抗原和抗体表示成符号序列。公式描述了海明距离测量为

$$D=\sum_{i=1}^{L}\delta,\begin{cases}\delta=1, ab_i\neq ag_i\\ \delta=0,\text{其他}\end{cases} \tag{7.4}$$

免疫系统形态空间模型中许多思想，比如亲和力测量等在以后的人工免疫系统的研究中发挥着重要作用，在人工免疫系统研究领域中具有基础性地位。

2. ARTIS 模型

Hofmeyr 和 Forrest 提出了一种基于阴性选择和耐受的人工免疫系统模型(Artificial Immune System，简称 ARTIS 模型)，该模型包括多样性、分布式计算、错误耐受、动态学习和适应性与自我检测。ARTIS 是分布式自适应系统一般框架，该系统基于免疫系统检测抗原的原理用于计算机安全系统。该模型较为完整地给出了从免疫系统到人工免疫系统的模型映射，提供了完整的人工免疫系统问题求解范式。

(1)模型描述

在生物免疫系统中，自体就是代表生物肌体内的一切正常细胞的集合，非自体代表外部的细胞集合。在这个模型中，用固定长度的二进制串构成的有限集合 U 来表示所有的细胞。U 可以分为两个子集：N 表示非自体，S 表示自体，二者满足 $U=N\cup S$ 且 $N\cap S=\phi$ 关系。

①检测器

生物免疫系统由许多不同种类的免疫细胞和分子构成。该模型只使用一种基本类型

的检测器,它模拟淋巴细胞,融合了 B 细胞、T 细胞和抗体的性质。淋巴细胞表面有成百上千个同种类型的抗体,这些抗体可以结合抗原决定基。识别就是抗体和抗原决定基的亲和力达到一定程度。在 ARTIS 模型中,检测器、抗体决定基和抗原决定基都用长度为 l 的二进制串来表示,抗体和抗原的亲和力就用二进制串之间的匹配度表示。

②节点

几个检测器的集合形成一个节点(Location),用它模拟生物免疫系统中的淋巴结。每个节点是一个独立的检测系统 D_l。它由三部分构成,$D_l=(D,M_l,h_l)$。其中 D 是检测器的集合,也就是二进制串的集合;M_l 是一个二进制串的集合,代表检测系统对自体记忆,用于自体耐受训练,$M_l \subset U$;h_l 是一个二进制串的匹配函数。每个节点可以增加和删除检测器,也就是说每一个节点中的检测器数目是可调节的。

定义一个函数 f_l 用于识别自体和非自体。f_l 是一个从记忆集合 M_l,以及一个待识别的二进制串 $s \in U$ 到一个分类{0,1}的映射,其中 l 表示 s 为自体,0 表示 s 为非自体。f_l 是这样一个函数:

$$f_l(M_l,s)=\begin{cases}1, \exists s_1 \in M_l \mid h_l(s_1,s)=1 \\ 0, \forall s_1 \in M_l \mid h_l(s_1,s)=0\end{cases} \tag{7.5}$$

每个节点检测系统都有两个独立且有先后顺序的阶段:训练阶段和识别阶段。在训练阶段,每一个检测器 d 都要在自体集合 M_l 下进行自体耐受训练;在识别阶段,各个小的检测系统各自独立地检测外来抗原。

ARTIS 分类识别可能发生两种错误:当一个自体字符串分类发生异常,也就是把一个原来是自体的字符串识别为一个非自体时发生错误肯定(False Positive);而把一个原来为非自体的字符串识别为一个自体时发生错误否定(False Negative)。

③分布式系统的定义

整个分布式系统可以定义为一个有限的节点的集合 L。可变数目的节点构成整个 ARTIS 系统,各个节点相对独立地工作,它们之间不共享自体集合,但是检测器可以在各个节点之间游动共享,各个节点之间可以相互刺激。独立的自体集合可以减少全局错误否定的发生。全局的分类函数 g(相对于一个节点中的 f_l 函数)可以定义为

$$g[(\{M_l\},s]=\begin{cases}1, \exists l \in L \mid s \in U_l \cap f_l(M_l,s)=0 \\ 0, \forall l \in L \mid s \in U_l \cap f_l(M_l,s)=1\end{cases} \tag{7.6}$$

由公式可以看出,只要有一个节点认为某个模式是非自体,那么整个系统就认为它是非自体;而只有全部的节点都认为某个模式是自体,系统才认为是自体。这样就可以减少非自体入侵的可能性,减少了错误否定的概率,增加了错误肯定的概率。但是错误肯定的概率可以通过完善自体耐受训练来减少,所以 ARTIS 系统采用这种策略。

(2)工作流程

ARTIS 系统需要两个阶段:第一阶段是训练检测器的自体耐受能力,第二阶段是用检测器识别自体和非自体。在生物免疫系统中淋巴细胞的受体部分是随机产生的,它可能结合自体和非自体,所以它们需要进行自体耐受训练。免疫细胞 T 细胞在胸腺中完成自体耐受训练,如果某一个 T 细胞在自体耐受阶段被激活,那么它就被杀死.人体中大多数的蛋白质都在胸腺中存在,所以在胸腺中通过自体耐受训练的可以认为是自体耐受的,这个过程就是阴性选择。

①训练阶段

ARTIS 系统中的自体耐受训练就是使用生物免疫系统中的阴性选择算法，不同的是在这个模型中每一个节点各自独立地进行自体耐受训练，在每一个节点中都有独立训练集合即自体记忆集合，各个节点不共享训练集合。在系统训练中使用分布式阴性选择算法，如图 7.8 所示。候选检测器（用黑圈表示）随机产生，如果它们匹配自体集合，也就是检测器有覆盖自体集的一部分，那么它们就被消除，并重新产生，直到产生一个不匹配自体的集合。

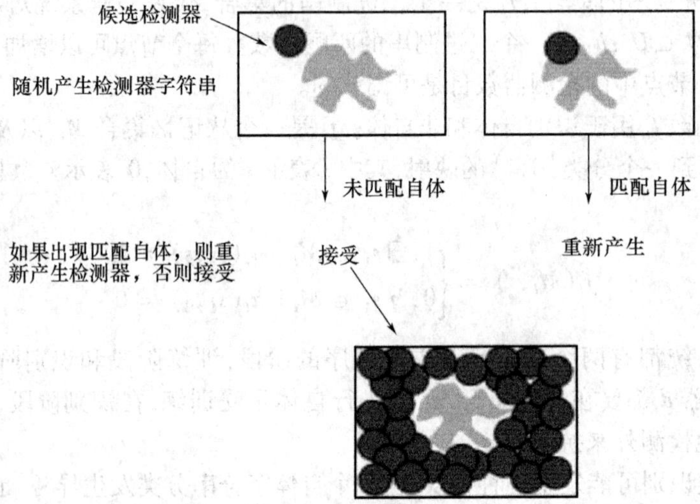

图 7.8　阴性选择算法

首先每个节点都保存一个自体集合，这个集合可以是事先收集的，然后随机产生一个字符串（代表检测器），也可以用一定的策略产生，以减少重复率。这个检测器保持一段时间 T 内不成熟，这段时期就是耐受期。在这段时间内，检测器将试图匹配训练集合，如果能够匹配，则认为这个检测器要匹配自体，消除它。

如果在耐受期内没有匹配训练字符串集，那么这个检测器就成为一个成熟的检测器，如同生物免疫系统中的 B 细胞。成熟的检测器就进入了检测阶段，如果成熟检测器被刺激达到一定的阈值，那么检测器就会被激活，并且会被记忆，同时会发送一个检测到非自体的信号，引发一系列调节反应。

显然，如同生物免疫系统一样，未成熟的检测器可能接触自体和非自体，也就是说可能对某些非自体也耐受，但是可以假定在未成熟阶段，检测器遇到自体的概率非常高，而遇到非自体的概率要低得多。

②识别阶段

ARTIS 采用与生物免疫系统相类似的一种基于记忆的检测。当某个节点中的多个检测器被同一种非自体字符串激活时，这些检测器就进入竞争状态。这些检测器和非自体字符串的匹配都超过了门限值，然后在这些检测器中选择和非自体字符串最匹配的检测器成为记忆检测器；与此同时可以选择一定的检测器进行字符串重排，模拟变异，变异产生的检测器也参与竞争。被选中的记忆检测器克隆增扩，复制自己用于识别入侵的非自体串。克隆增殖和变异可以同时进行，一旦产生更好的检测器就选用更好的增殖。在消除非自体串以后，记忆检测器就发散到系统中的邻近节点中去，使整个系统都具有对这种非自体的记忆。记忆检测器比一般的检测器具有更低的激活门限值，更容易被激活，所以可以提高对特定非自体的反应速度，也就相当于生物免疫系统的二次反应。

(3)匹配规则

ARTIS 模型采用 r - 连续位匹配规则，即对于两个字符串 x 和 y，如果至少存在连续的 r 位是相同的，那么这两个字符串匹配，如图 7.9 所示。r 值可以确定检测器的覆盖，也就是单个检测器可能匹配的字符串的子集的大小。r - 连续位匹配反映了两个字符之间的一种相似性。若 $r=0$，则无条件匹配；若 $r=l$ 则只要有 l 位相同，就能发生匹配；若 $r=$ 字符串长度，则当且仅当两个字符串每一位均完全相同才会发生匹配。r 值较大，其分类较细，而 r 值太小，将导致分类太粗。

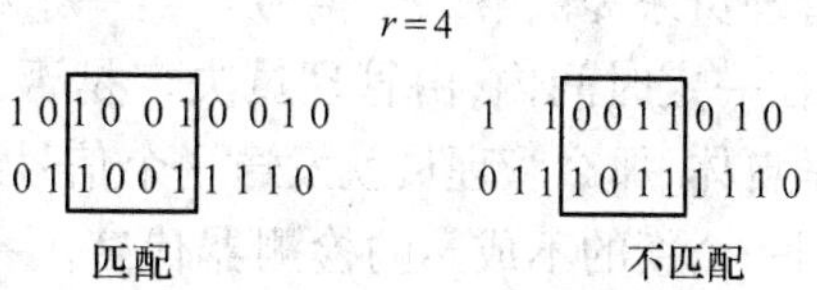

图 7.9　r - 位匹配规则

使用 r - 连续位规则时，需要选取最优化的 r 值。因为在固定的识别能力的需求下，检测器的个数和它的特殊性之间是相互排斥的。这里特殊性指的是这个检测器的覆盖范围，范围越小就越特殊。最佳的 r 值是能够在最小化检测器数目的同时获得良好的识别能力。

④检测器的生存周期

每个检测器成熟以后，都有一个生存周期，如图 7.10 所示。首先，检测器随机产生，进入耐受期，这时的检测器是不成熟的；其次，如果检测器在训练期间匹配任何字符串，那么检测器死亡，用一个新的随机产生的检测器代替；如果没有匹配，那么检测器就成熟，进入一个时间为 P_{death} 的生命周期。在这段时期内，如果检测器没被激活，那么检测器死亡，用一个新的随机产生的检测器代替。如果被激活，但是协同刺激失败(协同刺激是胸腺自体耐受的补充。是识别阶段的自体耐受训练)，那么同样死亡，用新的检测器代替。一旦检测器被激活成功，检测器会成为一个记忆检测器。一旦成为记忆检测器，就只需要单个的匹配就能被激活。除非记忆检测器的数目达到最大值，记忆检测器将长期存在。

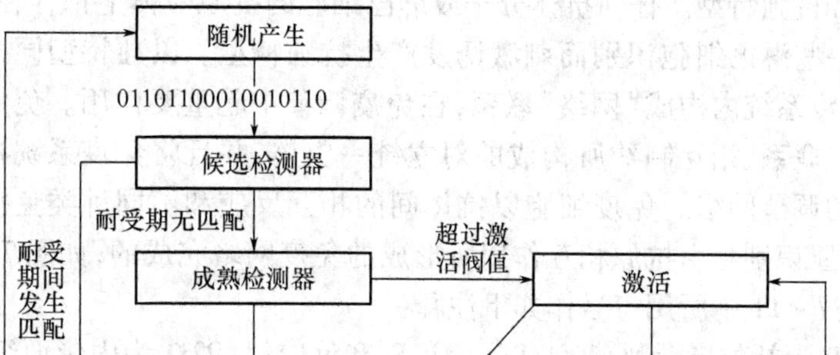

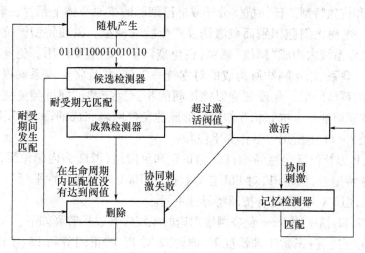

图 7.10　检测器的生存周期

⑤协同刺激

在ARTIS模型中,同样不能假定在自体耐受训练中对所有的自体耐受,也就是说,检测器可能会识别一些自体。如同生物免疫系统一样,这可以通过第二个信号来决定是否自体耐受。在理想情况下,第二个信号应该由系统的其他部分提供,一种比较接近的方法是通过管理员来提供第二个信号。当一个检测器被一个串激活时,它就发送一个信号给管理员,在一定时间内,由管理员决定是否为真的非自体。如果是非自体,就不用发送信号;如果是自体,那么管理员就发送一个信号到相应的检测器。这个检测器协同刺激失败、死亡,并用一个新的不成熟的检测器代替。一般情况下,系统可以自动地完善自我,以来阻止错误肯定的发生。

7.4.2 免疫网络模型

1.独特型免疫网络模型

1974年,美国生物学家、医学家、免疫学家Jerne根据现代免疫学对抗体分子独特型的认识,在Burner"克隆选择学说"的基础上提出了著名的免疫网络学说(immune network theory)。该理论对免疫细胞活动、抗体生成、免疫耐受、自我与非我识别、免疫记忆和免疫系统的进化过程等做出了系统的假设,它对于免疫学理论研究以及在生物学和医学领域中的实际应用都具有重大意义。由于Jerne对免疫学理论研究的贡献,他与另外两位科学家一起分享了1984年的诺贝尔医学和生理学奖。

Jerne提出免疫网络学说的核心思想是:

(1)抗原刺激发生之前,机体处于一种相对的免疫稳定状态;

(2)抗原进入机体后,打破了这种平衡,产生特异性抗体分子;

(3)当达到一定量时将引起抗体分子独特型的免疫应答,即抗独特型抗体;

(4)使受增殖的克隆受到抑制,而不是无休止的增殖,借以维持免疫应答的稳定平衡。

Jerne的网络学说强调了免疫系统中各个细胞不是处于一种孤立状态,而是通过自我识别、相互刺激和相互制约构成一个动态平衡的网络结构,构成相互刺激和相互制约的物质基础是独特型和抗独特型。任何抗体分子或淋巴细胞的抗原受体上都存在着独特型,它们可被机体内另一些淋巴细胞识别而刺激诱发产生抗独特型。以独特型同抗独特型的相互识别为基础,免疫系统内构成"网络"联系,在免疫调节中起重要作用。免疫系统是各个细胞克隆之间相互联系、相互制约所构成的对立统一整体,并且将免疫系统视为由免疫细胞或者分子组成的调节网络。免疫细胞以抗体间的相互反应和不同种类免疫细胞间的相互通信为基础,抗原识别是由抗原相互作用所形成的免疫网络完成的,如图7.11所示。为了便于理解,对图7-11中所用符号作如下注释:

E为表位,P为补位,i为独特型;Plil为识别和反应组,P2i2为内影像组,对Plil有刺激作用;P3i3为独特型组,识别i1,对Plil有抑制作用;PXil为非特异性平行组,PX中的i1与Pl中的i1相同,但PX与P1结合抗原特异性不同。

下面对图7.11描述的Jeme免疫网络理论的免疫应答过程解释如下:

(1)启动免疫应答:正常生理情况下,体内i2对P1的正调节和P3对il的负调节,使Plil处于一个动态抑制性稳定状态。外来抗原(E)进入机体后打破了识别和反应组、内影像组、抗独特型组以及非特异平行组之间保持的抑制性平衡状态。进入机体的抗原,一部分刺激识别组细胞,一部分立即与识别组预先产生的自然抗体相结合并消除这部分抗体,这

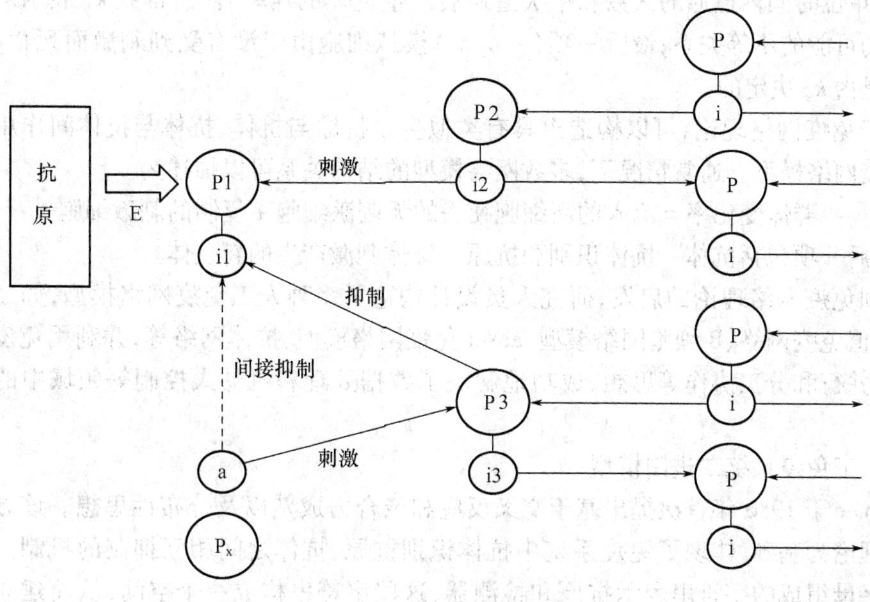

图 7.11 Jerne's 免疫网络

就暂时减弱了识别组对内影像组的抑制效应和对抗独特型组的刺激效应。由于内影像组抑制效应的减弱,使该组细胞发生增殖并产生抗体,增强了内影像组对识别组的刺激效应。同时识别组对抗独特型组的刺激效应减弱,使独特型组处于更加抑制的状态,以致减弱了对识别组的抑制效应。因此,抗原的刺激、内影像组刺激效应的增强和抗独特型组抑制效应的增强等多种因素促进了识别组的增殖和抗体的分泌。

(2)免疫应答的自控:由于抗原启动免疫应答,识别组分泌抗体增加,恢复了对内影像组的抑制效应和对抗独特型组的刺激效应,使免疫应答水平得到控制,免疫网络的动态趋于恢复平衡。如刺激的抗原在体内持续存在,对识别组的刺激效应持续超过对该组的抑制效应,可使免疫应答持续发生。当抗原被清除后,对识别组的抑制效应超过对其的刺激效应,使免疫应答恢复到原先的平衡状态。

随后,Jerne 又基于免疫网络学说,提出了独特性免疫网络模型。在独特性免疫网络模型中,淋巴细胞是通过识别来完成相互之间的刺激或抑制,并以此形成一个相互作用的动态网络。免疫系统对抗原的识别不是局部行为,而是整个网络的整体行为,可用一个不等式来描述免疫网络的动态特性。

根据免疫网络的动态性,假设有浓度为$\{x_1, x_2, \cdots, x_n\}$的 N 个抗体,浓度为$\{y_1, y_2, \cdots, y_n\}$的 N 个抗原的条件下,可以得到抗体 i 的浓度微分方程:

$$x_i = c\left[\sum_{j=1}^{N} m_{ji}x_ix_j - k_1\sum_{j=1}^{N} m_{ji}x_ix_j + \sum_{j=1}^{N} m_{ji}x_ix_j\right] - k_2x_i \tag{7.7}$$

式中,x_i(其中 $i=1,2,\cdots,N$)表示第 N 种抗体的浓度;y_i(其中 $i=1,2,\cdots,n$)表示第 n 个抗原的浓度;第一个和式表示第 i 类抗体的抗体决定基受到第 j 类抗体的抗原决定基的刺激;第二个和式表示第 i 类抗体的抗原决定基受到第 j 类抗体的抗体决定基的抑制;第三个和式表示第 i 类抗体的抗体决定基受到第 j 类抗原的抗原决定基的刺激。上述和式表明第 i 类抗体和第 j 类抗体(或第 j 类抗原)的遭遇概率与 x_ix_j(或 x_iy_j)成比例;参数 c 是一个速率常数,它与单位时间内遭遇的次数和单次遭遇后产生抗体的速率有关;常数 k_1 表示刺激和抑制之间的可能的不等关系;最后一项($-k_2 x_i$)模拟细胞由于没有受到刺激而死亡的趋势,该趋势是由 k_2 决定的。

基于免疫网络理论,可以构造出具有类似生物抗原与抗体、抗体与抗体间作用关系的人工免疫网络模型。通常情况下,多数网络模型的结构关系可以描述为

群体变化率 = 流入的新细胞死去的无刺激细胞 + 复制的刺激细胞

式中,最后一项包括抗体 - 抗体识别和抗原 - 抗体刺激产生的新抗体。

受到免疫网络理论的启发,研究人员设计构造了多种人工免疫网络模型,如互连耦合网络、多值免疫网络、B 细胞网络模型、aiNet 免疫网络模型、抗体网络等,并利用免疫网络的分布式、并行和分工协作等思想,成功地解决了数据处理和机器人控制等领域中的一些复杂问题。

2. 人工免疫系统二进制模型

Farmer 于 1986 年首次提出基于交叉反应和亲合力成熟以及分布性思想。该方法以免疫网络理论为基础,体现了免疫系统中抗体识别抗原、抗体之间相互抑制的机制。在该模型中用字母组成的字符串表示抗原和检测器,这些字符串构成一个空间,从而建立免疫系统自然模型。这是免疫系统的一种基本方法,广泛用于理论免疫学和更广泛的人工免疫系统机制研究。为了抓住免疫系统本质特性,该模型忽略了 T 细胞和巨噬细胞的作用,进行了几种简化处理:首先是把抗原决定基和抗体决定基简化为二进制字符串。模型中的抗体、抗原由两种氨基酸分子构成,用 0 和 1 表示;另一个简化是每一个抗原只用一个单独的抗原决定基表示,而真实的抗原有许多不同的抗原决定基。抗体决定基和抗原决定基的反应用字符之间互补完成,不需要做到准确的互补,而允许两个字符串间的部分匹配,返回一个抗原决定基和抗体决定基之间的匹配值。匹配得越好,二者的亲和力越大。

一个抗体用一对字符串 (p,e) 表示,其中 p 表示抗体决定基字符串,e 表示抗原决定基字符串,抗体和抗原之间以及不同抗体之间都可以反应。由于免疫系统两个分子之间的互相反应不需要精确互补,不要求抗原决定基之间的精确匹配。为了模拟两个分子可能以一种以上的方式发生反应,允许字符串在任何可能的排列中匹配。因此,设抗体中抗原决定基字符串的长度为 l_e,抗体决定基字符串的长度为 l_p,则抗体字符串的长度为 $l = l_e + l_p$,定义匹配阈值为 s,其中 $s \leqslant \min(l_e, l_p)$,其具体的含义是表示如果两个抗体之间的匹配值低于最小阈值,则两个抗体之间不发生反应。设 $e_i(n)$ 表示第 i 个抗体上的抗原决定基的第 n 位的值,$p_j(n)$ 表示第 j 个抗体上的抗体决定基的第 n 位值,用 v 表示"或"运算(对应互补匹配),k 表示移位的次数,例如当 $k = -1$ 时,则将 e_i 的第 $n-1$ 位的二进制数与 p_j 的第 n 位的二进制数比较,$G(x)$ 为一函数其定义为

$$G(x) = \begin{cases} x, x > 0 \\ 0, \text{其他} \end{cases}$$

那么可以定义匹配特异性矩阵函数为

$$m_{ij} = \sum_k G\left(\sum_e e_i(n+k) \wedge p_j(n) - s + 1 \right)$$

在免疫系统模型中,不同抗体之间的连接强度不仅取决于字符串的匹配程度,还由抗体的浓度来决定,这个动态关系可由公式的微分方程来表述。它考虑了 B 细胞受刺激水平的三个因素:①抗体抗原结合作用;②邻近 B 细胞结合作用;③邻近 B 细胞抑制作用。此外模型

还包括了B细胞克隆和变异的刺激,任何一个克隆的B细胞的数量都与该B细胞受刺激水平相关。一个B细胞受的刺激越大,克隆的数目就越多。

在亲和力成熟过程中,该模型定义了三种变异机制:交叉、逆位、点变异。交叉操作是指一个抗体的抗原决定基和抗体决定基相互交叉换位;逆位是指将字符串中的一个随机选择的片段首尾倒转;点变异是指将字符串中的某一位进行突变,由1变0或者由0变1。

该模型的本质是当新类型增加或消除时,抗原和抗体类型是动态变化的。它为利用免疫系统作为学习手段提供了启示:①利用网络完成学习内容的记忆;②使用B细胞和抗原之间的简单匹配模型和结果定义亲和力;③在模型中只表示B细胞,忽略T细胞的作用;④使用简单的方程模拟B细胞的受刺激;⑤利用变异机制创建多样性的B细胞集合。

7.5 免疫算法与进化算法的融合

免疫算法和进化算法都是群体搜索策略,并且强调群体中个体间的信息交换,因此具有许多相似之处。首先在算法结构上,都要经过“初始种群的产生→评价标准计算→种群间个体信息交互→新种群产生”这一循环过程,最终以较大概率获得问题的最优解;其次在功能上,二者本质上都固有并行性,在搜索中不易陷入极小值,都有与其他智能策略结合的固有优势;再次在主要算子上,多数免疫算法都采用了进化计算方法主要算子;最后,也正是因为二者存在共性,有关二者集成的智能策略“免疫进化算法”成为免疫算法研究和应用最成功的领域之一。与进化算法相对应,免疫进化算法也分为三种,分别是免疫遗传算法、免疫规划和免疫策略。

7.5.1 免疫遗传算法

由于免疫行为能保持种群的多样性,改善算法的寻优结果,研究发现人工免疫原理对提高遗传算法的性能具有重要的启迪作用。为此,将免疫算法与传统遗传算法相结合,构造出了一种新的改进遗传算法——免疫遗传算法(Immune Genetic Algorithm 简称为IGA)。免疫遗传算法是一种基于免疫的改进遗传算法,将生物免疫系统的学习、记忆、多样性和识别的特点引入遗传算法,对于求解NP问题可以得到较好的效果。该算法可以有选择、有目的地利用待求解问题中的一些特征信息来保持个体的多样性,避免早熟收敛和提高求解最优解的收敛速度。

基于免疫遗传算法的优化计算,将免疫算法与遗传算法相结合,它将待求解的优化设计问题作为抗原,将问题的解作为抗体。通过抗原和抗体的亲和度描述可行解与最优解的逼近程度。对外界抗原的侵

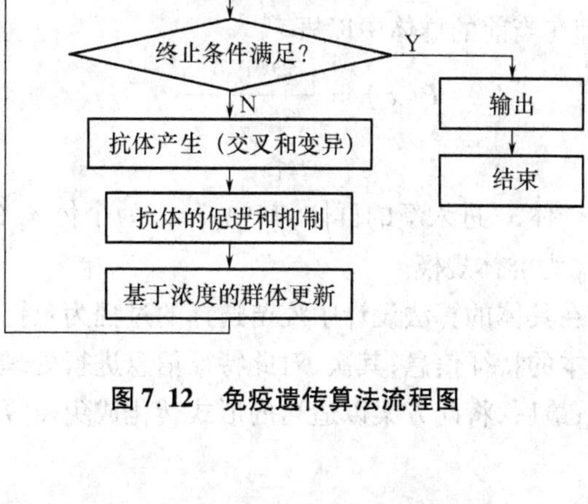

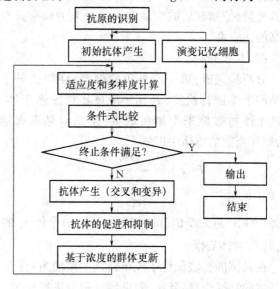

图7.12 免疫遗传算法流程图

入,系统自动产生相应的抗体。通过抗体之间的促进与抑制反应,实现系统对环境的自适应。抗体的浓度计算是系统保持种群多样性的基本手段之一。

与遗传算法相比,免疫遗传算法有如下显著不同特点:

(1)能维持群体多样性:免疫系统通过细胞的分裂和分化作用,可产生不同的抗体来抵御各种抗原,这种机制被免疫遗传算法利用于保持种群多样性。

(2)具有自我调节能力:去除种群中相似的个体,优质且浓度低的个体被促进,劣质个体或浓度高的个体被抑制。

(3)有记忆能力:免疫遗传算法采用免疫系统抗原记忆识别机制,每进化代将一些优质的个体记忆存储起来,以便提高算法的收敛速度。

7.5.2 免疫规划

进化规划(Evolutionary Programming,EP)是由美国 L. J. Fogel 等人为了求解预测问题而提出的一种有限机进化模型,它对优化问题无可微要求,且具有全随机搜索、整体进化以及并行计算等特点,因此受到普遍关注,在数值优化及神经网络训练等方面均有成功的应用。进化规划主要不足是易早熟收敛,难以均衡算法的探索和开发能力,对复杂的多极值优化问题尤其如此。针对这一问题,在进化规划算法中引入免疫概念和方法,称为免疫规划(Immune Programming, IP),以从理论上探讨在处理疑难问题时利用局部特征信息寻找全局最优解的可行性与有效性。免疫规划的流程如图 7.13 所示:

免疫规划的主要思想是在合理提取免疫疫苗的基础上,通过接种疫苗和免疫选择两个操作步骤来完成。前者是为了提高个体的适应度,后者是为了防止群体的退化。具体而言,它们分别是:

(1)接种疫苗

先在群体中按一定的比例随机抽取部分个体,然后按照先验知识修改个体某些基因位上的基因或其分量,使修改后的个体能够以较大的概率具有较高的适应度。

(2)免疫选择

分两步完成:第一步是免疫检测,即对接种了疫苗的个体进行检测,若其适应度不如原来个体,则该个体将被原来个体所取代;第二步是退火选择,即在当前的群体中以概率

$$P(x_i) = \frac{e^{f(x_i)/T_k}}{\sum_{i=1}^{n_0} e^{f(x_i)/T_k}}$$

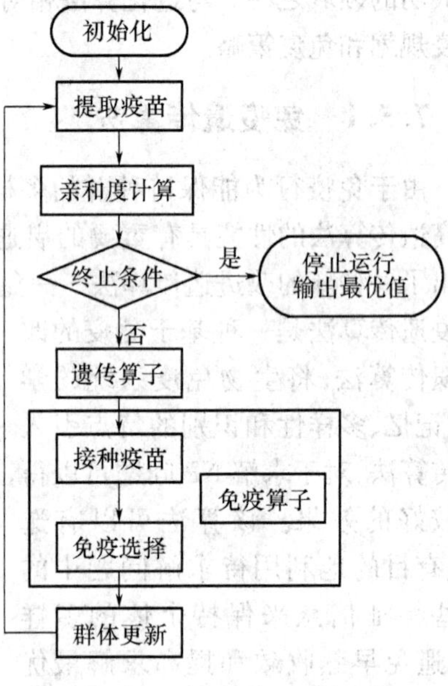

图 7.13 免疫规划的流程图

选择个体 x_i 进入新的群体,其中 $f(x_i)$ 为个体 x_i 的适应度,$\{T_k\}$ 是趋近于 0 的温度控制序列,n_0 为群体规模。

在具体的算法设计中疫苗选择的过程为:首先,对待求问题进行具体分析,从中提取出最基本的特征信息;其次,对此特征信息进行处理,将其转化为局部环境下求解问题的一种方案;最后,将此方案以适当的形式转化成免疫算子并用来产生新的个体。

需要强调的是:一方面,待求问题的特征信息往往不止一个,也就是说针对不同的特征信息所能提取的疫苗也可能不止一种,那么在接种疫苗过程中可以随机地选取一种疫苗进行接种,也可以将多个或所有的疫苗按照一定的逻辑次序予以接种;另一方面,选取疫苗的优劣,生成抗体的好坏,只会影响到免疫算子中接种疫苗作用的发挥,而不至于涉及算法的收敛性。因为免疫规划的收敛性归根结底是由免疫算子中的免疫选择来保证的。

7.5.3　免疫策略

免疫策略(Immunity Strategies)算法源于 Farmer 等人于 1986 对人工免疫系统的开创性研究,近年来,被广泛应用于控制规划、数据及图像处理、计算机安全及组合优化等领域。在进化策略算法中引入免疫概念和方法,是为了从理论上探讨在处理疑难问题时利用局部特征信息寻找全局最优解的可行性与有效性。具体而言,它用局部特征信息以一定的强度干预全局并行的搜索进程,抑制或避免求解过程中的一些重复和无效的工作,以克服原进化策略算法中交叉和变异算子操作的盲目性。算法在执行时,可以有针对性地抑制群体进化过程中出现的一些退化现象,从而使群体适应度相对稳定地提高。与基于梯度搜索的传统算法相比,免疫策略算法在搜索过程中不需要计算目标函数的导数信息,计算过程简单;而基于随机搜索的优化方法,则在很大程度上减少了初值选择对计算结果收敛性的影响。特别是公茂果和焦李成等人采用随机排序的方法,将免疫策略算法直接应用于带约束的优化问题中。

免疫策略算法结构主要经过“初始种群的产生→评价标准→种群间个体信息交互→新种群产生”这一循环过程,具体算法描述如下:

Step 1　抗原识别。将待求问题对应为抗原。

Step 2　初始抗体的产生。针对待求问题的特征,判别系统是否曾求解过此类问题,若有则从记忆库中搜寻该类问题的记忆抗体,否则随机产生初始抗体群。

Step 3　计算抗体亲和力。针对待求问题设计抗体亲和力函数,计算每个抗体与抗原之间的亲和力,并进行停机条件判断,若满足条件,将最优的个体存入记忆单元,停机并输出结果,否则继续。

Step 4　计算抗体浓度。抗体浓度定义为 C_i = 具有相近亲和力的抗体数/抗体总数。

Step 5　选择操作。采用一种基于浓度的抗体产生调节机制,在群体更新中,适应度高的抗体的浓度不断提高,而浓度达到一定值时,则抑制这种抗体的产生;反之则相应提高适应度低的抗体的产生和选择概率。这种机制保证了抗体群体更新中的抗体多样性,一定程度上避免了未成熟收敛。

Step 6　变异操作。在选择操作的基础上,设计变异概率 p_m,进行变异操作。

Step 7　群体更新。根据以上操作,更新群体后转第 3 步。

简而言之,免疫策略算法首先接收一个抗原(对应待求问题),然后随机产生一组初始抗体(对应初始候选解),接着计算每个抗体的适应度和浓度,对抗体进行变异,再通过给予浓度的群体更新策略生成下一代抗体群;直至满足终止条件,算法结束。

7.6　习　　题

1. 生物免疫系统有哪些特性和能力可用于计算领域?

2. 现有的免疫算法有哪些？免疫系统的哪些机理有可能被用于新的学习算法？

3. 分析影响免疫算法性能的因素。

4. 免疫网络模型主要有哪些，它们适用于哪些地方？

5. 讨论免疫算法与进化算法的区别和联系。

6. 免疫遗传算法与经典遗传算法相比有何不同，有哪些优势？

7. 试比较免疫算法与免疫规划。

8. 比较人工免疫系统与人工神经网络，其优点有哪些？

9. 比较人工免疫系统与群集智能算法。

10. 人工免疫系统目前的主要研究领域有哪些，请举例说明。

第8章 蚁群算法

8.1 引 言

蚂蚁是地球上最常见、数量最多的昆虫种类之一，常常成群结队地出现在人类的日常生活环境中。这些昆虫的群体生物智能特征，引起了一些学者的注意。意大利学者 M. Dorigo，V. Maniezzo 等人在观察蚂蚁的觅食习性时发现，蚂蚁总能找到巢穴与食物源之间的最短路径。

经研究发现，蚂蚁的这种群体协作功能是通过一种遗留在其来往路径上具有挥发性化学物质——信息素（Pheromone）来进行通信和协调的。化学通信是蚂蚁采取的基本信息交流方式之一，在蚂蚁的生活习性中起着重要的作用。通过对蚂蚁觅食行为的研究，他们发现整个蚁群是通过这种信息素进行相互协作，形成正反馈，从而使多个路径上的蚂蚁都逐渐聚集到最短的那条路径上。

蚁群算法的主要特点就是：通过正反馈、分布式协作来寻找最优路径，这是一种基于种群寻优的启发式搜索算法。它充分利用了生物蚁群能通过个体间简单的信息传递，搜索从蚁巢至食物间最短路径的集体寻优特征，该过程与旅行商问题求解之间具有相似性，得到了具有 NP 难度的旅行商问题的最优解答。同时，该算法还被用于求解 Job - Shop 调度问题、二次指派问题以及多维背包问题等，显示了其适用于组合优化类问题求解的优越特征。

多年来世界各地研究工作者对蚁群算法进行了精心研究和应用开发，该算法现已被大量应用于数据分析、机器人协作问题求解、电力、通信、水利、采矿、化工、建筑、交通等领域。

自 20 世纪 90 年代 Dorigo 最早提出的蚂蚁系统（Ant System，AS）开始，基本的蚁群算法得到了不断发展和完善，并在 TSP 以及许多实际优化问题求解中进一步得到了验证。这些 AS 改进版本的一个共同点就是增强了蚂蚁搜索过程中对最优解的探索能力，它们之间的差异仅在于搜索控制策略方面。而且，取得了最佳结果的蚁群优化算法（ACO，Ant Colony Optimization）是通过引入局部搜索算法实现的，这实际上是一些结合了标准局域搜索算法的混合型概率搜索算法，有利于提高蚁群各级系统在优化问题中的解的质量。

8.2 蚁群算法基本原理

蚁群算法是对自然界蚂蚁的寻径方式进行模拟而得出的一种仿生算法。蚂蚁在运动过程中，能够在它所经过的路径上留下一种称之为外激素（pheromone）的物质进行信息传递，而且蚂蚁在运动过程中能够感知这种物质，并以此指导自己的运动方向，因此由大量蚂蚁组成的蚁群集体行为便表现出一种信息正反馈现象：某一路径上走过的蚂蚁越多，则后来者选择该路径的概率就越大。

为了说明蚁群算法的原理，先简要介绍一下蚂蚁搜寻食物的具体过程。在蚁群寻找食物时，它们总能找到一条从食物到巢穴之间的最优路径，这是因为蚂蚁在寻找路径时会在路径上释放出一种特殊的信息素。当它们碰到一个还没有走过的路口时,就随机地挑选一条路径。同时释放出信息素,信息素会随着时间不断挥发,路径越长,则信息素的浓度就会越低。当后来的蚂蚁再次碰到这个路口的时候,选择激素浓度较高路径概率就会相对较大。这样形成一个正反馈,最优路径上的激素浓度越来越大,而其他的路径上激素浓度却会随着时间的流逝而消减,最终整个蚁群会找出最优路径。

举个例子,蚂蚁从 A 点出发,速度相同,食物在 D 点,可能随机选择路线 ABD 或 ACD。假设初始时每条分配路线一只蚂蚁,每个时间单位行走一步,图 8.1 为经过 9 个时间单位时的情形:走 ABD 的蚂蚁到达终点,而走 ACD 的蚂蚁刚好走到 C 点,为一半路程。

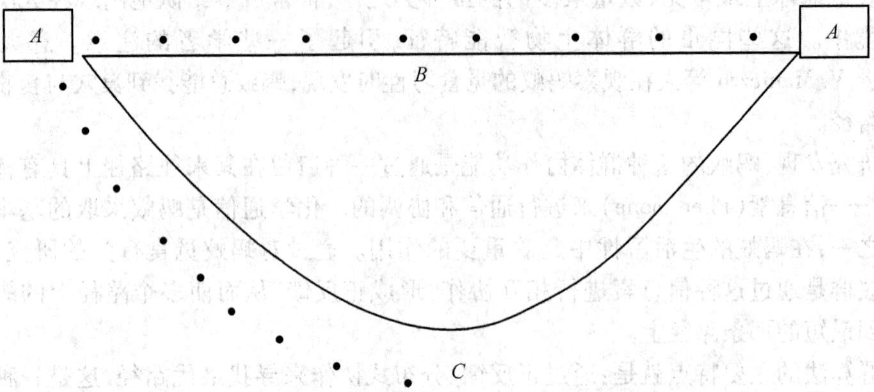

图 8.1 蚂蚁经过 9 个单位的情形

图 8.2 为从开始算起,经过 18 个时间单位时的情形:走 ABD 的蚂蚁到达终点后得到食物又返回了起点 A,而走 ACD 的蚂蚁刚好走到 D 点。

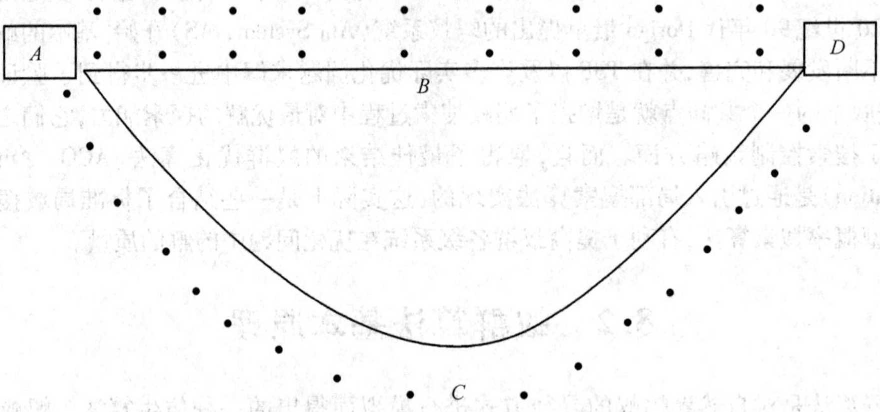

图 8.2 蚂蚁经过 19 个单位的情形

假设蚂蚁每经过一处所留下的信息素为一个单位,则经过 36 个时间单位后,所有开始一起出发的蚂蚁都经过不同路径从 D 点取得了食物,此时 ABD 的路线往返了 2 趟,每一处的信息素为 4 个单位,而 ACD 的路线往返了一趟,每一处的信息素为 2 个单位,其比值为2∶1。

寻找食物的过程继续进行,则按信息素的指导,蚁群在 *ABD* 路线上增派一只蚂蚁(共 2 只),而 *ACD* 路线上仍然为一只蚂蚁。再经过 36 个时间单位后,两条线路上的信息素单位积累为 12 和 4,比值为 3:1。

若按以上规则继续,蚁群在 *ABD* 路线上再增派一只蚂蚁(共 3 只),而 *ACD* 路线上仍然为一只蚂蚁。再经过 36 个时间单位后,两条线路上的信息素单位积累为 24 和 6,比值为4:1。

若继续进行,则按信息素的指导,最终所有的蚂蚁会放弃 *ACD* 路线,而都选择 *ABD* 路线。这也就是前面所提到的正反馈效应。

那么,为什么小小的蚂蚁能够找到食物?它们具有智能么?设想一下,如果要为蚂蚁设计一个人工智能的程序,那么这个程序要多么复杂!首先,要让蚂蚁能够避开障碍物,就必须根据适当的地形给它编进指令让他们能够巧妙地避开障碍物;其次,要让蚂蚁找到食物,就需要让它们遍历空间上的所有点;再次,如果要让蚂蚁找到最短的路径,那么需要计算所有可能的路径并且比较它们的大小。然而,事实并没有想得那么复杂,在程序中每个蚂蚁的核心程序编码不过 100 多行!为什么这么简单的程序会让蚂蚁干这样复杂的事情?答案是:简单规则的涌现。事实上,每只蚂蚁并不是像我们想象那样需要知道整个世界的信息,他们其实只关心很小范围内的眼前信息,而且根据这些局部信息利用几条简单的规则进行决策。这样,在蚁群这个集体里,复杂性的行为就会凸现出来。这就是人工生命、复杂性科学解释的规律!那么,这些简单规则是什么呢?

下面就是实现上述复杂性的七条简单规则:

(1)范围

蚂蚁观察到的范围是一个方格世界,蚂蚁有一个参数为速度半径,如果是 3,那么它能观察到的范围就是 3×3 个方格世界,并且能移动的距离也在这个范围之内。

(2)环境

蚂蚁所在的环境是一个虚拟的世界,其中有障碍物、别的蚂蚁,还有信息素。而信息素有两种,一种是找到食物的蚂蚁洒下的食物信息素,一种是找到巢穴的蚂蚁洒下的巢穴信息素。每个蚂蚁都仅仅能感知它范围内的环境信息,环境以一定的速率让信息素消失。

(3)觅食规则

在每只蚂蚁能感知的范围内寻找是否有食物,如果有就直接过去;否则看是否有信息素,并且比较在能感知的范围内哪一点的信息素最多,随后它就朝信息素多的地方走,并且每只蚂蚁多会以小概率犯错误,从而并不是往信息素最多的点移动。蚂蚁找窝的规则和上面一样,只不过它对窝的信息素做出反应,而对食物信息素没反应。

(4)移动规则

每只蚂蚁都朝向信息素最多的方向移动,并且,当周围没有信息素指引的时候,蚂蚁会按照自己原来运动方向惯性运动下去,并且,在运动的方向有一个随机的小扰动。为了防止蚂蚁原地转圈,它会记住最近刚走过了哪些点,如果发现要走的下一点已经在最近走过了,它就会尽量避开。

(5)避障规则

如果蚂蚁要移动的方向有障碍物挡住,它会随机地选择另一个方向,并且如果有信息素指引的话,它会按照觅食的规则行为。

(6)播撒信息素规则

每只蚂蚁在刚找到食物或者窝的时候播撒的信息素最多,并随着它走远的距离,播撒的信息素越来越少。

根据这几条规则,蚂蚁之间并没有直接的关系,但是每只蚂蚁都和环境发生交互,而通过外激素这个纽带,实际上把各个蚂蚁之间关联起来了。比如,当一只蚂蚁找到了食物,它并没有直接告诉其他蚂蚁这儿有食物,而是向环境播撒外激素,当其他的蚂蚁经过它附近的时候,就会感觉到外激素的存在,进而根据外激素的指引找到食物。

8.3 基本的蚁群算法

基于自然界的蚁群和一些其他的昆虫的路径寻找和路径跟随的行为,蚁群算法用了一种正反馈的机制,用来对可以提高解决问题质量的那些优秀路径选择方案中的一部分进行增强,或者直接增强最佳路径选择方案。用于增强机制的实际上是信息素,信息素可以用来记忆优秀的路径选择,并且可以用来找出更优的路径选择。当然,有时也出现避免是优秀的路径选择但却不是最优的路径选择上的信息素持续增强,若出现这种情况,就会限制更大范围内的路径选择搜索,这种情况被称作是算法过早的陷入局部极小(停滞现象)。为了避免这种情况的发生,一种形式上的负反馈机制通过信息素的挥发被引入进来。这种挥发是有一定时间尺度的,这个时间尺度不要太长,因为过长就会过早陷入局部极小,但是也不能太短,否则就体现不出协作效应。蚁群算法中的另一个重要的概念就是协作行为:蚁群算法通过把蚂蚁个体集合起来使得对不同解决方案进行同步搜索,并且一次迭代过程的结果将会对以后的迭代过程有所影响。因为蚂蚁在搜索不同的路径选择方案,不同的选择方案使得各路径上的信息素痕迹有所不同,甚至在允许执行最优的蚂蚁来增强其选择路径上的信息素浓度时,仍然会有不同时间段上的协作效应,因为在下一个迭代过程的蚁群会使用原有的信息素浓度来指导它的搜索过程。

8.3.1 蚂蚁系统(AS)

基于前述蚁群寻找食物时的最优路径选择问题,可以构造人工蚁群来解决最优化问题,如旅行商(TSP)问题。人工蚁群中把具有简单功能的工作单元看作蚂蚁,二者的相似之处在于都是优先选择信息素浓度大的路径。较短路径的信息素浓度高,能够最终被所有蚂蚁选择,也就是最终的优化结果。

两者的区别在于人工蚁群有一定的记忆能力,能够记忆已经访问过的节点。同时,人工蚁群在选择下一条路径的时候是按一定算法规律有意识地寻找最短路径,而不是盲目地进行选择。例如在 TSP 问题中,可以预先知道当前城市到下一个目的地的距离。

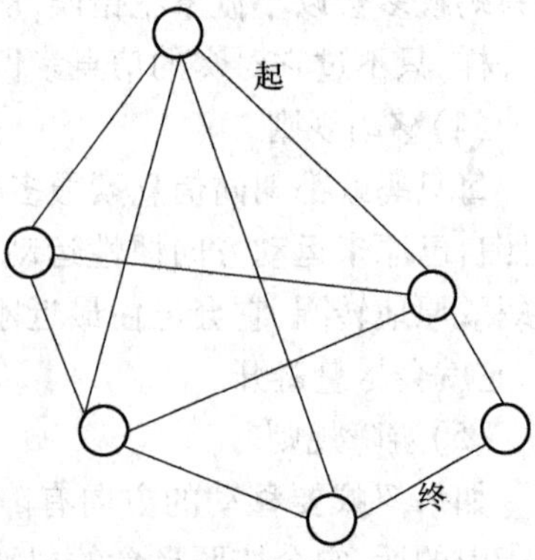

图 8.3 TSP 问题描述图

这里以 TSP 问题为例,介绍蚂蚁系统的基本思想。对于 TSP,目标是要在 n 个给定的城市间找到起点城市到终点城市的一个最近的循环路线,如图 8.3 所示。每个城市必须被访问并且只被访问一次。用 d_{ij} 作为城市 i 到城市 j 的距离,因此问题可以在笛卡儿坐标系中定义:

$$d_{ij} = [(x_i - x_j)^2 + (y_i - y_j)^2]^{1/2}$$

在笛卡儿坐标系中看来，x_i、x_j 是城市 i 的坐标值，该问题也可以更一般地用图 (N,E) 定义。在图中，城市用节点 N 表示，城市间的路径是图中的边 E。图不必是完全连接图，即距离矩阵不必是对称的。如果距离是非对称的(则相应的旅行商问题被称为是非对称旅行商问题或 ATSP)。对于 ATSP，城市 i 到城市 j 的距离不等于城市 j 到城市 i 的距离(即 $d_{ij}(d_{ji})$，但是无论 TSP 问题是对称的或是非对称的，用蚂蚁系统实现起来并没有什么差别。

在 AS 中，m 只蚂蚁被放在随机选定的城市，并开始从一个城市转移到另一个城市，直到完成整个循环，我们就通过蚂蚁群的以上活动来模拟并解决 TSP 问题。在每个迭代过程中，对于每个蚂蚁 k，$k=1,\cdots,m$，都会生成包含 $n=|N|$ 步的循环路径。对于每一步的选择节点，按照转移概率规则进行选择。迭代次数用 $t(1\leqslant t\leqslant t_{\max})$ 表示，这里 $t_{\max}$ 是用户定义的最大允许迭代次数。

对每只蚂蚁，第 t 次迭代过程中，从城市 i 到城市 j 的转移主要基于以下几个方面考虑：

(1)这个城市是否被访问过。对每只蚂蚁来说，都留有一张存储表(也称作禁忌表)，它随着访问过程而增大，并且在两次循环间被置空。存储表定义为对每个蚂蚁 k 未访问的城市集合，用 J_i^k 来表示在城市 i 的蚂蚁 k 将要访问的城市(开始时，J_i^k 包含了除了 i 以外的所有城市)。通过搜索 J_i^k，蚂蚁 i 可以避免访问已访问过的城市。

(2)距离的倒数 $\eta_{ij}=1/d_{ij}$，也称作能见度。能见度完全来自局部信息，并且作为在城市 i 选择城市 j 的启发式函数。尽管仅靠使用能见度的优化方法并不能生成很好的解，但是它可以用来指导蚂蚁的搜索。这种启发式信息是静态的，也就是说它在搜索过程中不允许改变。

(3)连接城市与城市路径上的信息素痕迹 $\eta_{ij}(t)$。信息素痕迹是随时间更新的，并且用来作为在城市 i 选择城市 j 的学习函数。与距离相反，信息素痕迹是全局信息，信息素痕迹通过在问题的搜索过程中的改变来反映蚁群的历史信息。

基于上述几点的考虑，蚂蚁从城市 i 到城市 j 的转移服从以下转移规则。

转移规则：在第 t 次迭代过程中，蚂蚁 k 从城市 i 到城市 j 的转移概率称作随机概率转移规则，公式如下：

$$p_{ij}^k(t) = \frac{[\tau_{ij}(t)]^\alpha[\eta_{ij}]^\beta}{\sum_{l\in J_i^k}[\tau_{ij}(t)]^\alpha[\eta_{ij}]^\beta}$$

当 $j\notin J_i^k$ 时，$p_{ij}^k(t)=0$。这里 α 和 β 是两个可调整参数，用来控制痕迹强度 $\tau_{ij}(t)$ 和能见度 η_{ij} 间的相对比重。如果 $\alpha=0$，则距离最近的城市更容易被选中，这与经典的随机贪心算法相一致(含有多个始发点，因为蚂蚁开始被随机分布在各节点)。如果 $\beta=0$，只有信息素发挥作用，这种方法将会迅速找到循环路径但却未必是最优解。因此在已有信息和探索新解间的并重是很必要的。这里需要注意的是，尽管转移规则公式在一个迭代过程中保持不变，但 $p_{ij}^k(t)$ 值对于两个同在城市 i 的蚂蚁却是不同的，因为 $p_{ij}^k(t)$ 是 J_i^k 的函数，即 $p_{ij}^k(t)$ 只是由蚂蚁 k 决定的部分路径选择方案。

当完成了一个循环后，每只蚂蚁 k 都要对所经过的每条边上的信息素量进行更新，更新的值 $\Delta\tau_{ij}^k(t)$ 根据蚂蚁行走过程的好坏。在第 t 次迭代过程(当所有蚂蚁都完成了一个循环后，迭代次数加 1)，蚂蚁 k 在边 (i,j) 留下的残留信息浓度 $\Delta\tau_{ij}^k(t)$ 用下式描述：

$$\Delta\tau_{ij}^k(t) = \begin{cases} Q/L^k(t) & if \quad (i,j)\in T^k(t) \\ 0 & if \quad (i,j)\in T^k(t) \end{cases}$$

这里 $T^k(t)$ 是迭代过程 t 中的蚂蚁 k 所选择的路径，$L^k(t)$ 是所选择路径的总长度，Q 是一个参量（尽管 Q 值只对最后结果有微弱影响，但是也应被设置，以便于它可以与最优路径长度有相同数量级。例如：建立运行一个简单的结构化启发式规则，要依照近邻启发式规则）。

如果没有信息素的挥发，则这种方法称不上是一种优秀的方法。事实上，信息素会引起最初随机波动的增加，这样得到的结果不大可能是最优的。为了确保得到解空间中的有效解，信息素强度必须允许削弱，否则所有蚂蚁最终都会得到同样的循环路径（停滞现象）。因为信息素强度的持续增加，城市间的转移概率将最终由信息量决定。在这里引入一个削弱系数 ρ，$0 \leqslant \rho \leqslant 1$，这种应用在所有的路径上的信息量更新规则如下：

$$\tau_{ij}(t) \leftarrow (1-\rho)\tau_{ij}(t) + \Delta\tau_{ij}(t)$$

式中，$\tau_{ij}(t) = \sum_{k=1}^{m} \delta$，$m$ 是蚂蚁数量。每条路径上的信息素初始值设为一个小的正常数 τ_0（即在 $t=0$ 时，信息素均匀分布）。

另外，蚂蚁总数设为常数 m，是一个重要参数：蚂蚁数量过多就会过快增强次优路径痕迹，导致过早收敛于不理想的路径选择方案。而蚂蚁数量过少，由于信息素的削弱而不会产生期望的协作效应。Dorigo 等建议设 $m=n$，即蚂蚁数量与城市数量相等，这样可以获得较好的平衡。在每次循环开始的时候，蚂蚁或者被随机放入城市中，或者在每个城市放置一只蚂蚁。

算法 8.1 AS－TSP 的高层算法描述

/＊初始化＊/

For every edge (i,j) do

$\tau_{ij}(t) = \tau_0$

End For

For k = 1 to m do

Place ant k on a randomly chosen city

End For

Let T + be the shortest tour found from beginning and L^+ its length

/＊主循环＊/

For $t=1$ to t_{max} do

For k = 1 to m do

Build tour $T^k(t)$ by applying n − 1 times the following step:

Choose the next city j with probability

$$p_{ij}^k(t) = \frac{[\tau_{ij}(t)]^\alpha [\eta_{ij}]^\beta}{\sum_{l \in J_i^k} [\tau_{ij}(t)]^\alpha [\eta_{ij}]^\beta}$$

where i is the current city

End for

For $k=1$ to m do

Compute the length $L^k(t)$ of the tour $T^k(t)$ produced by ant k

End for

If an improved tour is found then
Update T^+ and L^+
End if For every edge (i,j) do
Update pheromone trails by applying the rule:

$$\tau_{ij}(t) \leftarrow (1-\rho)\tau_{ij}(t) + e\Delta\tau_{ij}^{e}(t)$$

where

$$\tau_{ij}(t) = \sum_{k=1}^{m} \Delta\tau_{ij}^{k}(t)$$

$$\Delta\tau_{ij}^{k}(t) = \begin{cases} Q/L^k(t) & if \quad (i,j) \in T^k(t) \\ 0 & if \quad (i,j) \in T^k(t) \end{cases}$$

$$\tau_{ij}(t) = \sum_{k=1}^{m} \Delta\tau_{ij}^{k}(t)$$

$$\Delta\tau_{ij}^{e}(t) = \begin{cases} Q/L^k & if \quad (i,j) \in T^+ \\ 0 & if \quad (i,j) \notin T^+ \end{cases}$$

End for
For every edge (i,j) do

$$\tau_{ij}(t+1) = \tau_{ij}(t)$$

End for
End for
Print the shortest tour T^+ and its length L^+
Stop
/ * 实验中用到的参数值 * /
$\alpha = 1, \beta = 5, \rho = 0.5$, $m = n$, $Q = 100$, $\tau_0 = 10^{-6}$, $e = 5$

可以计算出 AS 算法的时间复杂度为 $O(tn^2m)$，这里 t 是迭代次数。如果 $m = n$，即如果蚂蚁数量与城市数相等时，时间复杂度为 $O(tn^3)$。

8.3.2 ACS 人工蚁群系统

人工蚁群系统(ACS)是由 Dorigo 和 Gambardella 引入用来改进蚂蚁系统的一种算法。AS 能对小规模问题在合理时间内找到最优解，ACS 是以 AS 为基础作了四处修改：不同的转移规则，不同的信息素痕迹更新规则，信息素痕迹局部更新的采用更好地满足探索新解的需要，备选表的应用限制了要访问的城市的选择。具体如下：

(1)转移规则

ACS 修改后的转移规则允许更加明确的探索，位于城市 i 的蚂蚁 k 选择城市 j 作为下一个城市，依照以下规则：

这里 q 是在[0,1]上服从均匀分布的随机变量，$q_0(0 \leqslant q_0 \leqslant 1)$是可调整参数，$J$ 是按照以下概率随机选取的城市，这里 $J \notin J_i^k$。

$$p_{ij}^{k}(t) = \frac{[\tau_{ij}(t)][\eta_{ij}]^{\beta}}{\sum_{l \in J_i^k} [\tau_{il}(t)][\eta_{ij}]^{\beta}}$$

该式与蚂蚁系统的转移概率公式十分相似。我们可以看到,当 $q>q_0$ 时,ACS 算法的转移规则与蚁群系统的转移规则相同,但当路线上 $q\leqslant q_0$ 时,转移规则就有所不同。更准确地说,$q\leqslant q_0$ 相当于利用问题的已知信息,即城市间距离的启发式信息和已经信息素痕迹存储的学习信息;而 $q>q_0$ 路线上的蚂蚁更偏重于随机搜索。因此通过调整 q_0 减少搜索可以使系统行为集中在优秀路径上,而不用不断重新探索。显然这里调整 q_0 与模拟退火算法中的调整温度极为相似:当 q_0 接近 1 时,蚂蚁只会选中局部最优路径(但是局部最优解未必是全局最优解),而当 q_0 接近于 0 时,尽管局部最优解有更大的权值(这与模拟退火方法不同,退火方法中高温下的所有状态具有相似权值),所有局部解都要被测试。因此通过在[0,1]间调整参数 q_0 来逐步稳定系统在原则上是可行的,在算法的最初,更大程度的支持探索,以后就更大程度的支持对已知信息的应用,然而这种策略很可能还没被探索过。

(2)信息素痕迹更新规则

蚁群系统中,所有的蚂蚁在完成搜索后,都要留下信息素。相反,在 ACS 系统中,只允许当前找到最优路径的蚂蚁更新全局信息素浓度,因此蚂蚁更容易在目前的最优解附近来搜索路径,换句话说,这种搜索更加直接。另一个差异就是:蚁群系统中的信息素痕迹更新规则应用在所有路径,而在 ACS 系统中,全局信息素痕迹更新规则只应用在目前搜索到的最优路径上。信息素更新规则如下:

$$\tau_{ij}(t)\leftarrow(1-p)\tau_{ij}(t)+p\Delta\tau_{ij}(t)$$

这里,(i,j) 是属于 T^+ 中的一条边,T^+ 是目前为止发现的最优路径,p 是控制信息素削弱的参数,并且

$$\Delta\tau_{ij}(t)=\frac{1}{L^+}$$

这里,L^+ 是目前为止发现的最优路径 T^+ 的长度。我们可以看到该过程只允许对最优路径进行全局更新。然而局部更新也是必要的,这样可以使得其他选择方案出现。

(3)信息素痕迹的局部更新

在 ACS 中,引入了局部边上的信息素的更新,使得较好的路线更快收敛。其更新如下:当位于城市 i 的蚂蚁 k 选择了城市 j,$j\in J_i^k$,这时 (i,j) 上的信息素浓度要按下式进行更新:

$$\tau_{ij}(t)\leftarrow(1-\rho)\tau_{ij}(t)+\rho\tau_0$$

这里 τ_0 与信息素浓度的初值相同,通过实验发现 $\tau_0=(nL_{nn})^{-1}$ 可以取得比较好的结果,其中 n 是城市数量,L_{nn} 是由近邻启发式规则生成的路径长度。

当一只蚂蚁访问了一条路径时,局部更新规则的应用使得这条路径上的信息素痕迹减少,这样可以起到以下作用:即使得被访问过的边被选中的概率比访问前要小,可以间接地促使对没访问过的路径进行搜索。这样做的结果是蚂蚁不会收敛于同一路径。通过实验观察到这样进行局部更新是比较理想的:如果蚂蚁探索不同的路径,则就更有可能找到更优解,而不是都收敛到相同选择路径(这样将会使得采用多个蚂蚁搜索没有任何意义)。换句话说,ACS 局部更新规则的作用就是打乱循环路径,以至于在一只蚂蚁搜索路径上的最先选择的城市有可能被其余蚂蚁最后选中。因此,局部更新作用就是使每条边上的学习信息动态改变:每次蚂蚁选中了一条路径后,这条路径便不再那么容易被选中了。利用这种方式,蚂蚁可以更好地利用信息素信息:如果没有了局部更新,所有的蚂蚁都会在比较狭窄的区域内搜索,从而陷入局部极小。

(4)备选表的应用

ACS 利用了备选表,这是在解决大规模的 TSP 问题时应用的一种数据结构。备选表存储了从一个给定城市来选择下一个最想访问城市的集合。这样在选择下一个城市时,无需计算到所有其他城市的概率,只需先在备选表中搜索未被访问的城市,只有当备选表中所有城市都被访问过,再检查其余城市。一个城市的备选表中包括有 c_l 个城市(c_l 是算法的一个参数),这 c_l 个城市是 c_l 个最近的城市。备选表中的城市依增序排列,并且该表被连续扫描。带有备选表的 AS-TSP 工作如下:一只蚂蚁首先把选择城市限制在备选表中,只有当表中所有城市均被访问过,再考虑其他城市,如果备选表中有多个城市,则下一个城市 j 的选择依照转移概率公式计算,否则 j 为仍未被访问过的那个最近城市。

算法 8.2 描述了 ACS-TSP 的基本过程,即 ACS 算法在 TSP 上的应用 。

算法 8.2 ACS-TSP 的高层算法描述

/ * 初始化 * /

For every edge(i,j) do

$$\tau_{ij}(t) = \tau_0$$

End For

For $k = 1$ to m do

Place ant k on a randomly chosen city

End For

Let T^+ be the shortest tour found from beginning and L^+ its length

/ * 主循环 * /

For $t = 1$ to $t_{\max}$ do

For $k = 1$ to m do

Build tour $T^k(t)$ by applying $n-1$ times the following steps:

If exists at least one city $J \in$ candidate list then

Choose the next city $j, j \in J_i^k$, among the c_l cities in the candidate list as follows

$$j = \begin{cases} \arg\max\limits_{u \in J_i^k} \{[\tau_{iu}(t)][\eta_{iu}]^\beta\} & if \quad q \leq q_0 \\ J & if \quad q > q_0 \end{cases}$$

where $j \in J_i^k$ is chosen according to the probability:

$$p_{ij}^k(t) = \frac{[\tau_{ij}(t)][\eta_{ij}]^\beta}{\sum\limits_{l \in J_i^k} [\tau_{il}(t)][\eta_{il}]^\beta}$$

and where i is the current city .

Else

Choose the closest $j \in J_i^k$

End if

After each transition ant k applies the local update rule:

$$\tau_{ij}(t) \leftarrow (1-\rho)\tau_{ij}(t) + \rho\tau_0$$

End for

For $k = 1$ to m do

Compute the length $L^k(t)$ of the tour $T^k(t)$ produced by ant k End for

If an improved tour is found then Update T^+ and L^+ End if

For every edge $(i,j) \in T^+$ do

Update pheromone trails by applying the rule:

$$\tau_{ij}(t) \leftarrow (1-\rho)\tau_{ij}(t) + \rho\Delta\tau_{ij}(t)$$

where $\Delta_{ij}(t) = \frac{1}{L^+}$。

End for

For every edge (i,j) do

$$\tau_{ij}(t+1) = \tau_{ij}(t)$$

End for

End for

Print the shortest tour T^+ and its length L^+

Stop

/＊实验中用到的参数值＊/

$\beta = 2, \rho = 0.1,\ q_0 = 0.9,\ m = 10,\ \tau_0 = (nL_{nn})^{-1},\ c_l = 15$。

针对 ACS 的特点，Droigo 和 Gambardella 提出了 ACS 的改进可以加入以下的改进方法：

(1)允许两只最好的蚂蚁(或允许最好的 r 只蚂蚁)来更新信息素痕迹，而不是仅由一只蚂蚁更新，这样可以使陷入局部极小值的可能性变小。

(2)削减较差路径上的信息素浓度，对于差路径上给予负反馈，可以提高收敛最优解的速度。

(3)使用一个更强大的局部搜索过程。

8.4 改进的蚁群算法

最初提出的 AS 有三种版本：Ant – density、Ant – quantity 和 Ant – cycle。在 Ant – density 和Ant – quantity中蚂蚁在两个位置节点间每移动一次后即更新信息素，而在 Ant – cycle 中当所有的蚂蚁都完成了自己的行程后才对信息素进行更新，而且每个蚂蚁所释放的信息素被表达为反映相应行程质量的函数。通过与其他各种通用的启发式算法相比，在不大于 75 城市的 TSP 中，这三种基本算法的求解能力还是比较理想的，但是当问题规模扩展时，AS 的解题能力大幅度下降。

因此，其后的 ACO 研究工作主要都集中于 AS 性能的改进方面。较早的一种改进方法是精英策略(Elitist Strategy)，其思想是在算法开始后即对所有已发现的最好路径给予额外的增强，并将随后与之对应的行程记为 Tgb(全局最优行程)，当进行信息素更新时，对这些行程予以加权，同时将经过这些行程的蚂蚁记为“精英”，从而增大较好行程的选择机会。这种改进型算法能够以更快的速度获得更好的解，但是若选择的精英过多则算法会由于较早的收敛于局部次优解而导致搜索过早停滞。

8.4.1 带精英策略的蚂蚁系统

带精英策略的蚂蚁系统(Ant System with elitist strategy, ASelite)是最早的改进蚂蚁系统。Dorigo等人为改进AS算法做了很大努力,并且提出了“精英蚂蚁”。之所以采用“精英蚂蚁”这个词语是由于这种策略与遗传算法中的“精英策略”颇为相似。遗传算法中的精英策略主要体现在:传统的遗传算法可能会导致最适应个体的遗传信息丢失,精英策略的思想是保留住一代中的最适应个体。因此蚂蚁系统的精英策略可以有如下描述:每次循环之后给予最优解以额外的信息素量,这样的解被称为全局最优解(global - best solution),而找出这个解的蚂蚁被称为精英蚂蚁(elitist ants)。

一只精英蚂蚁用值 Q/L^+ 来对 T^+ 中的所有路径上的信息素进行增强,这里 T^+ 是从实验开始时找到的最优路径,L^+ 是这条最优路径 T^+ 的总长度。

在每次迭代过程 e 中,精英蚂蚁被放入到普通蚂蚁中,使得属于 T^+ 中的所有路径都可以得到一个额外增加值 eQ/L^+。这种思想是 T^+ 中的信息素痕迹得到增强将会指导其余蚂蚁的搜索过程更大可能地朝着最佳路径方案迈进。实验表明了小数量的精英蚂蚁能够改进算法的性能。

精英策略蚂蚁系统与基本蚂蚁系统的根本区别就是精英蚂蚁所走路线上的信息素进一步更新,因此这里仅仅介绍信息素的更新规则。信息素根据下面步骤进行更新:

$$\Delta\tau_{ij}(t+1) = \rho\Delta\tau_{ij}(t) + \Delta\tau_{ij}^*$$

$$\Delta\tau_{ij} = \sum_{k=1}^{m}\Delta\tau_{ij}^k$$

$$\Delta\tau_{ij}^k = \begin{cases} \dfrac{Q}{L_k}, & \text{如果蚂蚁 } k \text{ 在本循环中经过路径}(i,j) \\ 0, & \text{否则} \end{cases}$$

$$\Delta\tau_{ij}^* = \begin{cases} \rho\dfrac{Q}{L_k}, & \text{如果边}(i,j)\text{ 是找出的最大优解的一部分} \\ 0, & \text{否则} \end{cases}$$

其中,$\Delta\tau_{ij}^*$ 表示精英蚂蚁引起的路径(i,j)上的信息素量的增加,ρ 是精英蚂蚁的个数,$L*$ 是本次循环所找出的最优解的路径长度。

使用上述信息素更新规则结合基本蚂蚁系统,可以使得蚂蚁系统找出更优的解,并且找到这些解的时间更短,但是缺点是精英蚂蚁过多会导致搜索早熟收敛。

8.4.2 最大-最小蚂蚁系统

研究表明,蚁群算法将蚂蚁的搜索行为集中到最优解的附近可以提高解的质量和收敛速度,从而改进算法的性能。但这种搜索方式会使早熟收敛行为更容易发生。而最大-最小蚂蚁系统(Max - Min Ant System, MMAS)能将这种搜索方式和一种能够有效避免早熟收敛的机制结合在一起,从而使算法获得最优的性能

最大-最小AS算法(简写为MMAS)是由Stiitzle和Hoos提出的,同样它基本和AS算法相似,但有如下改进:(1)在算法的每次迭代中只允许表现最好的蚂蚁更新路径上的信息素痕迹;(2)限定了痕迹浓度允许值的上下限[τ_{max}, τ_{min}];(3)所有支路上的痕迹浓度初始化为最大值 τ_{max}。设定信息素浓度的最大值 τ_{max} 可以有效地避免某条路径上的信息量远大

于其余路径,使得所有蚂蚁都集中到同一条路径上,从而避免发生“停滞”现象,这种现象正是 AS 算法对于大规模问题运行结果不佳的原因之一。另外,Stiitzle 和 Hoos 还加入了“平滑机制”来避免停滞现象,即一种按比例的信息素浓度更新机制:$\Delta\tau_{ij}(t) \propto (\tau_{\max} - \tau_{ij}(t))$。用这种方式,有较浓信息素的路径不如有较少信息素的路径增强的多,这种过程显然支持了新路径的搜索。实验结果表明:当把 MMAS 算法应用到 TSP 问题中时,可以取得比 AS 更好的解,但却与 ACS 算法得到的解相似。

由于在 MMAS 中,只有一只蚂蚁用于在每次循环后更新信息轨迹,经修改的轨迹更新规则如下:

$$\tau_{ij}(t+1) = \rho\tau_{ij}(t) + \Delta\tau^{best_{ij}}$$

$$\Delta\tau^{best_{ij}} = \frac{1}{f(s^{best})}$$

其中,$f(s^{best})$表示迭代最优解或全局最优解的值。

可以看出在蚁群算法中主要使用全局最优解,而在 MMAS 中则主要使用迭代最优解。

8.4.3 等级蚂蚁系统

Bullnheimer 等曾建议对 AS 算法进行另一种改进,称作等级蚂蚁系统。这种改进基于如下规则:

(1)用精英蚂蚁的策略,与 Dorigo 等人所做的方法相同;

(2)通过所得的循环路径长度($L^1(t), L^2(t), \cdots L^m(t)$)把 m 只蚂蚁分出等级并且使蚂蚁根据其等级来更新其边的浓度。在算法运行的过程中只使用了 σ 只精英蚂蚁,并且只允许 $\sigma-1$ 只最好的蚂蚁留下信息素。给定蚂蚁的更新权值设为最大值$\{0, \sigma-\mu\}$,这里 μ 是蚂蚁的等级。采用这种方法,没有蚂蚁可以比精英蚂蚁对信息素浓度更新得多。

故,在边(i,j)上的动态信息素浓度 $\tau_{ij}(t)$ 由下式给出:

$$\tau_{ij}(t) \leftarrow (1-\rho)\tau_{ij}(t) + \rho\Delta\tau_{ij}^{+}(t) + \tau_{ij}^{r}(t)$$

这里 $\tau_{ij}^{+}(t) = Q/L^{+}(t)$,$L^{+}$ 同样是到目前为止找到的最优路径长度,并且如果蚂蚁 μ 访问过路径(i,j),则 $\Delta\tau_{ij}^{r}(t) = \sum_{\mu=1}^{\sigma-1}\Delta\tau_{ij}^{\mu}(t)$, $\Delta\tau_{ij}^{\mu}(t) = (\sigma-\mu)Q/L^{\mu}(t)$,否则 $\Delta\tau_{ij}^{\mu}(t) = 0$。$L^{\mu}(t)$ 是在第 t 次迭代过程中,由蚂蚁 μ 生成的循环路径长度,Q 被设为 $Q = 100$。Bullnheimer 等发现这种新的过程可以明显改进由 AS 算法得到的解的质量。

8.5 有关蚁群算法的某些思考

为了对蚁群算法有更加深入的了解,先总结一下上面所述蚁群算法与其他的从其他自然界的过程获得启发的组合优化算法的某些相似和不同之处。同样这里把重点放在用于 TSP 的 ACO 算法,并得出其与神经网络和进化算法的一些相似之处。

8.5.1 ACO 与神经网络

由许多交互的个体组成的蚁群可以看作“连接”系统。“连接主义”系统最著名的例子是神经网络。在人工神经网络中,个体之间直接互连并相互交换信息。与大脑中真正的神经元相似,两个个体之间连接的强度被称为“合作”(Synactic)强度。“合作”强度度量两神经元连接的紧密程度,换句话说,就是两个神经元相互影响的强烈程度。合作(Synaptic)连接在经过一次学习过程之后,被加强或减弱。例如,神经网络中已给出描述的样本,合作强度用于“学习”这些样本,或去认识、分类、辨别它们,或去预测它们的属性。现在正在尝试得出合作连接和信息素轨迹在这方面的相似之处。蚂蚁在寻找好的算法是会加强或减弱信息素轨迹。曾经有研究者提出了一种针对 TSP 的神经网络方法(NN - TSP),确实该方法与蚁群算法有重要的相似之处:

(1)根据城市间的连接强度按概率选择城市,进而选择一次旅行;

(2)如果旅行长度比以前的路径的平均结果短(长),则旅途中的边的连接强度也会因此而增强(或减弱)。

更确切地说,在 NN - TSP 算法中,城市 i 和城市 j 之间的连接(synaptic)强度 w_{ij} 用一类似贪婪(Greedy-like)的值初始化:$w_{ij} = e^{-d_{ij}/T}$, 其中 d_{ij} 是两城市之间的距离,而 T 是一(类似温度的)参数,用来为初始连接强度设定数值。依据连接强度连续选择城市,建立一次旅行循环:首先,在所有城市中随机选择一个城市 i_1,然后在余下的城市中按概率 $P_{i_1i_2} \propto w_{i_1i_3}$ 选择一个城市 i_2,然后再从余下的未被访问过的城市中依概率 $P_{i_2i_3} \propto w_{i_2i_3}$ 选择一个城市 i_3,如此下去,直到一个 n 个城市的旅行路线建立起来为止。为了提高运算效率,NN - TSP 还可以引用候选表,并使用一个局部搜索过程对所得旅行进行改进。然后,NN - TSP 把本次旅行与在前 r 条路径中所得的旅行进行比较。令$\{i_1, i_2, \cdots, i_n\}$ 表示当前旅行,长度为 d,而$\{i'_1, i'_2, \cdots, i'_n\}$为之前的旅行中的一个,长度为 d'。连接强度按下式更新:

$$w_{i_ki_{k+1}} \leftarrow w_{i_ki_{k+1}} e^{-\frac{a}{r}(d-d')}, k = 1, \cdots\cdots, n$$

$$w_{i_k'i_{k+1}'} \leftarrow w_{i_ki_{k+1}} e^{-\frac{a}{r}(d-d')}, k = 1, \cdots\cdots, n$$

其中,按照惯例,$i_{n+1} = i_1$ 且 $i_{n+1}' = i_1'$,α 是“学习”率,也就是连强度的更新速度。按照这一规则,不论是当前被修改的旅行的边还是属于以前的 r 次旅行的边,都要进更新。这个神经网络公式和蚁群方法惊人地相似。这里给出二者一些一致性的方面:

(1)信息素轨迹↔连接强度。

(2)添加信息素(数量$\propto 1/d$)↔加强连接强度(数量$\propto 1/(d-d')$)。

(3)消散信息素(减弱连接强度↔数量$\propto 1/(d-d')$)。

(4)$Q \leftrightarrow \alpha$。

(5)P(挥发率)↔α(学习率)。

(6)局部搜索↔局部搜索。

(7)候选表↔候选表。

(8)尽管存在一些差别,但常见的性质是相似的。基本原理相同:许多好算法都有的算法部分中的强化和避免在局部优化中止的轨迹挥发(Dissipation)。本例表明,蚁群算法和连接主义模型之间的紧密联系是不容置疑的。

8.5.2 ACO 与进化计算

为了领会 ACO 算法与进化计算之间的相似之处,这里把重点放在基于群的(Population-based)增量学习(PBIL)上。Buluja 和 Caruana 从遗传算法中获得灵感,提出了该算法。PBIL 维护一个实数向量,即产生式向量,它与遗传算法中的群(Population)所起的作用相似。由此向量开始,随机产生一群二进制串,群中的每个串将按某一概率将其第 i 位赋 1,这一概率

是产生式向量中第 i 位值的函数(实际上,产生式向量中的值通常在区间[0,1]上,所以它可以直接表示概率)。一旦构造出一解群,就对其评价,并使用这一评价来增加(或减少)产生式向量中每一分量的概率,为的是在将来能以高(或低)的概率产生好(或坏)的算法。用于 TSP 中时,PBIL 使用如下的编码:分给每个城市一个长为$[\log_2 n]$位的串,其中 n 是城市的总数,因此解就为一个大小为 $n[\log_2 n]$ 位。然后按整型值递增对城市排序;假定的条件是,串中最左边的城市出现在旅行中的第一位。在 ACO 算法中,信息素轨迹矩阵与 Buluja 和 Caruana 的产生式向量的作用相似,并且信息素修改与产生式向量中概率修改的目的相同。然而,这两种方法是不同的,因为在 ACO 算法中,信息素轨迹是在蚂蚁构造算法时发生改变,而在 PBIL 中,只有在生成一解群后,概率向量才被修改。此外,ACO 算法用启发式方法直接搜索,而 PBIL 不是。

8.5.3 连续优化问题

ACO 算法解决的是离散优化问题。怎样才能把它扩展到必须寻找连续空间解的问题中呢?这类问题不能用那种其顶点可以用标有实质信息的边相连的图来表示。为了搜索连续的空间,必须使用某种形式的离散化方法(Discretization)。Bilchev 和 Parmee 建议在算法的每次循环中考虑一个区域的有限集合:主体被放到这些区域中,它们以一定的搜索半径来随机搜索选择方案。主体根据自身表现来强化其路径,路径可扩散、消失和重新连接。

Bilchev 和 Parmee 的算法的第一步是把物件放在由以前的简单算法(Coarse-grained algorithm)所标志的有希望的搜索空间中;Bilchev 和 Parmee 的算法集中在局部搜索上。随着主体向好的解法收敛,探查范围会随时间而相应缩小,区域最初是随机设置在搜索空间上的,或可能与有规则的抽取的来自物件的方向相一致。主体以一概率选择一个区域,这一概率与从物件到该区域的路径的实际的信息素浓度成比例。令 $T_i(t)$ 为可达区域 i 的路径的信息素浓度。最初,对所有的区域,$T_i(t=0) = T_0$。主体选择区域 i 的概率用下式给出:

$$p_i(t) = \frac{\tau_i^{\alpha}(t)\eta_i^{\beta}(t)}{\sum_{j=1}^{N}\tau_i^{\alpha}(t)\eta_j^{\beta}(t)}$$

其中,N 是(常数)区域的数目,$\eta_i^{\beta}(t)$ 或者为 1,或者具体化为某些专门问题的启发(它反映了解的一部分的局部"优势",如旅行商问题中两个城市的距离的倒数)。然后,主体移到区域的中心,选择一随机方向,再从区域中心沿着该方向短距离移动。一个主体在 t 时刻期望的距离 δ_r 是一与时间相关的随机变量,用式 $\delta_r(t,R) = R[1-u^{(1-t/T)^C}]$ 确定。其中 R 是最大查找半径,由想要搜索区域的范围决定,u 是区间[0,1]中的一个固定的实数;T 是算法的总循环次数(为的是当 t 趋近于 T 时,δ_r 最终收敛于 0);且 C 是一"冷却"(Cooling)参数。如果主体找到一个比区域中心的那个更好的解法,就把区域移到主体所在位置,且主体以对区域解的改进程度来对 $\tau_T(t)$ 增加一定比例。路径在每次循环之后以比率 ρ 消散,即 $\tau_i(t+1) = (1-\rho)\ \tau_i(t)$。一种扩散形式应用到了路径中,几个"父辈"路径被选中,然后产生一个后代,它是由其父辈路径的加权平均值得出的一条路径。例如,由两个父辈路径产生的一条新路径上的曲线坐标 s 的 x- 坐标将由式 $x(s) = w_1x_1(s) + w_2x_2(s)$ 得出,其中 w_i 是路径 i 的权值(例如,τ_i 的一个递增函数)且 $x_i(s)$ 是路径 i 上的曲线坐标 s 中一点的坐标。

这一算法在三个不同层次上进行操作:(1)单个智能体的个体搜索策略;(2)本地智能体间使用信息素路径进行的协作,主要进行局部搜索;(3)通过某种"扩散"实现的不同区域间信息交互,与遗传算法中的交叉相似。修改此算法并把其用于处理受限优化问题也是容易的。Bilchev 和 Parmee 把限制的程度定义为可行区域的欧氏距离;具有高程度的约束违反(Constraint Violation)的一点将不会被算法做为"食物源"而接受,所有指向它的路径不久就会消失。

为了设计出一个更全面的方法并避免向局部最优(Optima)收敛,Wodrich 引入了两类智能体:大约占群体 20% 的局部搜索智能体(LSAS)和占余下 80% 的全局搜索智能体(GSAS)。局部智能体与 Bilchev 和 Parmee 描述的相似;全局智能体相当于觅食中的探险家蚂蚁(Explorer Ants):它们进行随机走动并发现新的区域来代替那些看起来不包含好的解法的区域。Wodrich 还为区域引入了加龄方法(Aging):只要区域被改进,其年龄就减小;在一次循环中若没有改进,其年龄就会增加。搜索半径由式 $\delta_r(t,R)=R[1-u^{(1-t/T)^C}]$ 确定,但这时的是智能体所处区域的年龄。这就使得可根据智能体的结果进行调整。

Bilchev 、Parmee 和 Wodrich 在连续函数优化问题上进行了测试,他们使用一般基准测试函数对该方法的性能与其他算法的性能进行比较。他们发现与进化策略、遗传算法、进化规划(Evolutionary Programming)、爬山搜索(hill-climbing)及基于群体(Population-based)的增量学习相比,该方法表现良好。Bilchev 和 Parmee 还发现,这种方法在约束优化问题方面(Constrained Optimization)产生好的结果,已得到蚁群系统用于在离散化问题上的结果,这种方法将会进行更深刻的研究。然而,关于这种方法是否可行,现存的能给出明确说法的结果太少。此外,Bilchev 和 Parmee 给出的描述漏掉了许多重要的执行细节,而且算法发挥作用的细节不能被理解,特别是它的"元合作"(Meta-Cooperation)或扩散方面。

8.6 习　　题

1. 蚁群算法寻优过程包含哪几个阶段,蚁群算法寻优的准则有哪些,对于蚁群算法中的 α,β,p,m,Q 主要参数应如何考虑?
2. 试举例说明蚁群的搜索原理,并简要叙述蚁群优化算法有哪些特点。
3. 请指出蚁群优化算法的基本思想来源。
4. 请绘制蚂蚁系统的流程图,并描述算法执行过程的基本步骤。
5. 蚁群系统在蚂蚁系统的基础上新添加的信息素局部更新规则有什么作用?
6. 通过查阅相关参考文献,了解蚁群优化算法在车间调度问题中的应用,并完成下表车间调度问题与蚁群优化算法中各要素的对应。

车间调度问题	蚁群优化算法
零件	
机床	
工序	
操作	
加工时间	

7. 针对求解小规模 TSP 问题,用 C 语言编程实现蚁群优化算法。

8. 用蚁群优化算法求解 TSP 问题的过程。

9. 考虑如下的情形:蚂蚁 A1 沿着两条路径中的短路径去向食物源,而蚂蚁 A2 沿着长路径去向食物源。当 A2 到达食物源时,哪条路径会以较高的概率被其选择?论证你的答案。

第9章 粒子群算法

9.1 引 言

粒子群体优化算法(Particle Swarm Optimization,PSO)由 Kennedy 和 Eberhart 在 1995 年提出,该算法模拟鸟群飞行觅食的行为,鸟群之间通过集体的协作使群体达到最优目的。同遗传算法类似,粒子群算法也是一种基于群体迭代的算法,但并没有使用遗传算法的两个算子交叉以及变异,而是在解空间追随最优的粒子进行搜索。粒子群优化算法又翻译为粒子群算法、微粒群算法或微粒群优化算法,是通过模拟鸟群觅食行为而发展起来的一种基于群体协作的随机搜索算法。通常认为它是群集智能 (Swarm Intelligence, SI) 算法的一种,可以被纳入多主体优化系统 (Multiagent Optimization System, MAOS)。

PSO 模拟鸟群的捕食行为。一群鸟在随机搜索食物,在这个区域里只有一块食物,所有的鸟都不知道食物在哪里,但是他们知道当前的位置离食物还有多远。那么找到食物的最优策略是什么呢? 最简单有效的方法就是搜寻目前离食物最近的鸟的周围区域。

PSO 从这种模型中得到启示并用于解决优化问题。PSO 中,每个优化问题的解都是搜索空间中的一只鸟,我们称之为“粒子”。所有的粒子都有一个由被优化的函数决定的适应值(Fitnessvalue),每个粒子还有一个速度决定他们飞行的方向和距离,然后各个粒子就追随当前的最优粒子在解空间中搜索。

PSO 初始化为一群随机粒子(随机解),然后通过迭代找到最优解,在每一次迭代中,粒子通过跟踪两个“极值”来更新自己。第一个就是粒子本身所找到的最优解,这个解称为个体极值 pBest,另一个极值是整个种群目前找到的最优解,这个极值是全局极值 gBest。另外也可以不用整个种群,而只是用其中一部分最优粒子的邻居,那么在所有邻居中的极值就是局部极值。

9.2 粒子群算法的产生背景

PSO 的产生并不是偶然,它有一定的理论支撑。换句话说,它是在相关理论取得重大进展时的必然产物。总的来说,PSO 的产生有两个理论的支撑:复杂适应性系统和人工生命。下面简单介绍一下这两个理论的基本概念,我们可以从 PSO 中找到这两大理论的特点。

1. 复杂适应系统

复杂适应系统理论的最基本思想可以概述如下:把系统中的成员称为具有适应性的主体(Adaptive Agent),简称为主体。所谓具有适应性,就是指它能够与环境以及其他主体进行交流,在这种交流的过程中“学习”或“积累经验”,并且根据学到的经验改变自身的结构和行为方式。整个系统的演变或进化包括:层次的产生,分化和多样性的出现,新聚合而成的、更大的主体的出现等等,都是在这个基础上出现的。

复杂适应系统具有四个基本特点:

首先,主体是主动的、活的实体;

其次,个体与环境(包括个体之间)的相互影响,相互作用,是系统演变和进化的主要动力;

再次,这种方法不像许多其他的方法那样,把宏观和微观截然分开,而是把它们有机地联系起来;

最后,这种建模方法还引进了随机因素的作用,使它具有更强的描述和表达能力。

2. 人工生命

人工生命是来研究具有某些生命基本特征的人工系统。人工生命包括两方面的内容:

(1)研究如何利用计算技术研究生物现象;

(2)研究如何利用生物技术研究计算问题(Nature Computation)。

我们现在关注的是第二部分的内容。现在已经有很多源于生物现象的计算技巧,例如,人工神经网络是简化的大脑模型;遗传算法是模拟基因进化的过程。这里我们讨论的是另一种生物系统,即社会系统。更确切地说,由简单个体组成的群落与环境以及个体之间的互动行为,也可称为"群智能"。

9.3 粒子群算法的特点

粒子群算法作为一种新兴的智能优化技术,是群体智能中一个新的分支,它也是对简单社会系统的模拟。该算法本质上是一种随机搜索算法,并能以较大的概率收敛于全局最优解。实践证明,它适合在动态、多目标优化环境中寻优,与传统的优化算法相比较具有更快的计算速度和更好的全局搜索能力。具体特点如下:

(1)粒子群优化算法是基于群体智能理论的优化算法,通过群体中粒子间的合作与竞争产生的群体智能指导优化搜索。与进化算法比较,PSO 是一种更为高效的并行搜索算法。

(2)PSO 与 GA 有很多共同之处,两者都是随机初始化种群,使用适应值来评价个体的优劣程度和进行一定的随机搜索。但 PSO 是根据自己的速度来决定搜索,没有 GA 的明显的交叉和变异。与进化算法比较,PSO 保留了基于种群的全局搜索策略,但是其采用的速度-位移模型操作简单,避免了复杂的遗传操作。

(3)PSO 有良好的机制来有效地平衡搜索过程的多样性和方向性。

(4)GA 中由于染色体共享信息,故整个种群较均匀地向最优区域移动。在 PSO 中 gbest 将信息传递给其他粒子,是单向的信息流动。多数情况下,所有的粒子可能更快地收敛于最优解。

(5)PSO 特有的记忆使其可以动态地跟踪当前的搜索情况并调整其搜索策略。

(6)由于每个粒子在算法结束时仍然保存着其个体极值。因此,若将 PSO 用于调度和决策问题时可以给出多种有意义的选择方案。而基本遗传算法在结束时,只能得到最后一代个体的信息,前面迭代的信息没有保留。

(7)即使同时使用连续变量和离散变量,对位移和速度同时采用连续和离散的坐标轴,在搜索过程中也并不冲突。所以 PSO 可以很自然、很容易地处理混合整数非线性规划问题。

(8)PSO 算法对种群大小不十分敏感,即种群数目下降时性能下降不是很大。

(9)在收敛情况下,由于所有的粒子都向最优解的方向飞去,所以粒子趋向同一化(失去了多样性)使得后期收敛速度明显变慢,以致算法收敛到一定精度时无法继续优化。因此很多学者都致力于提高 PSO 算法的性能。

9.4 基本 PSO 算法

粒子群算法的基本概念源于对鸟群觅食行为的研究。首先设想这样一个场景:一群鸟在随机搜寻食物,在这个区域里只有一块食物,所有的鸟都不知道食物在哪里,但是它们知道当前的位置离食物还有多远。那么找到食物的最优策略是什么呢?最简单有效的方法就是搜寻目前离食物最近的鸟的周围区域。

PSO 算法就从这种生物种群行为特性中得到启发并用于求解优化问题。在 PSO 中,每个优化问题的潜在解都可以想象成 D 维搜索空间上的一个点,我们称之为"粒子"(Particle),所有的粒子都有一个被目标函数决定的适应值(Fitness Value),每个粒子的速度决定他们飞行的方向和距离,然后各个粒子就追随当前的最优粒子在解空间中搜索。Reynolds 对鸟群飞行的研究发现,鸟仅仅是追踪它有限数量的邻居,但最终的整体结果使得整个鸟群好像在一个中心的控制之下,即复杂的全局行为是由简单规则的相互作用引起的。

Reynolds 在其 BOIDS 系统中,阐述每个鸟(boid)应遵守以下三条规则:

(1)远离规则:避免与相邻的鸟发生碰撞冲突;

(2)匹配规则:尽量与自己周围的鸟在速度上保持协调和一致;

(3)临近规则:尽量试图向自己所认为的群体中靠近。

仅通过使用这三条规则,BOIDS 系统就出现非常逼真的群体聚集行为,鸟成群地在空中飞行,当遇到障碍时它们会分开绕行而过,随后又会重新形成群体。

一个由 m 个粒子(Particle)组成的群体(Swarm)在 D 维搜索空间中以一定速度飞行,每个粒子在搜索时,考虑到了自己搜索到的历史最好点和群体内(或邻域内)其他粒子的历史最好点,在此基础上进行位置(状态,也就是解)的变化。

第 i 个粒子的位置表示为 $\boldsymbol{x}_i=(x_{i1},x_{i2}\cdots\cdots x_{iD})$;

第 i 个粒子的速度表示为 $\boldsymbol{v}_i=(v_{i1},v_{i2}\cdots\cdots v_{iD})$;

第 i 个粒子的经历过的历史最好点表示为 $\boldsymbol{p}_i=(p_{i1},p_{i2}\cdots\cdots p_{iD})$;

群体内(或邻域内)所有粒子所经历过的最好的点表示为 $\vec{p_i}g=(p_{g1},p_{g2}\cdots\cdots p_{gD})$;

粒子的位置和速度根据如下方程进行变化:

$$v_{id}^{k+1} = v_{id}^{k} + c_1\xi(p_{id}^{k} - x_{id}^{k}) + c_2\eta(p_{gd}^{k} - x_{id}^{k}) \tag{9.1}$$

$$x_{id}^{k+1} = x_{id}^{k} + v_{id}^{k+1} \tag{9.2}$$

式中,c_1、c_2 称为学习因子,为正常数。学习因子使粒子具有自我总结和向群体中优秀个体学习的能力,从而向自己的历史最优点以及群体内或邻域内的历史最优点靠近。c_1、c_2 通常等于 2。ξ、η 是在[0,1]内均匀分布的伪随机数,粒子的速度被限制在一个最大速度 $V_{\max}$ 的范围内。

当把群体内所有的粒子都作为邻域成员时,得到 PSO 的全局版本;当群体内部分成员组成邻域时得到 PSO 的局部版本。局部版本中,一般有两种方式组成领域,一种是索引号相邻的粒子组成邻域,另一种是位置相邻的粒子组成邻域。粒子群优化算法的邻域定义策略为粒子群的拓扑结构。

本微粒群算法的流程如下:

(1)在初始化范围内,对粒子群进行随机初始化,包括随机位置和速度;

(2)计算每个粒子的适应度;

(3)对每个粒子,将其适应值与所经历过的最好位置的适应值进行比较,如果更好,则将其作为粒子的个体历史最优值,用当前位置更新个体历史最好位置;

(4)对每个粒子,将其历史最优适应值和群体内或邻域内所经历的最好位置的适应值进行比较,若更好,则将其作为当前的全局最好位置;

(5)根据式(9.1)和式(9.2)对粒子的速度和位置进行更新;

(6)若未达到终止条件,则返回步骤(2)。

一般将终止条件设定为一个足够好的适应值或达到一个预设的最大迭代代数。

为改善算法收敛性,Shi 和 Ebehtart 在 1998 年的论文中引入了惯性权重的概念,将速度更新方程修改为

$$v_{id}^{k+1} = wv_{id}^{k} + c_1\xi(p_{id}^{k} - x_{id}^{k}) + c_2\eta(p_{gd}^{k} - x_{id}^{k}) \tag{9.3}$$

式中,w 称为惯性权重,其大小决定了对粒子当前速度继承的多少,合适的选择可以使粒子具有均衡的探索和开发能力。可见,基本 POS 算法是惯性权重 $w=1$ 的特殊情况。

9.5 粒子群算法的关键问题

9.5.1 粒子状态向量形式的确定

类似于遗传算法中染色体串的形式,粒子状态向量的构造形式也属于一种编码。但不同的是,由于 PSO 算法中粒子状态的更新方式更简捷,因此其编码形式相比遗传算法更简单,向量维数更小。可以根据优化系统的规模与控制变量的性质和特点来确定粒子状态的维数 n 和编码的排列顺序以及不同维的含义。对于同一问题,即使采用同一种优化算法,也可以有不同的编码方式。

9.5.2 适应度函数的建立

适应度函数用于评价各粒子的性能优劣,根据适应值的大小来寻找粒子的状态极值,从而更新群中其他粒子的状态。粒子的适应度函数值越大,表示该个体粒子的适应度越高,即该粒子个体的质量越好,更适应目标函数所定义的生存环境。全局极值就是粒子群中适应值最高的粒子状态,个体极值也是如此。

适应度函数为群体极值的选择和更新提供了依据。对于一般函数优化问题可以直接将函数本身作为适应度函数,但是对于复杂的多目标函数,适应度函数一般不那么直观,往往需要研究者自己根据具体情况和预定的优化效果来自行构造。特别地,对于多变量、多约束的复杂系统,变量的不等式约束通常采用罚函数形式来处理,通过这个广义目标函数,使得算法在惩罚项的作用下找到原问题的最优解。

9.5.3 粒子多样性的保证

在基本 PSO 算法搜索后期,粒子群容易向局部极小或全局极小收敛,此时群中粒子也在急剧地聚集,粒子状态的更新速度越来越慢,群体粒子出现趋同性,粒子的多样性越来越差,甚至陷入局部最优值。如何采取一定的措施增加粒子的多样性以避免陷入局部最优,

也是基本 PSO 算法的一个关键问题。

9.5.4　粒子群算法的参数设置

PSO 算法一个最大的优点是不需要调节太多的参数,但是算法中少数几个参数却直接影响着算法的性能以及收敛性。目前,PSO 算法的理论研究尚处于初始阶段,所以算法的参数设置在很大程度上还依赖于经验。

PSO 参数包括:群体规模 m,微粒子长度 l,微粒范围 $[-x_{max}, x_{max}]$,微粒最大速度 v_{max},惯性权重 ω,加速常数 c_1, c_2。下面简要介绍这些参数的作用及其设置经验。

(1)群体规模 m:即微粒数目,一般取 20~40。试验表明,对于大多数问题来说,30 个微粒就可以取得很好的结果,不过对于比较难的问题或者特殊类别的问题,微粒数目可以取到 100 或 200。微粒数目越多,算法搜索的空间范围就越大,也就更容易发现全局最优解。当然,算法运行的时间也越长。

(2)微粒长度 l:即每个微粒的维数,由具体优化问题而定。

(3)微粒范围 $[-x_{max}, x_{max}]$:微粒范围由具体优化问题决定,通常将问题的参数取值范围设置为微粒的范围。同时,微粒每一维也可以设置不同的范围。

(4)微粒最大速度 v_{max}:微粒最大速度决定了微粒在一次飞行中可以移动的最大距离。如果 v_{max} 太大,微粒可能会飞过最优解;如果 v_{max} 太小,微粒不能在局部最优区间之外进行足够的搜索,导致陷入局部最优值。通常设定 $v_{max} = k\,x_{max}$, $0.1 \leqslant k \leqslant 1.0$, 每一维都采用相同的设置方法。

(5)惯性权重 w:w 使微粒保持运动惯性,使其有扩展搜索空间的趋势,有能力探索新的区域,取值范围通常为[0.2,1.2]。早期的实验将 w 固定为 1.0,发现动态惯性权重因子能够获得比固定值更为优越的寻优结果,使算法在全局搜索前期有较高的探索能力以得到合适的种子。动态惯性权重因子可以在 PSO 搜索过程中线性变化,亦可根据 PSO 性能的某个测度函数而动态改变,比如模糊规则系统。目前采用较多的动态惯性权重因子是线性递减权值策略,它能使 w 由 0.8 随迭代次数递减到 0.2:

$$w = w_{max} - num^{*}(w_{max} - w_{min})/D_{max}$$

式中,D_{max} 为最大进化代数,w_{max} 为初始惯性权值,w_{max} 为迭代至最大代数时的惯性权值。经典取值 $w_{max} = 0.8$, $w_{min} = 0.2$。

(6)加速常数 c_1 和 c_2:c_1 和 c_2 代表将每个微粒推向 pBest 和 gBest 位置的统计加速项的权重。低的值允许微粒可以在目标区域外徘徊,而高的值则导致微粒突然地冲向或越过目标区域。c_1 和 c_2 是固定常数,早期实验中一般取 2。有些文献也采取了其他取值,但一般都限定 c_1 和 c_2 相等,并且取值范围为[0,4]。

(7)终止条件:最大循环数以及最小错误要求。例如,小错误可以设定为 1 个错误分类,最大循环设定为 2 000,终止条件由具体的问题确定。

9.6　粒子群算法的分类

通常,粒子群算法主要分为 4 个大的分支,分别介绍如下。

1. 标准粒子群算法的变形

在这个分支中,主要是对标准粒子群算法的惯性因子、收敛因子(约束因子),“自我认知”部分的 c_1,“社会知识”部分的 c_2 等参数进行变化与调节,希望能够获得好的效果。

惯性因子在原始版本是保持不变的,后来有人提出随着算法迭代的进行,惯性因子需要逐渐减小。算法开始阶段,大的惯性因子可以使算法不容易陷入局部最优,到算法的后期,小的惯性因子可以使收敛速度加快,使收敛更加平稳,不至于出现振荡现象。经过测试,动态地减小惯性因子 w,的确可以使算法更加稳定,效果比较好。但是递减惯性因子采用什么样的方法呢? 前面已经提到人们首先想到的是线性递减,这种策略的确很好,但是是不是最优的呢? 于是有人对递减的策略作了研究,研究结果指出:线型函数的递减策略优于凸函数的递减策略,但是凹函数的递减策略又优于线型函数的递减策略。

对于收敛因子,经过证明如果收敛因子取 0.729,可以确保算法收敛,但是不能保证算法收敛到全局最优。对于社会与认知的系数 $c2$ 和 $c1$ 也有人提出 $c1$ 先大后小,而 $c2$ 先小后大的思想,因为在算法运行初期,每个粒子要有比较大的认知部分而又比较小的社会部分,这个与我们一群人找东西的情形比较接近,因为在我们找东西的初期,我们基本依靠自己的知识去寻找,而后来,我们积累的经验越来越丰富,于是大家开始逐渐达成共识(社会知识),这样我们就开始依靠社会知识来寻找东西了。

2. 粒子群算法的混合

这个分支主要是将粒子群算法与各种算法相混合,有人将它与模拟退火算法相混合,有些人将它与单纯形方法相混合,但是最多的是将它与遗传算法混合,根据遗传算法的三种不同算子可以生成 3 种不同的混合算法。

(1)粒子群算法与选择算子的结合。这里相结合的思想是在原来的粒子群算法中,我们选择粒子群群体的最优值作为 p_g,但是相结合的版本是根据所有粒子的适应度的大小给每个粒子赋予一个被选中的概率,然后依据概率对这些粒子进行选择,被选中的粒子作为 p_g,其他的情况都不变。这样可以在算法运行过程中保持粒子群的多样性,但是致命的缺点是收敛速度缓慢。

(2)粒子群算法与杂交算子的结合。结合的思想与遗传算法基本一样,在算法运行过程中根据适应度的大小,粒子之间可以两两杂交。比如用一个很简单的公式

$$w(new) = n^* w_1 + (1 - n)^* w_2$$

就可以解决。

w_1 与 w_2 就是这个新粒子的父辈粒子。这种算法可以在算法的运行过程中引入新的粒子,但是其缺点是算法一旦陷入局部最优,那么粒子群算法将很难摆脱局部最优。

(3)加粗粒子群算法与变异算子的结合。结合的思想:测试所有粒子与当前最优的距离,当距离小于一定的数值的时候,可以拿出一定百分比(如 10%)的粒子进行随机初始化,让这些粒子重新寻找最优值。

3. 二进制粒子群算法

最初的 PSO 是从解决连续优化问题发展起来的。Eberhart 等又提出了 PSO 的离散二进制版,用来解决工程实际中的组合优化问题。他们在提出的模型中将粒子的每一维及粒子本身的历史最优、全局最优限制为 1 或 0,而速度不作这种限制。用速度更新位置时,设定一个阈值,当速度高于该阈值时,粒子的位置取 1,否则取 0。二进制 PSO 与遗传算法在形式上很相似,但实验结果显示,在大多数测试函数中,二进制 PSO 比遗传算法速度快,尤其在问题的维数增加时。

4. 协同粒子群算法

该方法将粒子的 D 维分到 D 个粒子群中，每个粒子群优化一维向量，评价适应度时将这些分量合并为一个完整的向量。例如第 i 个粒子群，除第 i 个分量外，其他 $D-1$ 个分量都设为最优值，不断用第 i 个粒子群中的粒子替换第 i 个分量，直到得到第 i 维的最优值，其他维相同。为将有联系的分量划分在一个群，可将 D 维向量分配到 m 个粒子群优化，则前 D mod 个粒子群的维数是 D/m 的向上取整。后 $m(D \bmod m)$ 个粒子群的维数是 D/m 的向下取整。协同 PSO 在某些问题上有更快的收敛速度，但该算法容易被欺骗。

9.7 PSO 与其他算法比较

9.7.1 进化计算和 PSO 的比较

下面先从遗传算法出发，看看两者有何种异同。通常遗传算法步骤如下：

(1)种群随机初始化；

(2)对种群内的每一个个体计算适应值(Fitness Value)。适应值与最优解的距离直接有关；

(3)对种群根据适应值进行复制；

(4)如果终止条件满足的话，就停止，否则转步骤(2)。

从以上遗传算法的步骤，我们可以看到 PSO 和遗传算法有很多共同之处。两者都随机初始化种群，而且都使用适应值来评价系统，而且都根据适应值来进行一定的随机搜索。同样，两个系统都不是保证一定能找到最优解。但是，PSO 没有遗传操作如交叉(Crossover)和变异(Mutation)，而是根据自己的速度来决定搜索。另外，粒子还有一个重要的特点，就是有记忆。

与遗传算法比较，PSO 的信息共享机制很不同。在遗传算法中，染色体(Chromosomes)互相共享信息，所以整个种群的移动是比较均匀地向最优区域移动。在 PSO 中，只有 gBest (或者 pBest) 提供信息给其他的粒子，这是单向的信息流动。整个搜索更新过程就是跟随当前最优解的过程。与遗传算法比较，在大多数的情况下，所有的粒子可能更快地收敛于最优解。

总的来说，结合其他进化算法可以给出 PSO 与 EC 的异同，概要说明如下：

首先，PSO 和 EC(进化计算)所模拟的自然随机系统不一样。EC 是模拟生物系统进化过程，其最基本单位是基因，它在生物体的每一代之间传播；而 PSO 模拟的是社会系统的变化，其最基本单位是“敏因”(Meme)，这一词由 Dawkin 在《The Selfish Gene》一书中提出，它是指思想文化传播中的基本单位。个体在社会中会根据环境来改变自身的思想，Meme 的传播途径是在个体与个体之间，在实际人类社会中它还可以在人脑与书本之间、人脑与计算机、计算机与计算机之间传播。

其次，EC 中强调“适者生存”，不好的个体在竞争中被淘汰；PSO 强调“协同合作”，不好的个体通过学习向好的方向转变，不好的个体被保留还可以增强群体的多样性。EC 中最好的个体通过产生更多的后代来传播自己的基因，而 PSO 中的最佳个体通过吸引其他个体向它靠近来传播自己的敏因。

再次，EC 中的上一代到下一代的转移概率只与上一代的状态相关，而与历史无关，它的个体只包含当前信息,其群体的信息变化过程是一个 Markov 链过程;而 PSO 中的个体除了有着位置和速度外,还有着过去的历史信息(pBest、gBest),也就是具有记忆能力。上一代到下一代的转移概率不仅与上一代的状态相关,而且与过去的历史相关,如果仅从群体的位置及速度信息来看,群体的信息变化过程不是一个 Markov 链过程。

最后,EC 的迭代由选择、变异和交叉重组操作组成,而 PSO 的迭代中的操作是"飞行"。在某种程度上看,PSO 的操作中隐含了选择、变异和交叉重组操作,gBest 和 pBest 的更新可以类似一种弱选择;而粒子位置更新则类似于 3 个父代:Xi、gBest 和 pBest 之间的向量重组,其中还包含了变异的成分。PSO 中所隐含的变异是有偏好的,而并非通常的完全随机变异,这与最近对实际生物系统变异行为的新研究成果相符。

所以说,EC 和 PSO 所分别模拟的两个伟大的自然随机系统,即 Evolution 和 Mind 之间存在着显著的差异,尽管它们都是基于群体的,都是由其中的随机成分带来创新,但其本质是不同的,因此不能将 PSO 简单地归类于 EC 中。

9.7.2 人工神经网络和 PSO 的比较

人工神经网络(ANN)是模拟大脑分析过程的简单数学模型,反向转播算法是最流行的神经网络训练算法。进来也有很多研究开始利用进化计算(Evolutionary Computation)技术来研究人工神经网络的各个方面。

进化计算可以用来研究神经网络的三个方面:网络连接权重、网络结构(网络拓扑结构、传递函数)、网络学习算法。

不过大多数这方面的工作都集中在网络连接权重和网络拓扑结构上。在遗传算法中,网络权重和/或拓扑结构一般编码为染色体(Chromosome),适应函数(Fitness Function)的选择一般根据研究目的确定。例如在分类问题中,错误分类的比率可以用来作为适应值

进化计算的优势在于可以处理一些传统方法不能处理的例子,例如不可导的节点传递函数可能没有梯度信息存在。但是缺点在于在某些问题上性能并不是特别好,并且网络权重的编码和遗传算子的选择有时比较麻烦。

最近已经有一些利用 PSO 来代替反向传播算法来训练神经网络的研究。研究表明 PSO 是一种很有潜力的神经网络算法。PSO 速度比较快且可以得到比较好的结果,而且没有遗传算法碰到的问题。

这里用一个简单的例子说明 PSO 训练神经网络的过程。这个例子使用分类问题的基准函数 (Benchmark Function) IRIS 数据集(Iris 是一种鸢尾属植物)。在数据记录中,每组数据包含 Iris 花的四种属性:萼片长度、萼片宽度、花瓣长度和花瓣宽度,三种不同的花各有 50 组数据, 这样总共有 150 组数据或模式。

这里用 3 层的神经网络来分类,因此有四个输入和三个输出。所以神经网络的输入层有 4 个节点,输出层有 3 个节点。我们也可以动态调节隐含层节点的数目,不过这里我们假定隐含层有 6 个节点。同样也可以训练神经网络中其他的参数。不过这里只是来确定网络权重。粒子就表示神经网络的一组权重,应该是 $4\times6+6\times3=42$ 个参数,权重的范围设定为 $[-100,100]$ (这只是一个例子,在实际情况中可能需要试验调整)。在完成编码以后,还需要确定适应度函数,对于分类问题,我们把所有的数据送入神经网络,网络的权重由粒子的参数决定。然后记录所有的错误分类的数目,作为粒子的适应值。随后我们就可以利用 PSO 来训练神经网络来获得尽可能低的错误分类数目。由于 PSO 本身并没有很多

的参数需要调整,所以在实验中只需要调整隐含层的节点数目和权重的范围便可以取得较好的分类效果。

9.8 粒子群算法的应用领域

粒子群算法提供了一种求解复杂系统优化问题的通用框架,它不依赖于问题的具体领域,对问题的种类有很强的适应性,所以广泛应用于很多学科。下面是粒子群算法的一些主要应用领域。

(1)函数优化。函数优化是粒子群算法的经典应用领域,也是对粒子群算法进行性能评价的常用算例。

(2)约束优化。随着问题的增多,约束优化问题的搜索空间也急剧变换,有时在目前的计算机上用枚举法很难或甚至不可能求出其精确最优解。粒子群算法是解决这类问题的最佳工具之一。实践证明,粒子群算法对于约束优化中的规划及离散空间组合问题的求解非常有效。

(3)工程设计问题。工程设计问题在许多情况下所建立起来的数学模型难以精确求解,即使经过一些简化之后可以进行求解,也会因简化得太多而使得求解结果与实际相差甚远。现在粒子群算法已成为解决复杂调度问题的有效工具,在电路及滤波器设计、神经网络训练、控制器设计与优化、任务分配等方面粒子群算法都得到了有效应用。

(4)电力系统领域。在其领域中有种类多样的问题,根据目标函数特性和约束类型,许多与优化相关的问题需要求解。PSO 在电力系统方面的应用主要如下:配电网扩展规划、检修计划、机组组合、负荷经济分配、最优潮流计算与无功优化控制、谐波分析与电容配置、配电网状态估计、参数辨识、优化设计。随着粒子群优化理论研究的深入,它还将在电力市场竞价交易、投标策略以及电力市场仿真等领域发挥巨大的应用潜力。

(5)机器人智能控制。机器人是一类复杂的难以精确建模的人工系统,而粒子群算法可用于此类机器人搜索,如机器人的控制与协调、移动机器人路径规划。所以机器人智能控制理所当然地成为粒子群算法的一个重要应用领域。

(6)交通运输领域。交通方面有车辆路径问题,在物流配送供应领域中要求以最少的车辆数、最小的车辆总行程来完成货物的派送任务;在交通控制方面,城市交通问题是困扰城市发展、制约城市经济建设的重要因素。许多学者对城市交通运输系统的管理和控制技术进行研究,为缓解交通拥挤发挥巨大作用。其中在其解决方法中应用粒子群算法给解决问题提供了新的有效计算方式。

(7)通信领域。其中包括路由选择及移动通信基站布置优化。在顺序码分多址连接方式(DS-CDMA)通讯系统中使用粒子群算法,可获得可移植的有力算法并提供并行处理能力,比传统的先前的算法有了显著的优越性。粒子群算法还应用到天线阵列控制和偏振模色散补偿等方面。

(8)计算机领域。在计算机中处理各种问题都涉及大量的信息计算的方法选择,以减少程序运行的时间,增加系统解决问题的能力。其中包括任务分配问题、数据分类、图像处理等,将粒子群算法应用到这些实际问题中,使其解决效率得到了提高。

(9)生物医学领域。许多菌体的生长模型即为非线性模型。有人提出了用粒子群算法解决非线性模型的参数估计问题,还将其应用到了分子力场的参数设定和蛋白质图形的发现。根据粒子群算法提出的自适应多峰生物测定融合算法,提高了解决问题的准确性。在医学方面,如医学成像上粒子群算法也得到了推广应用。

9.9 习 题

1. 考虑用粒子群优化算法求解函数优化问题。试设计一种对惯性权重的自适应调整方案,并考虑 的变化对求解效率与质量的影响。

2. 详细讨论 PSO 和 EA 之间的异同。

3. 讨论如何将 PSO 用于聚类数据。

4. 解释 PSO 怎样应用于使用 n 阶多项式的近似函数。

5. 对于掠食 PSO,如果使用多个掠食者,会是怎样的效果?

6. 认真讨论将下列策略应用到动态惯性权重中:开始惯性权重为 2.0,并随迭代次数增加而线性降低到 0.5。

7. GCPSO 为改进标准 PSO,用于处理具体问题,这个问题是什么?如果将变异组合到 PSO 中,这个问题能解决吗?

8. 考虑对标准 PSO 算法采取以下变化:所有的粒子,除了全局最优粒子 gbest,使用标准 PSO 速度更新方程和位置更新方程,然而 gbest 的最新位置用蛙跳算法来决定,谈谈你对这个策略的看法,分别有什么缺点和优点?在上面的问题中能解决标准 PSO 的问题吗?

9. 应用粒子群优化算法,计算无约束化问题:$\max f(x) = 1 - x^2, x \in [0,1]$。

10. 设计求解下列优化问题的 PSO 算法:

$$\min f(x) = x_1^2 + x_2^2 + 25(\sin^2 x_1 + \sin^2 x_2),\ -3 \leqslant x_i \leqslant 3$$

并研究不同的参数设置对算法性能的影响。

11. 设计求解下列优化问题的 PSO 算法:

$$\min f(x) = \sum_{i-1}^{n-1} 100(x_{i+1} + x_i^2)^2 + (1 - x_i)^2 + 2.048 \leqslant x_i \leqslant 2.048$$

其中,$n = 2,4,6,8,10,30$,并研究问题的维数与参数设置之间的关系。

参考文献

[1]王培庄.模糊数学及其应用[M].上海:上海科学技术出版社,1983.
[2]楼世博,孙章,陈华成.模糊数学[M].北京:科学出版社,1987.
[3]杨伦标,高英仪.模糊数学[M].广州:华南理工大学出版社,1997.
[4]张曾科.模糊数学在自动化技术总的应用[M].北京:清华大学出版社,1997.
[5]王伟.人工神经网络原理[M].北京:北京航空航天大学出版社,1995.
[6]焦李成.神经网络系统理论[M].西安:西安电子科技大学出版社,1989.
[7]焦李成.神经网络计算[M].西安:西安电子科技大学出版社,1995.
[8]焦李成.神经网络的应用和实现[M].西安:西安电子科技大学出版社,1995.
[9]郑君里,杨行峻.人工神经网络[M].北京:高等教育出版社,1992.
[10]施鸿宝.神经网络及其应用[M].西安:西安电子科技大学出版社,1993.
[11]胡守仁.神经网络导论[M].长沙:国防科技大学出版社,1993.
[12]胡守仁.神经网络应用技术[M].长沙:国防科技大学出版社,1993.
[13]徐柄铮.神经网络理论与应用[M].广州:华南理工大学出版社,1994.
[14]张立明.人工神经网络的模型及其应用[M].上海:复旦大学出版社,1993.
[15]靳蕃.神经网络与神经计算机[M].成都:南交通大学出版社,1991.
[16]周继成.人工神经网络[M].北京:科学普及出版社,1993.
[17]庄镇泉.神经网络与神经计算机[M].北京:科学出版社,1992.
[18]袁曾任.人工神经网络及其应用[M].北京:清华大学出版社,1999.
[19]王士同.神经模糊系统及其应用[M].北京:北京航空航天大学出版社,1998.
[20]阎平凡,张长水.人工神经网络与模拟进化计算[M].北京:清华大学出版社,2000.
[21]云庆夏,黄光球,王占全.遗传算法和遗传规划[M].北京:冶金工业出版社,1997.
[22]陈国良,王煦法,庄振权,等.遗传算法与应用[M].北京:人民邮电出版社,1996.
[23]潘正君,康立山,陈毓屏.演化计算[M].北京:清华大学出版社,1998.
[24]陈文伟.智能决策技术[M].北京:电子工业出版社,1998.
[25]易继锴,侯媛彬.智能控制技术[M].北京:北京工业大学出版社,1999.
[26]孙增圻.智能控制理论与技术[M].北京:清华大学出版社,1997.
[27]李人厚.智能控制理论和方法[M].西安:西安电子科技大学出版社,1999.
[28]王永骥,涂健.神经元网络控制[M].北京:机械工业出版社,1998.
[29]史忠植.高级人工智能[M].北京:科学出版社,1998.
[30]李航.统计学习方法[M].北京:清华大学出版社,2012.
[31]褚蕾蕾,陈绥阳,周梦[M].计算智能数学基础.北京:科学出版社,2002.
[32]谢季坚,刘承平.模糊数学方法及其应用[M].武汉:华中科技大学出版社,2006.
[33]张文修,吴伟志,梁吉业,等.粗糙集理论与方法[M].北京:科学出版社,2001.